科学出版社"十四五"普通高等教育本科规划教材

生 物 力 学

卢天健　刘少宝　编

科学出版社
北京

内 容 简 介

生物力学是在学科交叉融合的背景下兴起的一门新兴学科。本书主要介绍生物力学的历史与发展、基本概念、基本理论、研究方法和工程/临床应用，重点讲解细胞力学、组织力学、器官力学、循环系统力学及植物力学领域的经典研究案例和前沿研究进展。本书可以拓展相关专业学生的学术视野，培养学生从事交叉学科研究/工作的兴趣和创新能力，为以后开展专门研究/工作打好基础。

本书可作为力学、航空宇航科学与技术、机械工程、仪器科学与技术、生物医学工程等专业高年级学生的教材，也可作为航空航天、医疗器械、特种装备等行业的设计与开发从业者及临床医生的参考书。

图书在版编目（CIP）数据

生物力学 / 卢天健，刘少宝编. — 北京：科学出版社，2023.11
科学出版社"十四五"普通高等教育本科规划教材
ISBN 978-7-03-077033-2

Ⅰ. ①生… Ⅱ. ①卢… ②刘… Ⅲ. ①生物力学－高等学校－教材
Ⅳ. ①Q66

中国国家版本馆 CIP 数据核字(2023)第 220640 号

责任编辑：余　江　陈　琪 / 责任校对：胡小洁
责任印制：赵　博 / 封面设计：马晓敏

科学出版社 出版
北京东黄城根北街 16 号
邮政编码：100717
http://www.sciencep.com

北京华宇信诺印刷有限公司印刷
科学出版社发行　各地新华书店经销
*
2023 年 11 月第 一 版　开本：787×1092　1/16
2024 年 11 月第三次印刷　印张：15
字数：356 000

定价：69.00 元
（如有印装质量问题，我社负责调换）

前　　言

力学学科是理工学科的脊梁，生物医学学科则是高水平大学综合实力的体现。党的二十大报告指出："加强基础学科、新兴学科、交叉学科建设，加快建设中国特色、世界一流的大学和优势学科。"以南京航空航天大学为代表的航空航天、国防军工特色高校，理工学科往往实力强劲，但生物医学学科相对薄弱，相关的课程开设较少。目前，航空航天载人装备设计大多仅考虑装备硬件本身的结构力学，忽略了装备中人的生物耐受力。生物力学是连接理工学科与生物医学学科的桥梁。航空航天驱动发展起来的现代力学技术，为解决生物医学问题提供了更多可能。将航空航天领域的新技术、新方法应用于生物医学领域，往往能起到意想不到的效果。随着我国载人航天工程(如空间站、载人登月等)的逐步实施，对生物力学提出了更高的要求，一方面需要理解生物体(个体、系统、器官、细胞、分子等)对力学载荷(冲击、振动、噪声、超/失重等)的响应机制及生物学效应，另一方面需要对作用于生物体的力学激励加以有效利用(如力学诊断、力学疗法等)或进行必要的防护(如抗荷服等)。

考虑到航空航天类高校生物力学的学习者大多为未来的工程师，而工程师往往重视装备硬件，低估生物结构的复杂性。未来航空航天领域的发展，要求工程师必须熟悉装备使用者的解剖学和生理学知识。本书除了讲授生物医学中的力学知识外，还附带讲解适量的解剖学、生理学等医学方面的知识。在航空航天类高校中，学生除了学习语文、数学、英语、物理、化学、政治、历史、艺术、工程类等课程外，还应学习生物/医学类课程。本书的编写旨在弥补相关领域的空白，为学生开启一扇新的窗户，拓展学生的知识边界，激发学生的学习兴趣。

纵览世界，科学发展日新月异，生物力学也取得了新的发展，创新成果不断涌现。20世纪80年代以来，继生物力学之父冯元桢先生编写的《生物力学》教材之后，陆续有多部生物力学相关教材出版，但适合本科生教学的、综合性的生物力学教材较少。鉴于此，编者基于近年来在南京航空航天大学的本科教学实践编写了本书，以更新知识、填补空缺。

特别感谢编者的研究生刘勇岗、苏丽君、殷俊、孙学超、提飞、陶泽、杨钦云、谢守志、张浩、齐兵、万秀伟、伍平，他们参与了大量的文字编辑、绘图工作。

感谢国家自然科学基金重点项目(12032010)、面上项目(12272179)和青年项目(11902155)对本书出版的资助！

编　者

2023 年 3 月于南京航空航天大学故宫校区

目　　录

第1章 绪 论

1.1 生物力学概述

生物力学是研究生命体受力、变形、运动，以及与病理和环境之间关系的科学。现代生物力学对生命过程中的力学因素及其作用进行定量研究，将生物学与力学原理方法有机地结合，认识生命过程中的规律，解决生命、健康和医学领域的问题。生物力学的基础在于考虑机械能与热能、化学能之间转换的能量守恒，以及描述生物材料特性的特殊本构方程。基于这些基本概念可以更好地理解生物学过程，从而发现生物、医学的新应用。当前，生物力学已成为解决生物医学问题的有力工具之一。

> **知识点**

1975 年，亚历山大（R.McNeill Alexander）指出，生物力学是力学在生物体研究中的应用，它超越了传统的学科界限，这自然增加了一些困难。几乎所有的生物力学研究者都是自学过一些物理学和工程学的生物学家，或是自学过生物学的工程师。生物学家容易因误解一些物理原理而犯相当幼稚的错误，而工程师则容易低估生物结构的复杂性。生物学家与工程师的合作会有很多好处，但咨询不能代替学习。生物学家必须确保他所获得的力学知识是正确的，哪怕只是初等的。工程师必须熟悉他正在研究的生物体的解剖学和生理学知识。

1981 年，冯元桢指出，生物力学是一门古老而又年轻的科学，最近一二十年来才突飞猛进，主要由于：①可以促进对自然界动植物的了解；②对医学卫生、生理、病理研究有所贡献；③对舟车、飞机、宇航的安全设计有决定性作用；④扩大了力学的园地，增加了新材料、新问题，因而要求新方法、新发展。其中第 2 个动力尤为重要。因为近年来世界各国莫不为医药卫生的进步，一则以喜，一则以忧。喜其增进了人民的健康与寿命；忧其费用太大，变成国家及人民经济的一个重大负担。生物力学为建议或改进诊断或治疗的方法增加了一个新的工具，有助于提高效率、减轻负担，所以引起广泛的兴趣。

1.2 历史与发展

近半个世纪以来，生物力学逐渐发展成为一门独立的学科，但是研究生命现象中的力学规律却源远流长。从自然科学发展的历史过程中不难发现，在 17 世纪之前，被认为没有真正的"科学"的时代，学科之间没有明显的界限，力学不仅与古老的天文学、数学融为一体，而且相关研究工作渗透到各个领域，包括医学、生物学领域。17 世纪以后，随着古典物理学的不断发展、完善，许多天文学家、物理学家、数学家、力学家对生命的力学问题做出了卓越的贡献；同时也有许多生理学家和著名的医生通过亲身实践，为发展生物力学建立了功勋。生物力学就是在这两方面科学家的共同努力下逐渐发展形成一门独立学科的。下面列举一些杰出的代表人物，以帮助我们了解生物力学的发展历程。

意大利天文学家、物理学家伽利略·伽利雷（Galileo Galilei，1564—1642年），曾经是一位医学学生，他进行了著名的自由落体实验，还发明了望远镜，并提出了单摆定律，并用与心脏跳动合拍的摆来测量心率。

英国生理学家、医生威廉·哈维（William Harvey，1578—1657年）明确指出血液不断流动的动力来源于心肌的收缩压。他还发现了血液循环的规律，奠定了近代生理科学发展的基础。

法国哲学家、数学家、物理学家勒内·笛卡尔（René Descartes，1596—1650年）推测动物和人的神经与肌肉的反应，都由感觉器官的刺激而引起，有着内导和外导的特殊机制。

意大利数学家、生理学家乔瓦尼·阿尔方多·波雷里（Giovanni Alfonso Borelli，1608—1679年）揭示了天体以椭圆轨迹运动的原因。其著作《论动物的运动》，研究了鸟的飞行、鱼的游动以及动物体心脏和肠的运动等，阐明了肌肉的运动和动物体的动力学问题。

英国物理学家、化学家罗伯特·玻意耳（Robert Boyle，1627—1691年）提出了玻意耳定律，即恒温下气体的压强和体积成反比。他研究了空气对生物的作用，发现人体肺部血液颜色和摄取的空气有关。

英国物理学家、博物学家、发明家罗伯特·胡克（Robert Hooke，1635—1703年）提出了描述材料弹性的胡克定律，并设计和制造了真空泵、显微镜和望远镜，借助显微镜，他发现了细胞的存在。

英国植物学家、生理学家斯蒂芬·黑尔斯（Stephen Hales，1677—1761年）发现了植物的蒸腾作用，还测量了马的动脉血压和动脉血管的膨胀特性，提出了血流外周阻力的概念。

瑞士数学家、物理学家莱昂哈德·欧拉（Leonhard Euler，1707—1783年）提出了欧拉坐标系、欧拉公式、欧拉梁理论等，还提出了脉搏波的传播方程。

法国生理学家基恩·泊肃叶（Jean Poiseuille，1799—1869年）发现了黏性流的泊肃叶定律，即流量与单位长度上的压降和管径的四次方成正比，还创造了用水银压力计测量犬主动脉血压的方法。

英国生理学家欧内斯特·斯塔林（Ernest Henry Starling，1866—1927年）对毛细血管壁的水分输运进行了研究。他提出了斯塔林定律，这个定律成为研究生物体内液体平衡的重要基础，并被广泛应用于人体内液体调节的研究。

丹麦生理学家奥古斯特·克罗（August Krogh，1874—1949年）发现了骨骼肌里面的微血管调控机制，并因此获得1920年诺贝尔生理学或医学奖。

英国生理学家阿奇博尔德·维维安·希尔（Archibald Vivian Hill，1886—1977年）通过蛙缝匠肌挛缩实验，建立了骨骼肌的力学模型，即希尔模型，并获得1922年诺贝尔生理学或医学奖。

匈牙利物理学家、生理学家盖欧尔格·冯·贝凯希（Georg von Békésy，1899—1972年）通过精妙的物理学技术和微小的解剖学方法，在人和数种动物的耳蜗中首次直接观察到基底膜的运动形式，并系统测量了基底膜对声音反应的物理特性。他提出了"行波学说"，该理论详细阐述了声波在耳蜗内的传播机制，通过基底膜上产生的行波来解释听觉的物理学特性。贝凯希的研究为人们更好地理解听觉系统的功能和机制提供了理论基础，并为后续人类听力障碍的研究和实际治疗应用提供指导，奠定了耳蜗力学的基础，并于 1961 年获诺贝尔生理学或医学奖。

英国生理学家、细胞生物学家艾伦·霍奇金(Alan Hodgkin，1914—1998 年)和安德鲁·赫胥黎(Andrew Fielding Huxley，1917—2012 年)从枪乌贼的身体内取出一个大型、单一的神经轴突，并用特制的电极插入轴突处细胞膜内，通过记录膜内外的电位差来研究神经细胞轴突的放电模式，建立了精确描述动作电位产生过程中离子通道的动力学模型，即著名的霍奇金-赫胥黎(Hodgkin-Huxley)方程。他们获得 1963 年诺贝尔生理学或医学奖。

在 1966 年之前，美籍华人、世界著名力学家、航空工程学家、生物力学之父冯元桢(Yuan-Cheng Fung，1919—2019 年)主要研究航空工程和连续介质力学，他的专著《空气弹性力学》成为气动弹性力学领域的经典著作。在 1966 年之后，他开始专注于生物力学的探索，从事生物学有关领域的研究，提出了应力-生长理论、"冯氏隧道理论"，成为现代生物力学的开创者和奠基人。

尽管前人已经做了许多奠基性的工作，但随着老龄化社会的到来，现阶段人们对医学的需求比以往任何一个时代都更加急迫，生物力学的发展和应用前景广阔。其中，植物生物力学的发展还处于初级阶段，有待进一步开拓。

知识点

生物力学之父——冯元桢先生

1919 年生于中国江苏省常州市
1948 年获美国加州理工学院博士学位
1959 年任美国加州理工学院航空系教授
1966 年任美国加州大学圣迭戈分校教授，创立生物工程系
1979 年当选为美国国家工程院院士
1991 年当选为美国国家医学院院士
1992 年当选为美国国家科学院院士
1994 年当选为第一批中国科学院外籍院士
1975 年获国际微循环学会最高奖 Landis 奖
1981 年获美国机械工程师学会"百年大奖"
1986 年获国际生物流变学会最高奖 Poiseuille 奖
1992 年获国际力学界最高奖铁木辛柯奖
1998 年获美国国家工程院"奠基者奖"
2019 年逝世于美国加州圣迭戈

1.3 生物力学的研究对象

生物力学的研究对象多种多样，具体分类如下所述。

1) 按物种分类

按物种分类, 生物力学可分为动物力学、植物力学和微生物力学。

2) 按学科分类

(1) 生物固体力学: 研究生物体内固体组织, 如骨骼、牙齿和软组织(包括皮肤、骨骼肌、肌腱和软骨)等的力学性质。

(2) 生物流体力学: 研究生物体内流体, 如血液、体液、组织液和脑脊液等的力学特性。

(3) 运动生物力学: 研究生物体的外在机械运动, 包括体育运动、步态和康复训练等。

3) 按应用领域分类

(1) 心血管血流动力学, 如血管支架、心脏瓣膜、人工心脏力学等。

(2) 骨生物力学, 如骨折愈合、微重力骨流失、骨密度检测力学等。

(3) 软组织生物力学, 如超声弹性成像、无疤痕缝合力学等。

(4) 口腔力学, 如正畸、牙齿种植体力学等。

(5) 器官冲击力学, 如器官冲击波损伤、耐限及防护力学等。

(6) 生物工程力学, 如生物反应器内的流动、传质及传热等。

(7) 生物制品分离过程中的流体力学, 如蛋白质的纯化等。

(8) 康复力学, 如人机界面交互、肌骨系统的运动动力学等。

(9) 人-机-环境力学, 如人-机工效学、飞行员-抗荷服力学等。

4) 按人体结构层次分类

(1) 细胞力学: 研究包括细胞膜的力学性质, 细胞黏附、迁移、增殖和分化等力学行为, 原生质流动和基质性质对细胞形态、生长和功能的影响等。

(2) 组织力学: 研究骨骼和软骨组织的力学特性, 包括肌腱和韧带的力学行为, 以及皮肤形成皱纹的机制, 血管在高血压中的作用等; 骨骼肌、心肌、平滑肌等肌肉的力学特性; 通过分析全血、血浆、血细胞和凝血血栓等不同研究对象, 研究血液的物理特性和流动状态; 研究血液在微小血管内的流动特性、细胞变形能力和血管内皮细胞功能等; 其他研究还包括关节滑液润滑特性、黏液和其他体液的流变特性、肿瘤的力学性质, 以及人造水凝胶等。

(3) 器官力学: 研究脑沟回结构的力学成因, 颅脑损伤及防护, 脑脊液循环、脑积水、脑水肿, 肺泡气体交换、流动、混合和扩散, 肺组织的波阻抗, 心脏零应力状态和残余应力, 耳蜗的波频散特性, 眼压及青光眼, 肝小叶解毒, 耳蜗的平衡感知功能, 以及声带的振动等。

(4) 循环动力学: 研究心血管系统内液体动力学行为, 其中涉及多个方面。动脉流体力学研究动脉内血液的流动特性、血管壁受力分布等问题; 微循环力学则研究微小血管内血液的流动状态和细胞内物质交换, 在毛细血管-组织间质等层次上探究物质的输运机制; 淋巴循环和组织液循环研究淋巴液与组织液的流动规律和机制; 肺循环研究肺内气体和血液的交换机制与物理特性; 肝血流和脑血流研究肝、脑等器官内血液的流动和代谢特性。筛管、导管、树液提升等也是循环动力学研究领域中的一部分, 涉及水分和营养物质在植物体内的运输机制和流动特性研究。

知识点: 仿生力学

生物力学一般是以生物医学应用为目标, 而对于生物体的结构与功能的力学原理及仿生应用研究，称为仿生力学，如荷叶疏水表面、鱼的游动、鸟/昆虫扑翼飞行、种子飞行、蝙蝠超声波定位等。

1.4　生物力学的研究方法

生物学、生理学和医学的研究方法主要注重对生物形态结构和大量观察到的事实的汇集、分析和归纳；而工程学则注重建立基本模型，并且通过严格的逻辑推理、数学分析和精确的计量来验证模型的有效性。生物力学研究者需要巧妙地将工程学原理和方法应用于生命科学系统的研究，这是一种"独特的艺术"，因此可以说生物力学是"定量生理学"的一部分。通常按以下步骤进行研究。

(1)考虑生物的形态、器官以及组织的解剖结构和微结构，充分地了解研究对象的几何特征，建立合理的物理模型。

(2)确定组织或材料的力学特性，即确定其本构方程。由于对活组织的测量通常具有一定的难度，所以通常的做法是对所研究的材料进行分析，提出反映其本构关系的某种数学表达式，此数学表达式中会保留若干待定常数，这些常数可以通过体内或离体实验获得，或者在求解整个具体问题的过程中加以确定。

(3)根据物理学中的基本定律和原则(如能量守恒、质量守恒和动量守恒等)，以及生物组织的本构方程，导出描述研究对象的微分方程或积分方程。

(4)根据器官的工作环境，获取有意义的边界条件。

(5)运用解析法或数值计算方法求解边值问题。

(6)进行生理实验，以验证上述边值问题的解的合理性，必要时可以对原模型进行修正或重新建立方程或边界条件，并重新进行求解以达到理论和实践的一致性。

(7)探讨理论和实验结果在实际中的应用。

生物力学研究常用的方法包括刚体动力学、弹性力学、黏弹性力学、流体力学、多孔弹性理论、量纲分析方法等理论方法，以及建模仿真和实验方法。

1.4.1　刚体动力学

刚体动力学是研究刚体在外力作用下的运动规律，通常被用来计算机械部件以及舰船、飞机、火箭等的运动及天体姿态。在生物力学领域，某些问题的研究对象可以假设为刚体，进而应用刚体动力学的理论解决问题。特别是在骨力学的相关内容方面，刚体动力学有着非常广泛的应用。

例：用图 1-1 中的牵引装置向折断的股骨(femur)施加一轴向力。

(1)为维持小腿平衡状态，悬挂的重量 W 应该是多少？

(2)在上述条件下施加给大腿的平均张力是多少？

解：假设滑轮无摩擦，则缆绳在运动过程中的张力 T 在各处均相等。据此，由力平衡公式：

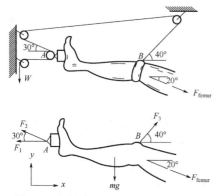

$$F_1 + F_2 + F_3 + F_{femur} - mgj = 0$$

$$F_1 = -F_1 i = -T i$$

$$F_2 = (-F_2 \cos 30°) i + (F_2 \sin 30°) j$$
$$= T(-0.866 i + 0.5 j)$$

$$F_3 = (F_3 \cos 40°) i + (F_3 \sin 40°) j$$
$$= T(0.766 i + 0.643 j)$$

$$F_{femur} = (F_{femur} \cos 20°) i - (F_{femur} \sin 20°) j$$
$$= F_{femur}(0.940 i - 0.342 j)$$

一般人的小腿与足部的重量占体重的 0.061。设患

图 1-1 人的小腿悬吊牵引受力示意图 者的体重为 70kg，则

$$m = 0.061 \times 70 = 4.27 (\mathrm{kg}) \Rightarrow mg = 41.85 \mathrm{N}$$

$$0 = (-1.1T + 0.94 F_{femur}) i + (1.143T - 0.342 F_{femur} - 41.85) j$$

$$-1.1T + 0.94 F_{femur} = 0 \Rightarrow F_{femur} = 1.17T$$

$$1.143T - 0.342 F_{femur} = 41.85$$

$$\Rightarrow 0.743T = 41.85$$

$$\Rightarrow T \approx 56.33 \mathrm{N}$$

$$W = T / g = 5.75 \mathrm{kg}, \quad F_{femur} = 65.9 \mathrm{N}$$

1.4.2 弹性力学

在弹性力学中，应力和应变关系是对遵守胡克定律的完全弹性体而言的。在小变形的情况下，应力在弹性限度范围内，大多数的实际材料都可以视为弹性体。

仅在 x 轴方向作用有相同应力 σ_x 的弹性体，只产生正应变而无剪应变。根据胡克定律，这些应力应变之间有

$$\begin{cases} \varepsilon_x = \dfrac{\sigma_x}{E}, \quad \varepsilon_y = \varepsilon_z = -\nu \varepsilon_x \\ \gamma_{xy} = \gamma_{yz} = \gamma_{zx} = 0 \end{cases} \tag{1-1}$$

式中，E 为杨氏模量；ν 为泊松比。

而对于仅在 x-y 面内有剪应力 τ_{xy} 作用的弹性体，只产生剪应变，其他应变为 0，这些量之间的关系为

$$\gamma_{xy} = \dfrac{\tau_{xy}}{G}, \quad \varepsilon_x = \varepsilon_y = \varepsilon_z = \gamma_{yz} = \gamma_{zx} = 0 \tag{1-2}$$

式中，G 为剪切弹性模量。

一般的弹性体，产生由 6 个应力分量 $(\sigma_x, \ \sigma_y, \ \sigma_z, \ \tau_{xy}, \ \tau_{yz}, \ \tau_{xz})$ 表示的变形，其应变分量可表示为

$$\begin{cases} \varepsilon_x = \dfrac{1}{E}[\sigma_x - \nu(\sigma_y + \sigma_z)], \quad \gamma_{xy} = \dfrac{1}{G}\tau_{xy} \\ \varepsilon_y = \dfrac{1}{E}[\sigma_y - \nu(\sigma_x + \sigma_z)], \quad \gamma_{yz} = \dfrac{1}{G}\tau_{yz} \\ \varepsilon_z = \dfrac{1}{E}[\sigma_z - \nu(\sigma_x + \sigma_y)], \quad \gamma_{zx} = \dfrac{1}{G}\tau_{zx} \end{cases} \tag{1-3}$$

式(1-3)称为胡克定律。

当一个物体所受载荷不超过其比例极限时,荷载与变形成线性关系,即物体服从胡克定律(图1-2)。如果将外部载荷去除后,物体的变形可以完全恢复,即没有残余变形,则该物体称为线性弹性体,简称线弹性体。

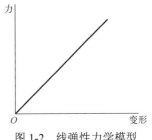

图1-2 线弹性力学模型

1.4.3 黏弹性力学

在一定条件下,肌肉、血液和骨骼等活组织兼具弹性性质和黏性性质,这种同时具有弹性性质和黏性性质的材料称为黏弹性材料,包括黏弹性固体和黏弹性流体。黏弹性材料可以分为线性黏弹性体和非线性黏弹性体。其中,线性黏弹性体的特性可用胡克体(遵循胡克定律)和牛顿流体(遵循牛顿黏性定律)两种极端情况来表征。通过不同方式组合服从胡克定律的弹性元件和服从牛顿黏性定律的黏性元件,可以形成不同的线性黏弹性模型,如串联弹性元件和黏性元件形成的麦克斯韦(Maxwell)模型,以及并联弹性元件和黏性元件形成的沃伊特(Voigt)模型。弹性元件与黏性元件串联后,与另一个弹性元件再并联成开尔文(Kelvin)模型(图1-3)。黏弹性材料具有与线弹性材料不同的力学行为,如发生松弛和蠕变。

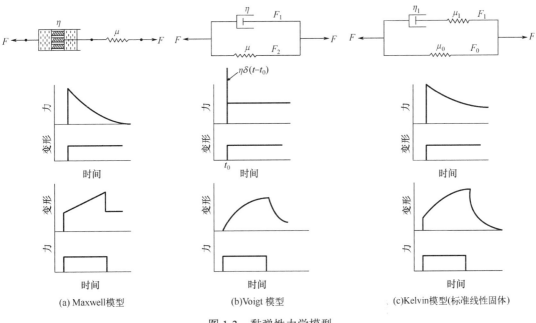

(a) Maxwell模型　　　(b)Voigt 模型　　　(c)Kelvin模型(标准线性固体)

图1-3 黏弹性力学模型

1.4.4 流体力学

流体力学是研究在力的作用下,流体自身的静止和流动状态以及流体与固体界面之间的相互作用和流动规律的学科。生物体内包含着大量的液体,在生物力学研究中,流体力学理论和实验方法经常被用来研究相关问题。

流体力学的主要理论基础包括三大基本方程,即连续性方程、动量方程和能量方程。

由质量守恒定律，可导出连续性方程：

$$\int_{\tau} \frac{\partial \rho}{\partial t} d\tau + \int_{\sigma} \rho v_{n} d\sigma = 0 \qquad (1-4)$$

式中，ρ 为液体密度；v_n 为流体流速。

由动量守恒定律，可导出动量方程：

$$\int_{\tau} \rho \frac{dv}{dt} d\tau = \int_{\tau} \rho F d\tau + \int_{\sigma} p_{n} d\sigma \qquad (1-5)$$

式中，F 为作用在单位质量流体上的体力；p_n 为 σ 面上的面力密度。

由能量守恒定律，可以导出能量方程：

$$\int_{\tau} \rho \frac{d}{dt}\left(U + \frac{v^2}{2}\right) d\tau = \int_{\tau} (\rho F v + \rho q) d\tau + \int_{\sigma}\left(p_{n} v + k \frac{\partial T}{\partial n}\right) d\sigma \qquad (1-6)$$

式中，U 为单位质量流体的内能；q 为单位为时间内热源给单位质量流体的热量；T 为温度；k 为热导率。式(1-4)~式(1-6)是用积分形式表示的一组流体力学方程，可用于研究流场中物理量的整体变化关系，也可用于推导间断面上的条件。

常见的流体分为：①牛顿流体，切应力与剪切速率成线性关系，水为常见的牛顿流体；②非牛顿流体，切应力与剪切速率不成线性关系，体液多为非牛顿流体，如图1-4所示。

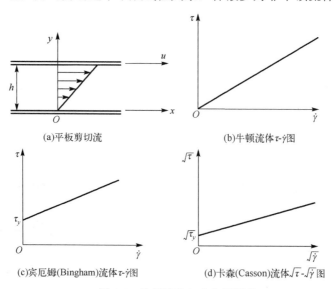

图 1-4　牛顿流体与非牛顿流体

实验方法是解决流体力学问题的有力手段。常用的有粒子图像测速(PIV)技术。PIV是一种瞬态、多点、非接触式的流体力学测速方法。该方法基于散布在流场中的具有良好的跟踪性和反光性的示踪粒子，在激光片光的照射下，成像记录系统连续摄取两次或多次粒子图像，再利用图像互相关方法进行分析，获得每一小区域中粒子图像的平均位移，从而确定流场切面上整个区域的二维流体速度分布。PIV技术有着特有的优势，包括无须接触式测量、不需要在流场中插入任何测量器具、能够测量平均流场和瞬时流场。

生物体内的体液满足流动相似性。从流体力学观点来看，流动相似性要求满足流场边界几何相似、流体运动动力相似、边界运动学相似以及边界运动动力相似。非定常周期性流动、层流和湍流、定常流和脉动流判据分别为

$$St = \frac{D}{TU} \left(\frac{非定常惯性力}{迁移惯性力} \right) \quad (施特鲁哈尔数)$$

$$Re = \frac{\rho UD}{\eta} \left(\frac{迁移惯性力}{黏性力} \right) \quad (雷诺数)$$

$$\alpha = \sqrt{\frac{\omega}{\nu}} D \left(\frac{非定常惯性力}{黏性力} \right) \quad (沃默斯利数)$$

$$Fr = \frac{\sqrt{gH}}{U} \left(\frac{流体位能}{流体动能} \right) \quad (弗劳德数)$$

从动物实验结果(表 1-1)来看，三者的雷诺数有数量级的差别，施特鲁哈尔数有倍数的差别，不相似。但是医生的实践告诉我们动物实验结果是可靠的、合理的，这又是怎么回事？

表 1-1 动物实验的相似性

	鼠	人	象
Re	2×10^2	5×10^3	1.2×10^4
St	9×10^{-3}	4×10^{-2}	8×10^{-2}

由高等哺乳动物心血管流动的相似性研究(表 1-2)可知，对于生物流体力学来说，相似性是与研究对象的生理功能目标结合在一起的。因此，针对有限目标，建立功能-结构模型的相似准则，正是生物流体力学相似律问题的固有特色，并非完全是不得已而为之。

表 1-2 高等哺乳动物心血管流动的相似性

动物种类	体重 W/kg	心率 f/min^{-1}	相速度 c/(cm/s)	系统长度 L/cm	最大波长 λ_{max}/cm	最小波长 λ_{min}/cm	$\frac{\lambda_{max}}{L}$	$\frac{\lambda_{min}}{L}$
马	400	36	400	110	667	55	6.0	0.5
人	70	70	500	65	429	36	6.6	0.6
狗	20	90	400	45	267	23	5.9	0.5
澳洲袋熊	16	120	500	40	250	21	6.2	0.5
猫	3.6	180	450	27	150	13	5.6	0.5
兔	3.0	210	450	27	129	11	4.8	0.4
豚鼠	0.6	240	420	15	105	9	7.0	0.6
平均			446				6.1	0.5

高等哺乳动物的主动脉系统血液流动的相似性，主要体现在相同解剖部位上压力波相似。这是符合生物学的普遍规律——功能适应性原理的。

人体质量中液体占比约有 60%，40%的体液存在于细胞之中，5%~10%为血液。另外15%左右则分布于组织细胞间质中。

生物体中存在不同尺度和不同系统中的生理流动问题。

1) 细胞和亚细胞尺度

(1) 原生质流动。这与细胞内部的各种生化过程有密切的关系,生命活动越旺盛的细胞(如卵母细胞、花粉管等),其原生质流动往往越显著。

(2) 细胞膜的流动性和力学行为。这和膜的超微结构密切相关,故对膜的力学性质的研究可能使人们更深入地了解细胞膜的结构和功能。目前的研究以血红细胞为主。

(3) 穿过细胞膜的输运过程。这是膜生物学的一个重要课题。流体力学方法和生物物理、生物化学机制研究的结合,有助于掌握膜输运过程的定量规律。

(4) 应力对细胞生长、形态、功能和超微结构的影响。当前的研究热点是血流动力(压力、剪应力等)对血管内皮细胞的影响,以及血细胞和内皮细胞的相互作用。

2) 组织尺度

(1) 穿过毛细血管壁的流体运动。这是血液微循环系统和周围组织之间物质输运的主要形式。这里又涉及三个方面:①通过毛细血管壁的气体交换;②通过毛细血管壁的体液流动,这方面研究以斯塔林(Starling)定律为基础,关键是渗滤系数的实验测定;③大分子的输运。

(2) 组织间质内的流体运动。这实际上是指毛细血管外组织细胞间隙空间的流动,可以视为某种多孔介质内的渗流,关键是间质空间压力的测定,以及间质孔隙率和渗流系数的确定。

(3) 淋巴流动。淋巴流动起着确保组织间质不会因液体过多(来自毛细血管的跨壁流动)而水肿的作用。毛细淋巴管具有盲端,而作为输运导管的淋巴管具有导向阀门作用。淋巴流动的动力来自淋巴管的能动收缩和相关组织、器官的运动。

(4) 组织分泌液的流动。该流动包括肝胆管内胆汁分泌、胃壁内胃液的分泌、肾内肾小管的流动、腺体内分泌流动等。

3) 循环系统尺度

(1) 心脏血流动力学,其中心瓣膜和人工心瓣膜的流体动力学问题是重点研究方向之一。

(2) 大血管流体动力学,主要研究脉搏波、分支、弯曲管道内流体的运动以及血管壁失稳引起的流-固耦合作用等问题。其中,脉搏波的研究旨在开发早期、无创诊断心血管疾病的技术和方法;分支、弯曲管道内流体的运动则与动脉粥样硬化的发病机制密切相关;血管壁失稳引起的流-固耦合作用则为一些异常生理现象提供解释。

(3) 以微循环为核心的器官血流动力学,这是生物流体力学领域里最富有成果的一个子领域。冯元桢关于肺血循环规律的研究,是一个成功的范例。

(4) 微循环流体动力学,包括小血管(管径小于 1mm)内流动的异常现象、肌性血管内的蠕动流、毛细血管内血液的流动、穿过毛细血管壁的物质转运、局部血流的自动调节等。

(5) 心血管系统动力学,是从系统生理学的角度,对整个心血管系统,或者某个子系统(如肺循环系统)在不同条件(如失重、超重、深潜、药物作用、病态等)下的功能,做出定量的评估。

4) 呼吸系统内的气体运动

(1) 呼吸道内的空气流动(鼾症的产生)。

(2) 小支气管内气体的对流和扩散。

(3)肺泡和毛细支气管在气-血界面上的物质交换。

(4)呼吸系统动力学。这和心血管系统动力学相仿。

5)泌尿系统内的流动

(1)毛细血管-肾小球、肾小管之间的流体运动。

(2)输尿管内的蠕动流。

1.4.5　多孔弹性理论

构成生命体的功能活性材料(组织、细胞、细胞核等)是由间质流体等液体与蛋白纤维网络等固体骨架组成的生物含液多孔材料(图 1-5)。最新研究表明,细胞质、细胞核可视为多孔弹性材料(图 1-6)。固体变形应变场与流体渗流场相互作用、相互影响,其流-固耦合力学行为可通过毕奥(Biot)多孔弹性理论来描述。

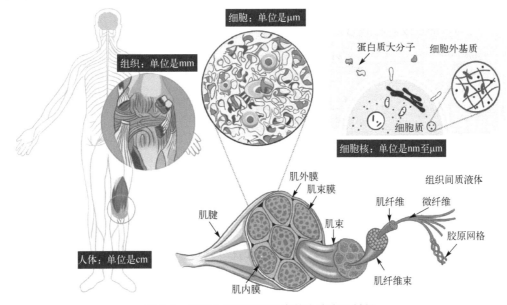

图 1-5　构成人体的不同尺度的含液多孔材料

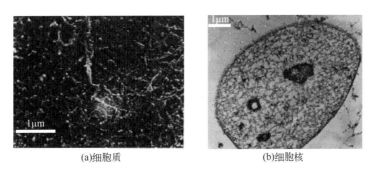

(a)细胞质　　　　　　　　　(b)细胞核

图 1-6　细胞质与细胞核的孔隙结构

Biot 在多孔弹性材料(如土壤)力学的基础上,从比较严格的固结机理出发推导出准确反映孔隙压力消散与土骨架变形之间关系的三维固结方程。

其中，平衡方程为

$$
\begin{cases}
\dfrac{\partial \sigma_x}{\partial x} + \dfrac{\partial \tau_{xy}}{\partial y} + \dfrac{\partial \tau_{xz}}{\partial z} = 0 \\[2mm]
\dfrac{\partial \tau_{xy}}{\partial x} + \dfrac{\partial \sigma_y}{\partial y} + \dfrac{\partial \tau_{yz}}{\partial z} = 0 \\[2mm]
\dfrac{\partial \tau_{xz}}{\partial x} + \dfrac{\partial \tau_{yz}}{\partial y} + \dfrac{\partial \sigma_z}{\partial z} = -\gamma
\end{cases}
\tag{1-7}
$$

式中，γ 为土的重度，应力为总应力。根据有效应力原理，总应力为有效应力 σ' 与孔隙压力 p_{w} 之和，孔隙压力等于静水压力和超静水压力 u 之和，即

$$
\begin{cases}
\sigma = \sigma' + p_{\mathrm{w}} \\[1mm]
p_{\mathrm{w}} = (z_0 - z)\gamma_{\mathrm{w}} + u
\end{cases}
\tag{1-8}
$$

式中，γ_{w} 为水的重度。将式 (1-8) 代入式 (1-7)，得

$$
\begin{cases}
\dfrac{\partial \sigma'_x}{\partial x} + \dfrac{\partial \tau_{xy}}{\partial y} + \dfrac{\partial \tau_{xz}}{\partial z} + \dfrac{\partial u}{\partial x} = 0 \\[2mm]
\dfrac{\partial \tau_{xy}}{\partial x} + \dfrac{\partial \sigma'_y}{\partial y} + \dfrac{\partial \tau_{yz}}{\partial z} + \dfrac{\partial u}{\partial y} = 0 \\[2mm]
\dfrac{\partial \tau_{xz}}{\partial x} + \dfrac{\partial \tau_{yz}}{\partial y} + \dfrac{\partial \sigma'_z}{\partial z} + \dfrac{\partial u}{\partial z} = -\gamma + \gamma_{\mathrm{w}}
\end{cases}
\tag{1-9}
$$

与式 (1-7) 相比，式 (1-9) 中加入了各方向的单位渗透力，是以固体骨架为脱离体建立的平衡微分方程。

Biot 多孔弹性理论假设土骨架是线弹性体，服从广义胡克定律。将弹性力学本构方程中的应力用应变表示，用几何方程将应变表示为位移 (设 x、y、z 三个方向的位移分别为 u^{s}、v^{s}、w^{s})，再将二者代入式 (1-9) 中得到以位移和孔隙压力表示的平衡微分方程：

$$
\begin{cases}
-G\nabla^2 u^{\mathrm{s}} - \dfrac{G}{1-2\nu}\dfrac{\partial}{\partial x}\left(\dfrac{\partial u^{\mathrm{s}}}{\partial x} + \dfrac{\partial v^{\mathrm{s}}}{\partial y} + \dfrac{\partial w^{\mathrm{s}}}{\partial z}\right) + \dfrac{\partial u}{\partial x} = 0 \\[3mm]
-G\nabla^2 v^{\mathrm{s}} - \dfrac{G}{1-2\nu}\dfrac{\partial}{\partial y}\left(\dfrac{\partial u^{\mathrm{s}}}{\partial x} + \dfrac{\partial v^{\mathrm{s}}}{\partial y} + \dfrac{\partial w^{\mathrm{s}}}{\partial z}\right) + \dfrac{\partial u}{\partial y} = 0 \\[3mm]
-G\nabla^2 w^{\mathrm{s}} - \dfrac{G}{1-2\nu}\dfrac{\partial}{\partial z}\left(\dfrac{\partial u^{\mathrm{s}}}{\partial x} + \dfrac{\partial v^{\mathrm{s}}}{\partial y} + \dfrac{\partial w^{\mathrm{s}}}{\partial z}\right) + \dfrac{\partial u}{\partial z} = -\gamma + \gamma_{\mathrm{w}}
\end{cases}
\tag{1-10}
$$

式 (1-10) 包含四个未知量，故需补充方程对其求解，由于水不可压缩，对于饱和状态，材料单元体内水量的变化率在数值上等于土体积的变化率，故由达西定律得

$$
\frac{\partial \varepsilon_v}{\partial t} = -\frac{K}{\gamma_{\mathrm{w}}}\nabla^2 u
\tag{1-11}
$$

将式 (1-11) 展开用位移表示，得

$$-\frac{\partial}{\partial t}\left(\frac{\partial u^{\mathrm{s}}}{\partial x}+\frac{\partial v^{\mathrm{s}}}{\partial y}+\frac{\partial w^{\mathrm{s}}}{\partial z}\right)+\frac{K}{\gamma_{\mathrm{w}}}\nabla^2 u=0 \tag{1-12}$$

因此，完整的 Biot 固结方程为

$$\begin{cases} -G\nabla^2 u^{\mathrm{s}}-\dfrac{G}{1-2\nu}\dfrac{\partial}{\partial x}\left(\dfrac{\partial u^{\mathrm{s}}}{\partial x}+\dfrac{\partial v^{\mathrm{s}}}{\partial y}+\dfrac{\partial w^{\mathrm{s}}}{\partial z}\right)+\dfrac{\partial u}{\partial x}=0 \\[3mm] -G\nabla^2 v^{\mathrm{s}}-\dfrac{G}{1-2\nu}\dfrac{\partial}{\partial y}\left(\dfrac{\partial u^{\mathrm{s}}}{\partial x}+\dfrac{\partial v^{\mathrm{s}}}{\partial y}+\dfrac{\partial w^{\mathrm{s}}}{\partial z}\right)+\dfrac{\partial u}{\partial y}=0 \\[3mm] -G\nabla^2 w^{\mathrm{s}}-\dfrac{G}{1-2\nu}\dfrac{\partial}{\partial z}\left(\dfrac{\partial u^{\mathrm{s}}}{\partial x}+\dfrac{\partial v^{\mathrm{s}}}{\partial y}+\dfrac{\partial w^{\mathrm{s}}}{\partial z}\right)+\dfrac{\partial u}{\partial z}=-\gamma+\gamma_{\mathrm{w}} \\[3mm] -\dfrac{\partial}{\partial t}\left(\dfrac{\partial u^{\mathrm{s}}}{\partial x}+\dfrac{\partial v^{\mathrm{s}}}{\partial y}+\dfrac{\partial w^{\mathrm{s}}}{\partial z}\right)+\dfrac{K}{\gamma_{\mathrm{w}}}\nabla^2 u=0 \end{cases} \tag{1-13}$$

在数学上，解出式(1-13)的方程组是比较困难的，对于一般的土层情况，边界条件稍微复杂，便无法求得解析解，因此自 1941 年 Biot 固结方程建立以来，并未在工程中得到广泛应用。随着计算机技术的发展，特别是有限单元法的发展，Biot 多孔弹性理论才重现生命力，并开始应用于工程实践。

知识拓展

1. 连续介质力学——批判

图 1-7 描述了缺氧、高血压后肺动脉尺寸及基因活动史变化，可以看出表示生物力学的研究对象已超出了传统连续体力学的范围，例如：

(1)生物材料通常极不均匀，因此连续体中对物质密度、应力和应变的定义会不适用。

(2)生物分子可以在细胞内、细胞间和组织中生成或分化。因此，如肌动蛋白(actin)、肌球蛋白(myosin)、胶原纤维和弹性纤维等确定的分子，其质量和结构是不稳定的。

(3)零应力状态是可变的，其改变不仅可以因物质微粒改变位置，也可以因新的分子生成或分散而改变。同样地，组织是由细胞构成的，组织的零应力状态也会受到细胞大小、形态、增殖、凋亡、运动以及微环境变化等因素的影响而改变。

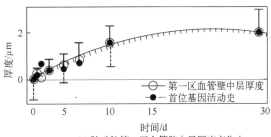

(a) 肺动脉第一区血管壁中层厚度变化史

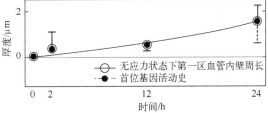

(b) 肺动脉第一区在无应力状态下血管内壁周长的变化史

图 1-7　缺氧高血压后肺动脉尺寸及基因活动史变化

（4）细胞和组织的结构变化速率、零应力状态的改变速率与细胞、组织本身的应力和应变状态有关。

　　2. 连续介质力学——修正

　　在连续的假设可用的前提下，生物力学要遵循以下三个公理。

　　（1）密度和应力的定义可以引入层次概念，见表1-3。例如，以人作为研究对象，可将其分为组织、细胞、细胞核、大分子、小分子、原子等层次。密度是特定体积中的质量度量，等于物体的质量除以体积。在传统力学中，考虑包围某一点的一部分的体积和质量，以该部分体积趋近于零时该部分质量与体积的比值的极限定义该点的密度。但在生物力学中，体积下限被限制为所选定层次的体积下限。同样，定义某点的应力时，以受力面积趋近于零时力与受力面积的比值来定义某点的应力，且面积下限限制在所考虑的层次内，例如，长度下限为1μm或1nm，则为微米力学或纳米力学等。因此，不同层次之间关注的问题也不同。

表1-3　生物力学与经典力学的密度、应力定义对比

	经典力学	生物力学
密度	$\rho = \lim\limits_{\Delta V \to 0} \dfrac{\Delta \mathrm{mass}}{\Delta V}$	$\rho = \lim\limits_{\Delta V \to V_n} \dfrac{\Delta \mathrm{mass}}{\Delta V}$
应力	$T = \lim\limits_{\Delta A \to 0} \dfrac{\Delta \mathrm{force}}{\Delta A}$	$T = \lim\limits_{\Delta A \to A_n} \dfrac{\Delta \mathrm{force}}{\Delta A}$

　　（2）在每个层次中，质点是多种多样的，并且可以新生、消失、相对移动和改变微环境。在这种情况下，连续的概念仍然适用。

　　（3）生物体的零应力状态随时间不断变化，见表1-4。质点$x_i(t)$的零应力坐标$X_i(t)$与在初始时间的坐标$X_i(t_0)$可以不同。

表1-4　生物体内零应力状态随时间的改变

	经典力学	生物力学
零应力状态质点位置	$X_i(t_0)$	$X_i(t_0, t)$
	↓	↓↑
t时刻质点位置	$x_i(t)$	$x_i(t)$

1.4.6　量纲分析法——Π-定理

　　假设有一个物理现象与n个物理参数$q_1, q_2, q_3, \cdots, q_n$有关，可以通过某种函数来描述：

$$f(q_1, q_2, q_3, \cdots, q_n) = 0 \tag{1-14}$$

　　若所有相关物理参数涉及的基本量纲数为m，则可将这n个物理参数组合成$n-m$个独立的无量纲参数$\Pi_1, \Pi_2, \Pi_3, \cdots, \Pi_{n-m}$，而同一物理现象则可由无量纲参数之间的函数关系所描述：

$$F(\Pi_1, \Pi_2, \Pi_3, \cdots, \Pi_{n-m}) = 0 \tag{1-15}$$

由于无量纲参数的个数$(n-m)$少于原物理参数的个数(n)，故函数关系涉及的变量数少于函数关系，使问题得到简化。

以球形颗粒在黏性液体中的沉降为例，阐述 Π-定理在解决实际问题中的应用。设小球直径为a，小球密度为ρ_0，液体黏度为η，液体密度为ρ，重力加速度为g，小球的沉降速度U取决于小球所受的浮力$F=(\rho_0-\rho)ga^3$和阻力D。阻力D又取决于U、a和η。所以，有

$$D = f(a, U, \eta) \tag{1-16}$$

式中，a、U、η涉及三种基本单位[L]、[T]、[M]，故按 Π-定理：

$$[D] = [a]^{\alpha} [U]^{\beta} [\eta]^{\gamma} \tag{1-17}$$

因为 $\qquad [D] = [MLT^{-2}], \quad [a] = [L], \quad [U] = [LT^{-1}], \quad [\eta] = [ML^{-1}T^{-1}]$

所以 $\qquad \alpha + \beta - \gamma = 1, \quad -\beta - \gamma = -2, \quad \gamma = 1$

故 $\qquad \alpha = \beta = \gamma = 1$

$$\frac{D}{aU\eta} = 常数 = k$$

因为定常状态下，$D = F$，所以

$$U = k \cdot (\rho_0 - \rho) \frac{ga^2}{\eta} \tag{1-18}$$

式(1-18)即为斯托克斯公式。

1.4.7 生物力学建模仿真

生物力学建模和仿真旨在建立与求解生物组织的平衡方程、几何方程和本构方程，以得到生物组织的应力应变状态。然而，由于目前在数学上通常难以解析求解这些方程，因此，人们根据最小势能原理，结合离散化求解的方法发展出了有限元方法，以便在误差可接受的范围内求得应力应变状态的近似解。

而实际上，人们一般借助已有的商业软件进行相关的建模、求解和分析。在此过程中，通常需要进行的操作有：建立几何模型；划分网格(离散化)；定义材料属性；定义相互作用，包括绑定、接触及相对转角和相对距离约束等；定义边界条件，包括力边界条件和位移边界条件；求解，包括载荷步的设定和求解器的选择等；结果分析。

本节以骨肌系统的三维建模为例，讲述生物力学建模仿真的一般步骤(图 1-8)。

图 1-8 生物力学建模仿真的一般步骤

1. 影像学图像采集

影像数据对于骨折、骨质疏松等诸多骨科疾病的诊断非常重要，所以，目前已经开发出了多种不同的手段来对骨组织进行成像。例如，在临床应用中常用的成像技术包括 X 射线摄片、计算机断层扫描(computed tomography，CT)、磁共振成像(magnetic resonance imaging，MRI)等，以及 Micro-CT、Micro-MRI 等实验室设备，这些技术可以对人体组织的几何结构进行不同程度的刻画，而像双能骨密度仪以及一些新式的超声设备，则可以反映骨密度等功能参数的分布。而对于人体骨骼肌肉系统的建模与仿真而言，三维建模是当前主流的建模方式。下面将主要介绍几种常用的三维建模图像获取方法。

(1)CT 成像：CT 成像的基础是 X 射线在通过不同的物体时会产生不同的衰减。如果将扫描区域分为许多小的区域，如分为 8×8 个单元，那么 X 射线通过某一个单元时，其入射前后的 X 射线强度满足：

$$I_{出射} = I_{入射} e^{-u_{ij}w} \tag{1-19}$$

式中，u_{ij} 为第 i 行第 j 列的单元对 X 射线的衰减系数；w 为单元的长度。对于所有第 i 行的单元，如果初始入射的强度为 I_0，那么最终的出射强度为

$$I_i = I_0 e^{-(u_{i1}+u_{i2}+u_{i3}+u_{i4}+u_{i5}+u_{i6}+u_{i7}+u_{i8})w} \tag{1-20}$$

式中，I_i 可以控制，I_0 可以测量，因此都是已知量，u_{ij} 是未知量。

整个区域有 8×8=64 个未知量，如果在不同方向上进行 64 次扫描，就可以得到 64 个关于 u_{ij} 的方程，从而计算得到每个单元的衰减系数。根据不同的衰减系数，每个单元赋予不同的灰度值，以获得整个切面的 CT 图像数据。

CT 对骨组织的成像效果优于 MRI，当研究更加关注于骨性结构时，可以考虑利用 CT 来进行图像采集。但由于 CT 具有放射性，所以在图像采集的过程中，需要征得对象的同意并寻求伦理委员会的批准。

(2)Micro-CT 与普通 CT 的成像原理相同，但因为使用了具有显微聚焦功能的射线源，所以分辨率远远高于普通 CT。目前普通 CT 的分辨率多在毫米量级，而最新的 Micro-CT 的分辨率可以达到纳米量级。因此，采用 Micro-CT 可以对骨组织的微结构进行成像，从而为建立微观模型提供影像学基础，如图 1-9 所示。

(3)MRI 对软组织的成像效果优于 CT，因此，当研究关注于韧带、肌肉、关节等软组织时，建议使用 MRI 进行图像采集，图 1-10 所示为腰椎的 MRI 图像。近年来，在 MRI 的基础上，又发展出了 Micro-MRI。Micro-MRI 利用比普通 MRI 更强的磁场，能够对观察对象进行精细成像。总体上讲，Micro-MRI 不仅可以对骨小梁等骨性结构进行成像，还可以对韧带、肌肉、牙周膜等软组织的细微结构进行成像，因此有很好的发展前景。但就目前而言，Micro-MRI 的分辨率仍然低于 Micro-CT，为数十微米，且费用较为高昂，所以其目前的使用范围尚不及 Micro-CT 广泛。

在活体扫描的过程中，应当保持扫描对象的静止，避免因对象移动而产生伪影。如果是对实验动物进行扫描，应进行充分麻醉，在条件许可的范围内，还应利用门控技术，进一步减少呼吸引起的移动；而如果是对志愿者进行扫描，通常需要借助一些固定器具，以

帮助志愿者保持扫描姿势不变。需要注意的是，对于特定姿态下的骨骼肌肉系统建模，最好从一开始就在该姿态下进行图像采集，以避免后期建模的误差以及计算求解时收敛方面的问题。在进行有关植入物的建模时，应注意植入物的伪影所产生的影响。因此，可以尝试不同的扫描参数，从而优化扫描结果。

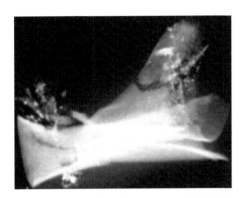

图 1-9 受损的肩胛骨 Micro-CT 扫描结果
（冠状面与横截面，像素分辨率 18μm）

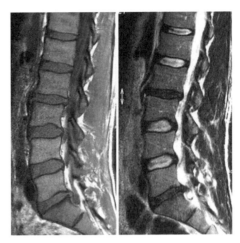

图 1-10 腰椎的 MRI 图像

2. 图像预处理

在二维医学图像序列获取过程中，由于位移、旋转、比例变化等因素带来的失真和医疗成像设备中各电子器件的随机波动带来的噪声对于后期三维重建影响较大。为了尽可能地抑制噪声，增强图像特征，提高信噪比，保持图片一致性，通常使用图像校准、配准、融合、滤波去噪和平滑等预处理方法对图像序列进行预处理。

医学图像分割指将已进行图像预处理的医学图像数据按特性区域进行交互式人工分割或者半自动分割，如图 1-11 所示。这里的特性是指像素的灰度、通道颜色、纹理分布、局部统计特征或频谱特征等属性，而特性区域即指待研究的器官、组织或病变体。该区域可以对应单个区域，也可以对应多个区域。图像分割原则可以分为两大类：基于像素灰度不连续性的分割和基于同一区域内具有相似灰度或组织特征的寻求分割边界的分割。图像分割方法包括基于阈值、基于区域和基于边缘三种主要方法。

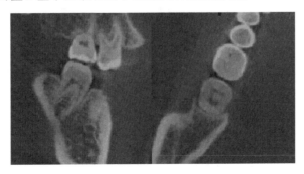

图 1-11 选择后磨牙 CT 图像进行逐层分割

3. 三维模型重建

医学图像三维模型重建是指通过三维重建算法，将医疗成像设备获取的二维图像序列构建为组织或器官的三维几何模型，并进行绘制、显示和交互的过程。该过程包括图像预处理、图像分割、三维模型重建和模型网格简化等。医学图像三维模型重建技术结合了计算机图形学、数字图像处理技术、计算机可视化和人机交互等多种技术，广泛应用于生物医学工程领域，对于医学诊断、手术规划和医学教学等也具有很高的应用价值。目前，医学图像三维模型重建方法可根据数据描述方法的不同分为面绘制和体绘制两种。

进行图像的三维模型重建通常需要相应的软件。MIMICS 是由 Materialise 公司开发的一款交互式医学影像控制系统，其全称为 materialise's interactive medical image control system。作为一款高度模块化的三维(3D)医学图像生成及编辑处理软件，它可以输入各种扫描的医学图像数据，如 CT、MRI 等，并能够输入这些基础数据重建后的 BMP 等格式图片。通过面绘制方法对数据进行三维模型重建并进行编辑，然后输出为通用的 CAD(计算机辅助设计)、FEA(有限元分析)、RP(快速成型)格式。MIMICS 软件包括图像格式的导入、图像分割、图像配准等工作，最终通过点云数据建立一个三维模型。通过对 MIMICS 重建后的模型进行进一步完善，原则上可以直接进行有限元仿真分析。但是考虑到模型的精确性和有限元分析的特殊性，生成的点云模型有必要在 CAD 的软件中进行再重建。这个重建过程包括去除复杂边界、完善模型结构等，需要使用的软件包括 RapidForm 和 Geomagic 等。图 1-12 所示为 Geomagic 软件生成的三维模型。更为重要的是，种植体是规则的集合实体，它的建模需要在标准的三维 CAD 中实现，如 SolidWorks、CATIA、UG 和 Pro-E 等。

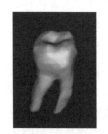 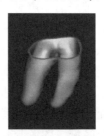 

(a) 提取模型轮廓线Tooth　(b) 提取模型轮廓线PDL　(c) 提取模型轮廓线AB

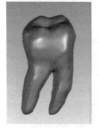 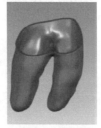 

(d) NURBS曲面Tooth　(e) NURBS曲面PDL　(f) NURBS曲面AB

图 1-12　Geomagic 软件生成三维模型

有限元模型是生物力学仿真的基础，用于模拟组织和器官的力学行为。一个卓越的模型可以确保获得可靠的结果，然而，这并不表示更加复杂的模型就一定具备更高的准确性。

实际上，对于数值计算而言，简化模型的计算结果往往更为准确可靠。因此，正确的建模和合理的简化是构建几何模型的核心。

4. 网格划分

有限元方法的基本思想是将研究对象离散化，即将连续的研究区域离散为有限个部分的集合，且认为各部分之间只通过有限个点连接，这些小部分称为单元，连接点称为结点。有限元方法利用简化几何单元来近似逼近连续体，然后根据变形协调条件，结合虚功方程综合求解。所以有限元网格的划分一方面要考虑对各物体几何形状的准确描述，另一方面也要考虑变形梯度。

通常，有限元仿真过程中最耗时的阶段是前期处理，其中分析模型的网格离散化尤为耗时，在整个仿真过程中会占用 80% 以上的时间。常用的网格划分软件有 HyperMesh、ANSA、ICEM CFD、TrueGrid 等。图 1-13 所示为牙-牙周膜-牙槽骨模型的网格划分。

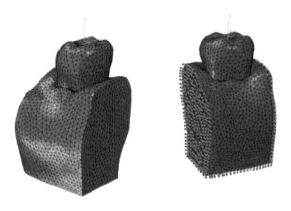

图 1-13　牙-牙周膜-牙槽骨模型的网格划分

5. 求解器分析求解

前处理完成后，接下来就是选择合适的求解器进行求解。

常用的有限元分析软件有 ANSYS、ABAQUS 等，分析骨骼肌肉系统常用软件还有 AnyBody 等。

ANSYS 是由美国 ANSYS 公司开发的一款大型有限元软件，包含结构、流体、电场、磁场、声场等多种分析模块，在流固耦合、多场耦合等方面具有强大的功能。自 12.0 版以来，ANSYS 完善了 Workbench 平台的功能。因此，目前在 ANSYS 中的建模通常在 Workbench 平台上进行。ANSYS 的 Workbench 平台是一个项目流程管理平台，用户可以自定义添加结构静力学计算、流体力学计算等模块，并且各个模块之间的数据可以相互关联和传递。

ABAQUS 是由法国达索公司开发的一款大型有限元软件，它可以分析多种庞大复杂的力学系统。ABAQUS 能够处理高度非线性的问题，为非线性求解提供了强大的支持。新版本的 ABAQUS 中加入了各向异性超弹性本构模型等非线性材料模型，有利于韧带、肌腱

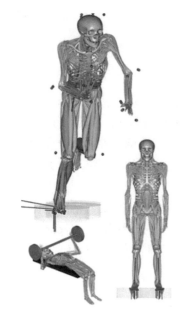

图 1-14　AnyBody 建立的骨骼肌模型

等生物组织的模拟，为用户免去了编写子程序来自定义材料属性的操作。此外，ABAQUS 对于接触问题等几何非线性问题，也提供了有效的处理手段。ABAQUS 的操作一般在 ABAQUS CAE 环境下进行。

AnyBody 软件是用于人机工程学和生物力学分析的软件，它能够分析完整的骨骼肌肉系统。该软件可以模拟人体不同的运动状态，并真实地模拟出各种运动状态下的生物力学环境。通过利用 AnyBody 软件模拟各种不同的人体运动状态，并结合有限元法分析人体运动过程中的应力和应变情况，相比静态有限元分析能更加真实地反映人体的生物力学特性。另外，AnyBody 软件还提供了有限元分析的接口。图 1-14 为利用 AnyBody 软件建立的骨骼肌模型。

6. 后处理

基于求解器的求解结果，用户可进行后处理，对求解结果进行一系列图形表示，如位移、应力、应变云图等。

1.4.8　生物力学实验方法

1. 拉压测试法

拉伸、压缩测试使用的主要实验设备是万能力学试验机(图 1-15)，辅助的设备包括电子引伸计、应变片、游标卡尺等。另外，为了将试件固定到万能力学试验机上，同时将载荷正确地传递到试件，还需要使用各种夹具来连接试件和试验机。

(a)动磁式生物材料力学测试系统

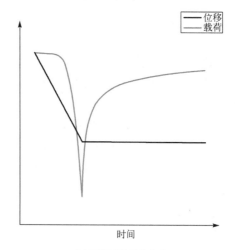

(b)组织压缩松弛实验

图 1-15　测试系统及组织压缩松弛实验

测试时，夹具分别将试件固定到万能力学试验机的作动轴和下端机座上。力学传感器可以放置于作动轴与夹具之间，也可以放置于夹具和下端机座之间。开始试验后，万能力学试验机可以记录作动轴的位移和力学传感器的受力变化。

通过拉伸或压缩测试可以得出试件的部分材料参数。这些参数可以从试件拉伸或压缩过程中的应力-应变曲线求出。一般万能力学试验机自带的软件可以进行相应的计算，求出这些参数。用户也可以导出数据，自行计算得到这些参数。下面介绍从应力-应变图上可以获得的材料力学信息。

(1)杨氏模量 E。杨氏模量用来表征材料抵抗变形的能力，是材料最重要的参数。其定义为：在线弹性阶段，应力与应变的比值，即应力-应变图像在开始的线性阶段的斜率。对于生物材料，其应力-应变曲线不一定存在明显的线性阶段。这种情况应取应变较小时，应力-应变曲线的切线或者割线斜率，作为杨氏模量的近似。对于各向同性线弹性材料，单向应力状态下其应力 σ、应变 ε 以及杨氏模量 E 满足：

$$\sigma = E \cdot \varepsilon \tag{1-21}$$

(2)屈服极限 σ_s。屈服点可以认为是材料的变形从弹性变形向塑性变形的转化点。在应力-应变曲线上，屈服点所对应的应力值就是屈服极限(图 1-16)。当应力小于屈服极限时，产生的变形是可逆的。卸载后，材料上产生的变形可以消除。而当应力大于屈服极限时，材料上将产生部分塑性变形。卸载后，塑性变形部分不会消去。确定屈服点的方法有很多，测试材料的性质不同，方法也不同。对于低碳钢等金属材料，其应力-应变曲线存在一个应力上下波动的平台区，这个区间就是材料的屈服阶段。屈服阶段的最大、最小应力值分别为上屈服点和下屈服点。而对于骨样本这类材料，不存在屈服阶段。参照工程材料的一般方法，可以选取产生 0.2%的塑性应变时对应的应力值作为名义屈服应力。这种方法存在弊端：一些材料承受 0.2%的塑性应变时就已经严重破坏了。因此，取应力-应变曲线的斜率开始减小的时刻所对应的点作为屈服点，更具有生理意义。

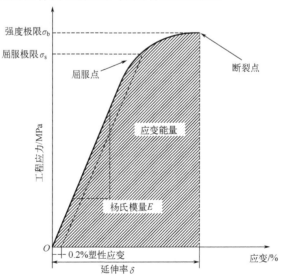

图 1-16 骨拉伸应力-应变曲线

(3)强度极限 σ_b。试件能够承受的最大应力就是强度极限，而试件在断裂处的应力称断裂强度(图 1-16)。对于骨样本,这两个参数的值是相同的。强度极限一般就是应力-应变曲线最大值点所对应的应力值。

(4)延伸率 δ。延伸率是衡量材料塑性性能的指标。其定义为:断裂或者屈服后,标距伸长的长度与标距原始的长度的百分比(图 1-16)。延伸率可以作为材料属性划分的标准之一。工程上认为,$\delta > 5\%$ 是塑性材料,而 $\delta \leqslant 5\%$ 是脆性材料。骨的延伸率受其水分含量的影响很大。相对于正常的骨,脱水干燥后,骨的延伸率降低,脆性增强。

(5)泊松比 ν。泊松比用来描述材料在一个方向上变形对垂直方向上变形的影响。其定义为:在拉伸的线弹性阶段,垂直于受拉方向上的应变与受拉方向上的应变之比的绝对值(图 1-17)。泊松比无法通过应力-应变曲线直接获得。计算泊松比时,不仅需要载荷方向上的应变值,还需要使用引伸计来记录垂直于载荷方向上的应变值。一般皮质骨的泊松比为 0.28~0.45。

上述几个参数,通过给试件施加单向拉伸载荷都可以计算得到。对于压缩测试,参数的计算方法相同。很多情况下,试验得到的曲线并不完美,图 1-18 是拉伸测试获得的一种典型图像,试件加持松动、试件固定方式不合理等都可能造成这种现象。这时需要对试验获得曲线进行相应的修正,然后计算相关的材料参数。对于应力-应变曲线存在线性阶段的情况,可以把线性段延长与横坐标相交,取交点作为修正后的横轴零点。所有与横轴数据相关的计算,如屈服点、延伸率等,都选上述交点作为零点。

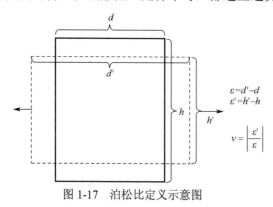

图 1-17 泊松比定义示意图

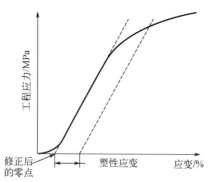

图 1-18 修正后的拉伸应力-应变曲线

2. 扭转、纯剪切测试法

扭转试验和纯剪切试验都可以用于测试骨样本的剪切力学性能。通过万能力学试验机和应变片,采集到载荷和位移之间的关系,就可以计算剪切强度、剪切模量 G 等材料参数。

扭转测试适用于骨干等整根骨头的测试。样本制备过程应注意的事项和拉压、弯曲测试的相同,应尽量选取圆形截面、轴线较直的骨干作为测试样本。为了保证样本两端能够牢固地夹持到万能力学试验机上,并且尽量使骨干的轴线和万能力学试验机扭转的轴线重合,这就需要对骨干的两端进行包埋处理。常用的包埋材料包括:有机玻璃(PMMA)、环氧树脂、低熔点合金(伍德合金)。包埋的操作和拉伸、压缩试件的包埋一样。扭转测试中,一个重要的几何参数是横截面的极惯性矩,记为 J。图 1-19 给出了圆环截面骨扭转试件示意图。

纯剪切测试适用于皮质骨等小试件(厚度为 5~8mm)的测试。与扭转测试相比,纯剪切测试的结果精度要高,但是试件的制作也相对烦琐一些。加工过程要注意样本的保湿,避免加工过程切削热的影响等。常用的纯剪切测试方法很多。图 1-20 所示为 Iosipescu 纯剪切测试法的夹具和试件。

其中，试件的长度 l 应该是宽度 w 的 4 倍以上。试件上、下切口的角度为 90°，深度 s 为宽度 w 的 20%～25%，h 是标距长度。试件的厚度 t 应该小于宽度 w，且大于 2.5mm。

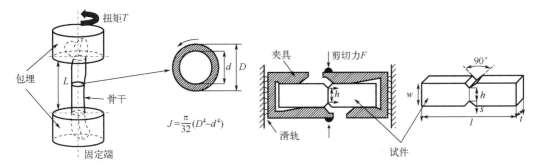

$$J=\frac{\pi}{32}(D^4-d^4)$$

图 1-19　圆环截面骨扭转试件　　　　　图 1-20　Iosipescu 纯剪切测试法的夹具和试件

扭转测试是通过扭矩的作用，在试件内部产生纯剪切的应力状态，利用应力-应变关系求出材料参数。因此，试验时应该尽量避免试件内产生正应力。下面两点应该注意：① 扭转测试采用的样本的横截面必须是圆形截面或者圆环截面。否则，扭矩会使试件产生翘曲，导致正应力的产生。② 应使试件的轴线和试验中扭转的轴线重合，否则加载过程中会出现弯矩的作用，从而产生正应力。所以应该尽量选取平直的骨干作为样本，包埋时尽量保证骨干的轴线在中央，将试件安装到万能力学试验机上时应尽量避免产生偏心。

虽然可以采取一些措施来减小正应力的影响，但扭转测试中正应力的产生是不可避免的。除了各种外部因素的影响，骨本身是一种复合材料，内部应力的分布并不均匀，无法保证纯剪切的应力状态。但是作为一种近似的测量，扭转测试是可以满足要求的。试验时，将试件的两个包埋端分别固定到万能力学试验机上。通过万能力学试验机的传感器，获得加载过程中的扭矩和转角。然后进一步计算得到剪切强度、剪切模量等参数。

与扭转测试相比，纯剪切测试是一种精度更高的方法。在所有纯剪切测试的方法中，Iosipescu 纯剪切测试法被普遍用于复合材料剪切力学特性的测量。夹具两端的剪切力 F 可以通过万能力学试验机来施加。在理想情况下，剪切应变可以通过夹具的相对位移求出。但是在加载区域，骨样本可能有较大的压缩变形，计算的剪切应变会有较大误差。所以，应该使用电阻应变片来测量剪切应变。理论上，只需要在标距的 45° 方向上贴一个应变片即可。为消除环境因素的影响，可以在试件正反两面的标距的中心处沿轴向 ±45° 固定四个应变片。将这四个应变片接入全桥测量电路。试件中间标距位置的剪切应变为全桥电路所测值的 1/2。根据万能力学试验机得到的载荷、应变片测得的剪切应变数据即可求得材料的剪切参数。

使用材料力学试验机进行扭转试验时，试验机可以记录加载过程中的扭矩和转角信息。对于圆形截面和圆环截面，扭转时最大应力出现在外表面上。剪切强度 T_b 为

$$T_{\mathrm{b}}=T_{\max}=\frac{T_{\max}\rho_{\max}}{J}=\frac{T_{\max}D}{2J} \tag{1-22}$$

式中，T_{max} 为断裂出现时的扭矩；J 为断裂处横截面的极惯性矩；D 为试件的圆环截面的外直径。

剪切模量是线弹性范围内，剪切应力和剪切应变之比。所以剪切模量 G 为

$$G = \frac{TL}{\theta J} = \frac{L}{J} K \tag{1-23}$$

式中，L 为跨距；J 为断裂处横截面的极惯性矩；K 为开始阶段载荷-位移$(T\text{-}\theta)$曲线的斜率。

纯剪切测试的数据处理：使用 Iosipescu 纯剪切测试法进行纯剪切测试时，剪切力 F 可以由万能力学试验机测得，试件剪切段的应变通过应变片得到。根据剪切应力的定义，可以得到剪切强度 T_b 为

$$T_b = T_{max} = \frac{F_{max}}{A} = \frac{F_{max}}{ht} \tag{1-24}$$

式中，F_{max} 为断裂出现时的剪切力；A 为剪切面的面积；h 为标距的长度；t 为试件的厚度。

剪切模量可直接根据线弹性阶段剪切应力和剪切应变的关系求出。剪切模量 G 为

$$G = \frac{\tau}{\gamma} = \frac{F}{ht\gamma} \tag{1-25}$$

式中，F 为加载过程中的剪切力；γ 为对应时刻的剪切应变；h 为标距的长度；t 为试件的厚度。

3. 超声波测试法

声波能在固体内传播，其传播速度取决于介质的密度和模量。因此可以利用超声来测量骨材料的弹性参数。利用超声来测量材料的力学性质，其优势在于试件的形状要求简单。

相对于拉伸试件要求切割和包埋成复杂外形、压缩试件要求两个加载面高度平行、弯曲试件要求长径比大，超声波测量的试件只要是长方体或圆柱体即可。对于骨样本而言，为了满足材料的连续性假设，要求皮质骨试件待测方向上的尺寸大于 5mm，松质骨试件待测方向上的尺寸大于 10mm。

超声波在固体内有两种传播方式：纵波和横波(图 1-21)。这两种传播方式能够测量的材料参数是不同的。超声波以纵波的形式在骨试件内传播时，可以测杨氏模量 E：

$$E = \rho v^2 \tag{1-26}$$

式中，ρ 为骨试件的密度；v 为纵波在骨试件两个测试面之间的传播速度。超声波以横波的形式在骨试件内传播时，可以测剪切模量 G：

$$G = \rho v_s^2 \tag{1-27}$$

式中，ρ 为骨试件的密度；v_s 为横波在骨试件两个测试面之间的速度。

需要注意的是，对于皮质骨和松质骨，超声波测试选用的频率和要求的试件尺寸是不同的。这是为了得到超声波的传播路径，从而能准确计算波速。波速已知时，频率和波长成反比。而测试时超声波的波长应该大于试件的尺寸，从而避免衍射现象。对于松质骨试件，其内部是骨小梁构成的多孔结构，超声的波长应该大于骨小梁的尺寸，否则超声波将依次沿骨小梁传播，这时就无法确定波的传播路径，进而无法计算波速。因此，皮质骨试

件两个测试面之间的距离选为 5mm，测试时超声频率采用 2.25MHz；松质骨试件两个测试面之间的距离选为 10mm，测试时超声频率采用 50kHz。

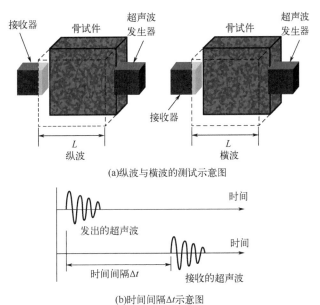

(a)纵波与横波的测试示意图

(b)时间间隔Δt示意图

图 1-21　超声波测量骨试件弹性参数的原理示意图

先测量骨试件的密度 ρ，然后将具有平行测试面的骨试件放置于超声波发生器和接收器之间。利用两个测试面之间的距离 L，以及发出与接收到超声波之间的时间差 Δt，可以计算出波速 v：

$$v = \frac{L}{\Delta t} \tag{1-28}$$

将密度 ρ 和波速 v 代入式(1-26)或式(1-27)，可得到杨氏模量 E 或剪切模量 G。分别测量试件三个正交方向上的材料参数，进而可得到材料的三维力学信息，这对于各向异性材料的测量很有帮助。

4. 压痕法

压痕法具有对试件的大小和形状无特殊要求、测试精度高、不损毁样品等优势。假设待测试的样品为各向同性材料，表面为无摩擦的弹性半空间，与刚性压头接触的试件材料产生凹陷变形，且变形与时间无关。根据固体接触弹性力学，有

$$\begin{cases} H = \dfrac{P_{\max}}{A} \\ E_r = \dfrac{\sqrt{\pi}}{2\beta}\dfrac{S}{\sqrt{A}} \\ \dfrac{1}{E_r} = \dfrac{1-\mu^2}{E} + \dfrac{1-\mu_i^2}{E_i} \end{cases} \tag{1-29}$$

式中，H 为硬度；P_{max} 为最大载荷；A 为接触面积；E 为材料杨氏模量；S 为弹性接触刚度；β 为与压头几何形状相关的常数；样品的杨氏模量和泊松比分别用 E_r、ν 表示，而 E_i、μ_i 分别是压头的杨氏模量和泊松比。弹性接触刚度 S 等于卸载曲线顶部的斜率。

为了推算出材料的硬度 H 和杨氏模量 E，就必须知道弹性接触刚度 S 和接触面积 A。目前常用的方法是 Oliver-Pharr 法，即假设在加卸载曲线的顶部，卸载曲线满足指数关系：

$$P = \alpha(h - h_f)^m \tag{1-30}$$

式中，h 为完全卸载后的残余深度；α 和 m 为拟合参数。所以弹性接触刚度 S 为

$$S = \left(\frac{dP}{dh}\right)_{h=h_{max}} = \alpha m (h_{max} - h_f)^{m-1} \tag{1-31}$$

接触面积 A 与弹性接触深度 h_c 相关，即

$$A = f(h_c) \tag{1-32}$$

式(1-32)称为压头面积函数。对于不同类型的压头，该函数的形式是不同的。例如，对于理想玻氏压头，$A=24.56h_c^2$。但是，由于加工精度的局限性和使用过程的磨损，需要对压头面积函数进行修正。计算接触面积 A 时，应选择修正后的压头面积函数。

弹性接触深度 h_c 与弹性接触刚度、压头类型等相关，其计算公式为

$$h_c = h_{max} - \varepsilon \frac{P_{max}}{S} \tag{1-33}$$

式中，ε 为与压头形状有关的常数。

测试的过程(图 1-22)一般分为 6 步：①压头先抬高到一定高度，然后向下尽量准确地定位到试件的表面；②压头按照给定的速率压入设定深度；③到达设定深度后，保持载荷一段时间，使系统完全平衡；④按照加载时的速率卸载到最大载荷的 10%；⑤保持载荷一段时间，计算热漂移；⑥完成卸载。

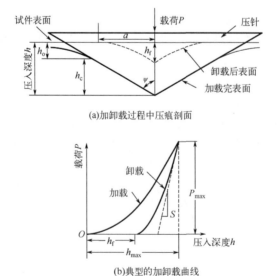

(a)加卸载过程中压痕剖面

(b)典型的加卸载曲线

图 1-22　纳米压痕的原理示意图及典型数据曲线

求出弹性接触刚度和接触面积后,根据式(1-29)就可以分别求出试件的硬度和杨氏模量。纳米压痕测试技术对于试件的形状、尺寸没有要求,但是对于试件测试面的粗糙度以及压入深度、压痕间距有一定要求。加工试件时,测试面应该尽量平整,必要时需要进行抛光处理。压入深度应在粗糙度的 20 倍以上。为了避免基底效应,试件的压入方向上的厚度最好是压入深度的 10 倍以上,或者压痕半径的 6 倍以上。试件安装时,应使测试面尽量与压头压入的方向垂直。由于压痕的面积很小,一个试件上可以打很多点。但是压痕点应距离试件边缘的 6 倍压痕半径以上。两个相邻的压痕点的间距应该在压痕半径的 10 倍以上。

现在纳米压痕技术已经比较成熟,测试设备集成度也很高,如纳米压痕仪。最新型的设备可以先对感兴趣的区域进行原位扫描定位,获得局部的显微图像,然后进行压痕测试,如原子力探针测试系统。

1986 年,IBM 公司的 Binning 与斯坦福大学的 Quate 和 Gerber 合作发明了原子力显微镜(atomic force microscope,AFM)。原子力显微镜的横向分辨率达到 2nm,纵向分辨率达到 0.1nm,高清晰度的检测能力使其在生物、物理、化学等领域得到广泛应用。在生物样品研究中,原子力显微镜有明显优势,可以在空气、氮气等气体氛围、真空或各种近生理条件下直接观察生物样品的表面形貌和结构特征;样品制备较为简单,不需要复杂的染色、包埋等处理过程,并适用于表征不同柔软度的生物样品,甚至活细胞;还能够连续监测化学反应的动力学过程,实现单分子的实时研究,具有很高的图像重复性。因此,原子力显微镜已成为表征生物样品形貌的重要工具。

此外,原子力显微镜还可以测量生物样品间的各种相互作用力(图 1-23),这些力决定了生物体内各个物质之间的相互关系和相互作用,包括化合物生成、分解、酶催化等一系列生物化学反应,以及细胞的生理活动、受体与配体的结合等生物学现象。

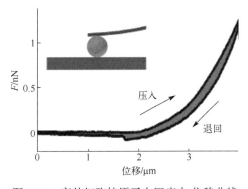

图 1-23 离体细胞核原子力压痕力-位移曲线

原子力显微镜是一种以探测探针与样品间相互作用为特征的扫描力显微镜,基本工作原理(图 1-24)是:弹性悬臂梁一端固定,另一端有微小的针尖。当针尖扫描样品时,与距离相关的针尖-样品相互作用力会使悬臂梁产生形变。由一束激光照射到悬臂梁的背面,悬臂梁将激光束反射到一个位置灵敏光电检测器。信号经过软硬件处理后,即可得到样品表面形貌或其他表面性质的信息。由于原子力显微镜具有独特的空间分辨率和实时成像能力,不仅能反映测量体系的力学特性,还能提供更多的信息。

原子力显微镜的四大核心构件及其功能分别为:为反馈光路提供光源的激光(laser)系统;进行力距离反馈的悬臂梁(cantilever)系统;接收光反馈信号的光电检测器(optoelectric detector);执行 XY 轴扫描和 Z 轴定位的压电扫描器(X, Y, Z piezo scanner)。原子力显微镜的扫描模式包括接触模式、轻敲模式、相位成像模式、静电力模式、开尔文模式等。

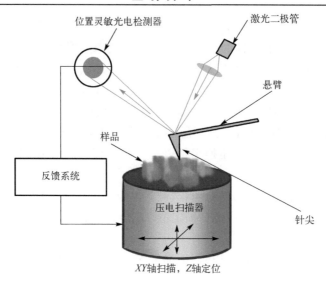

图 1-24　原子力显微镜的工作原理示意图

5. 光镊法

光镊（optical tweezers）利用激光的力学效应来捕获微小粒子，形成三维势阱。1968 年，苏联科学家 Letokhov 提出了利用光场的梯度力来限制原子的想法，随后阿斯金（A. Ashkin）等在 1969 年成功进行了激光驱动微米粒子的实验，并利用光压操纵微粒建立了第一套装置。1986 年，阿斯金等发现单独的一束激光就能形成三维势阱，可以吸引微粒并将它局限在焦点附近。各种光学装置都是以阿斯金设计的单光束梯度力光阱（single-beam optical gradient force trap）为基础发展起来的，这种光势阱被称为"光镊"。2018 年，阿斯金与另外两位科学家因其在激光物理领域的突破性发明——光镊的开发及其在生物学上的应用而获得了诺贝尔物理学奖。

光镊利用非接触性和无机械损伤的特点，对样品进行捕获和操控，在生物学领域表现出了卓越的优势。光镊的工作原理如图 1-25 所示，为了了解光镊的工作原理，设想有一个

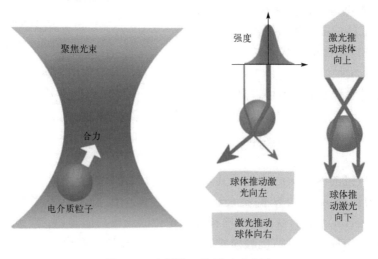

图 1-25　光镊的工作原理示意图

在聚焦光束中心的电介质粒子。粒子的折射率高于周围环境，因此光通过粒子时，光束会改变方向或发生弯曲。粒子改变了光束的方向，从而改变了光的动量。根据动量守恒定律，一定有一个力作用在这一粒子上。光束的弯曲产生了一个梯度力，该梯度力推动粒子向焦点移动并到达强度最高的光束中心。此外，还有一个散射力，引起了一个沿激光束方向的力。这些合力作用的结果是粒子被"捕获"在聚焦激光束中焦点下游的位置。如果粒子相对光束移动，会产生一个回复力将粒子移动到捕获位置，形成一个稳定平衡点。

为了量化初始的侧向回复力，可以使用"光线追踪"技术。只要粒子波长比光波长更大，就可以用来测量力的大小。设想一个球形的粒子被捕获进激光束，当激光束不聚焦时，会形成一个圆柱体，进一步，假设光束在轴向的强度恒定，但在横向强度径向减小，即中心强度最高。

在图 1-25 中，会有一束射线进入球体的左侧并向右偏转，有动量从光束转移到球体，给球体施加了一个主要向左的力，而另一束射线与其位置相反，并对应给球体施加主要向右的力，若两束射线强度相等，则这两个力大小相等，故当球体处于中心时，不产生净侧向力。但当球体侧移时，射线强度不相等，这时两个力的大小也不相等，会产生与球体侧移方向相反的净侧向力，将球体推回光束中心。由于这个力是由光线强度梯度产生的，因此称为梯度力。

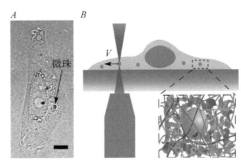

图 1-26　光镊加载细胞质

随着研究的深入和技术的不断完善，光镊在生物学中的应用也从仅限于细胞和细胞器（图 1-26）逐渐扩展至大分子（图 1-27）等。

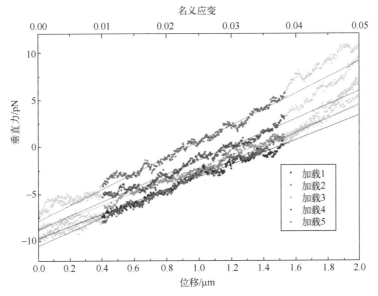

图 1-27　光镊实验得出胶原纤维的力-位移曲线

图 1-27

6. 微吸管法

20 世纪 50 年代，Mitchson 和 Swann 提出微吸管技术，该技术是研究细胞力学特性的主要方法之一，是通过测量细胞在一定负压作用下的变形及变形过程来研究其力学特性。双微吸管技术可以牵引黏附在一起的细胞对，并通过已知力学特性的细胞的变形场来分析细胞间的相互作用。简单的微吸管系统由负压泵、显微操作手、夹持吸管、吸吮吸管组成（图1-28）。微吸管由毛细玻璃管经微吸管拉制器拉制而成，其直径根据所测细胞直径的不同而改变。

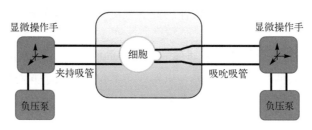

图 1-28　微吸管系统的组成

实验中取适量细胞悬液，放入细胞小室内，置于倒置显微镜载物台上，利用显微操作器从一侧推进微吸管，并通过调焦找到微吸管，置于视野中央。在油镜下确定目标细胞，使用显微操作手引导微吸管向细胞表面靠近，并通过压力系统产生一定的负压吸附细胞，使细胞的一小部分进入微吸管中（图 1-29）。实验中，以摄像方式记录细胞进入微吸管的变形过程，用图像处理软件进行形态学测量（细胞吸入长度、微吸管半径等），再用相应的模型（图 1-30）及公式进行计算。

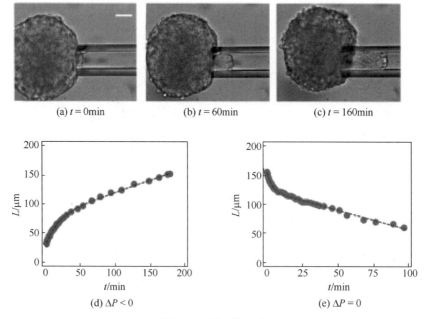

图 1-29　微吸管实验

采用球形模型时，将细胞视为一个均质球体，假设其表面高度不均，同时认为该细胞是不可压缩的。使用改进的麦克斯韦模型和勒让德多项式，可以测量微吸管内细胞的变形 $L(t)$：

$$L(t) = \frac{f}{k_1}\left(1 - \frac{k_2}{k_1 + k_2}\mathrm{e}^{-t/\tau_c}\right) + \frac{f}{\xi_t}t \tag{1-34}$$

式中，$k_1 = \pi R_\mathrm{p} E$ 为与总体弹性有关的弹簧常数；k_2 对应变形过程中的初始跳跃；$\xi_t = 3\pi^2 \eta R_\mathrm{p}$ 为流动组织的黏性耗散；f 为微吸管的抽吸力。特征时间 τ_c 可表示为：

$$\tau_c = \frac{\xi_c(k_1 + k_2)}{k_1 k_2} \tag{1-35}$$

式中，ξ_c 为与弹性变形的提升时间相关的局部摩擦系数。

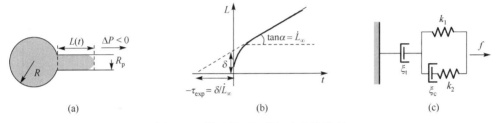

图 1-30 微吸管吸入的细胞力学模型

若令 $l_i(t_i)$ 为实验值，则理论值与实验值的误差由式(1-36)给出：

$$\varepsilon(k_1, k_2, \eta) = \sum_{i=1}^{n}\left|l_i(t_i) - L_i(t_i)\right|^2 \tag{1-36}$$

若满足以下条件：

$$\frac{\partial \varepsilon}{\partial k_1} = 0, \quad \frac{\partial \varepsilon}{\partial k_2} = 0, \quad \frac{\partial \varepsilon}{\partial \eta} = 0 \tag{1-37}$$

则通过求解该方程组，可得到符合标准黏弹性固体模型的黏弹性常数 k_1、k_2、η，这些常数满足实验值与理论值误差最小的条件。

1.5 力学生物学

随着生物力学研究发展到更深层次的细胞分子水平，生物力学学科自身也不断进化，形成了一个新兴的研究领域，即"力学生物学(mechanobiology)"。该领域形成的标志性事件是 2002 年国际期刊 *Biomechanics and Modeling in Mechanobiology* 的创刊。力学生物学主要研究机体在不同力学环境(刺激)下的健康、疾病和损伤影响，研究生物体(包括分子、细胞、组织、器官等)对力学信号的感受和响应机制，阐明生物体力学过程与生物学过程(如生长、重构、适应性变化和修复等)之间的相互关系。通过这些研究，力学生物学领域发展出有疗效或具有诊断意义的新技术，同时也促进了生物医学基础与临床研究的发展。这些研究还衍生出了基于力学遗传学的新学科领域，如力学基因组学(mechanogenomics)、力学医学(mechanomedicine)等。

知识点：力学基因组学

近年来，随着力学生物学的研究深入到细胞核基因水平，形成了一个新的研究分支，即力学基因组学。标志性事件为 2018 年在新加坡召开的"细胞核力学基因组学"研讨会。世界一流大学相继成立相关研究机构，美国卡内基梅隆大学力学生物学与基因组学中心（Center for Mechanobiology and Genomics）的研究目标为理解作用于细胞的机械力如何控制染色质组织、基因表达和细胞命运。美国宾夕法尼亚大学和圣路易斯华盛顿大学联合力学生物学工程研究中心（NSF Science and Technology Center for Engineering Mechanobiology, Washington University in St. Louis）的研究目标为理解和利用动植物组织、细胞和分子行为的力学作用。瑞士苏黎世联邦理工大学（ETH Zürich）与保罗谢勒研究所（Paul Scherrer Institute）提出探索细胞老化、重编程和再生过程中细胞核力转导通路、基因组调控及完整性，揭示细胞核和染色质的超微结构、力学和动力学。新加坡国立大学力学生物学研究所（Mechanobiology Institute）的研究目标为解码活细胞机器。

知识点：力学医学

力学医学是指通过理解分子、细胞、组织、器官和个体对力学刺激的响应机制，采用力学测量、力学加载或干预力学转导等方法解决医学问题，从而产生新的诊断和治疗技术，包括力学诊断（mechanodiagnosis）、力学治疗（mechanotherapy）及力学免疫（mechanoimmunity）等。

1.6　生物力学与航空航天

人类在从事航空航天活动中，会受到各种极端载荷的作用（图 1-31），涉及人体对加速过载、冲击性、微重力、振动、噪声等载荷的生物学响应机制及力学生物学效应。

　　(a)战斗机机动加速过载　　　　　　　(b)空间站微重力　　　　　　　(c)载人火箭振动

图 1-31　航空航天活动中机体受到的各种极端载荷

在歼击机进行盘旋、筋斗、半筋斗反转、半滚倒转、俯冲改出等曲线飞行时，飞行员的头朝向圆心方向，因此其会承受由其足指向头的向心加速度，而惯性离心力则沿头到足的方向作用于飞行员身体。因此，在上述机动飞行中，飞行员受到持续性正加速度（$+G_z$）的作用（图 1-32）。人体受到$+G_z$作用时，主要的生物动力学效应有：体重增加、血液柱流体静压增大及血液转移、器官移位和变形。

$+G_z$作用时，眼水平动脉血压降低。当加速度 G 和作用时间达到一定限度时，人的视觉功能即受到影响。在加速度增长率不太高时，视觉障碍在脑功能障碍之前发生，这在加速度生理学中具有重要意义。因此，常用视力障碍作为评定人体$+G_z$耐力的标准。

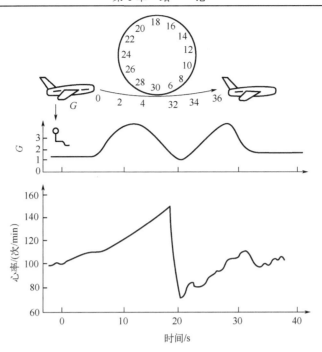

图 1-32　筋斗特技飞行中飞行员心率和加速度 G 的关系

$+G_z$ 会改变视觉基本功能，包括光觉、形觉、色觉和视野等。低 G 值的正加速度即已经对视觉基本功能产生了影响。G 值越大，各种障碍也就越严重，并且视野范围逐步缩小，直到完全消失。视觉基本功能障碍多在加速度作用 5～6s 后才发生(图 1-33)。

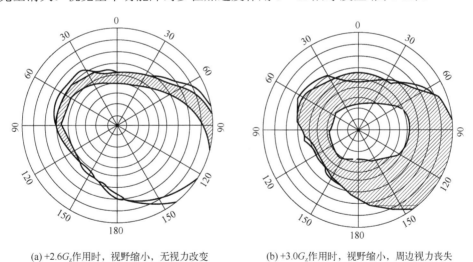

(a) $+2.6G_z$ 作用时，视野缩小，无视力改变　　　　　(b) $+3.0G_z$ 作用时，视野缩小，周边视力丧失

图 1-33　$+G_z$ 作用时的视野改变

描述人体 $+G_z$ 耐力与加速度 G 及作用时间之间关系的曲线称为耐力曲线(图 1-34)。因为它是由加速度 G 和作用时间组成的直角坐标系中的曲线，故又称为 G-时间曲线。耐力曲线较全面地描述了人体对 $+G_z$ 的耐受情况。

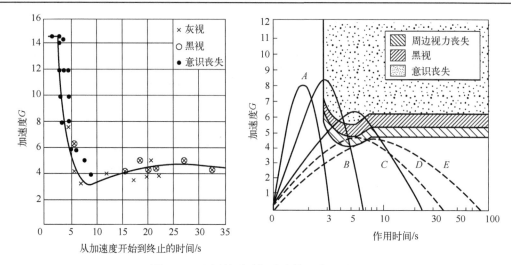

图 1-34　飞行员耐受加速度值和作用时间

1.6.1　超重

超重耐力与适应性训练，是大部分航天员最深刻的记忆。这种训练的目的是让航天员在飞船上升和下降的过程中，能够承受巨大的过载，始终保持清醒，正确进行操作。超重耐力与适应性训练的主要设备是载人离心机（图 1-35）。在高速旋转的离心机中，一般人最多只能承受 3～4 倍的重力加速度，而航天员需要承受 8 倍的重力加速度。

图 1-35　载人离心机超重模拟训练

在这项训练中，航天员的面部肌肉会因强大的拉力而严重变形，眼泪会自然流出，同时还感到呼吸困难。此外，航天员还可能出现脑部缺氧的情况，即使在这种情况下，他们也必须完成各种技术动作。

1.6.2　微重力

随着航天技术的进步，地面微重力模拟成为新的研究领域，得到美国、日本、加拿大等国家的重视。与数字仿真和理论评估相比，微重力模拟得到的试验数据更真实、更可靠，具有不可替代的优势。重力是万有引力产生的，无法通过现有科学方法消除或隔离。在太空中，万有引力几乎全部用来提供向心力，因此物体处于微重力环境中，微重力一般为 $10^{-4}g$ 量级。在地面上，模拟太空微重力环境通常采用机械装置实现，原理上可分为以下两种形式。

1. 运动法模拟微重力

运动法使物体按特定规律运动，让物体承受的重力全部用来提供物体运动所需加速度，以此消除重力的影响，其中落塔法、飞机抛物线飞行法等是常见的方式。

（1）落塔法是最简单且最直接的方法，通过在微重力塔中执行自由落体运动，物体可以获得良好的微重力状态。但由于塔高度有限，坠落时间仅几秒，不足以产生微重力的生物学效应。中国科学院微重力重点实验室建造了一个百米高的落塔设施（图 1-36），其中落舱系统的微重力时间为 3.5s，微重力水平可达 $10^{-5}g$ 量级；落管系统的微重力时间为 3.26s，微重力水平优于 $10^{-6}g$。这个设施可为用户提供各种技术支持和服务，并可进行全尺寸太空硬件测试，是我国载人航天项目不可或缺的环节。

图 1-36　中国科学院微重力重点实验室落塔

（2）飞机抛物线飞行法（图 1-37）利用飞机沿开普勒抛物线的路径飞行来模拟失重环境。失重飞机可以创建相对持续的失重环境，失重时间可达 20～30s，有效地模拟低重力环境（如月球和火星的重力），提供更多研究机会，是近地面进行微重力研究较为理想的试验平台。

(a) 失重飞机

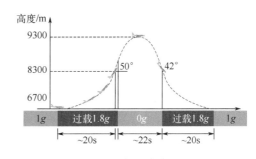

(b) 开普勒抛物线

图 1-37　飞机抛物线飞行法

2. 力平衡法模拟微重力

力平衡法是通过平衡力抵消重力影响，如利用气足支撑、中性液体浮力、吊丝配重、静平衡机构等方式抵消重力，模拟微重力环境，包括气浮法、水浮法、悬吊法、静平衡机构法和电磁平衡法等方式。

水浮法利用水的浮力来抵消空间飞行器的重力，通过调整装置来调整漂浮器的浮力，使试验目标所受向上的水浮力与向下的重力平衡，从而产生随机平衡漂浮状态，它是一种微重力模拟方法。航天员需要在大水池中进行大量训练，掌握在失重状态下如何控制自己身体的方法（图 1-38）。

微重力环境是指机体能感受到的表观重量远小于实际重量的环境。细胞实验中模拟微重力的原理是通过支持物的回转使位于其上的细胞感受随机的重力矢量（即平均单位时间的重力矢量之和），而重力矢量方向的不停改变，使细胞每时每刻均感受着方向不断变化的

图 1-38　水浮法航天员微重力模拟训练

力。因此可以认为，细胞受到的力矢量之和为 **0**，与失重效应相似。目前，模拟微重力常用的仪器为细胞回转器(图 1-39)。

图 1-39　细胞回转器

思　考　题

1．我们要向"生物力学之父"冯元桢先生学习什么？

2．请简述生物力学的概念，并介绍其研究对象和研究方法。与力学生物学的区别是什么？

3．生物力学发展史中有哪几位科学家获得过诺贝尔奖？他们做了何种突出的学术贡献？对我们有何启发？

4．航空航天中有哪些重要的生物力学问题？

第2章 细胞力学

一切生物组织都是由细胞组成的，细胞的形态结构和功能，细胞的生长、发育、成熟、增殖、衰老、死亡以至癌变、分化及其调控机制，都与细胞的力学特性密切相关。细胞在实现其功能时，需要利用基因信息，合成、选择、储存和输送各种生物分子，转换不同形式的能量，并传递各种信号。在响应外部环境的作用时，细胞需要调整或保持其内部结构，所有这些行为都涉及力学过程。因此，对于现代生命科学中涉及细胞和分子水平的研究而言，了解和研究细胞的生物力学特性具有极其重要的意义。

2.1 细胞的超微结构及力学性质

动物体和植物体的细胞在结构体系与功能体系上具有基本相似之处。大部分细胞都具备相同的结构特征，即都包括细胞膜、细胞质和细胞核等组成部分，如图 2-1 所示。细胞膜由磷脂双分子层构成，细胞质则包括细胞质基质、细胞内膜系统(如线粒体、内质网、高尔基体、溶酶体和过氧化物酶体)以及细胞骨架系统(如微管和微丝)等。细胞核主要由核膜、核纤层、染色质和核仁组成。植物细胞具有一些动物细胞所不具备的特殊细胞结构和细胞器，如细胞壁、液泡、叶绿体和其他质体。另外，一些动物细胞的结构，在植物细胞中并不常见，如中心粒。典型细胞超微结构力学性能如表 2-1 所示。

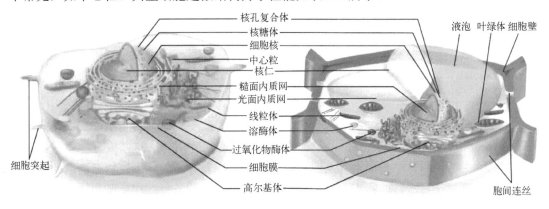

图 2-1 动物细胞(左)和植物细胞(右)模式图对比

表 2-1 典型细胞超微结构力学性能

细胞结构	杨氏模量/Pa	黏性系数/(Pa·s)
细胞壁	16.1GPa(云杉木细胞) 150MPa(山茶花花粉管) (10.4±1.8)GPa(竹茸细胞) 0.5~5.3GPa(表皮毛细胞) 0.05~1.67MPa(苹果细胞)	

续表

细胞结构	杨氏模量/Pa	黏性系数/(Pa·s)
细胞质	1130(乳腺上皮细胞) 690.85±432.85(乳腺癌细胞) 1200~2600(甲状腺细胞) 87.5±12.1(肝细胞)	230，515，470(甲状腺细胞) 69.6(肾细胞) 1890±210(乳腺癌细胞) 5.9±3.0(肝细胞)
细胞核	5000~10000	
核纤层 A/C		80
核纤层 B	0~5000	

2.1.1 细胞壁

植物体中的细胞壁在植物的生长和发育过程中扮演着关键角色。它不仅参与形态建成、器官发育和信号传导等重要过程，还提供了植物的机械支撑，并在水分和养分的运输中起到重要作用。此外，细胞壁还保护植物免受病虫害的侵袭，并在增强植物对环境的适应能力等方面发挥着重要功能。典型细胞壁的微结构特征如图 2-2 所示。

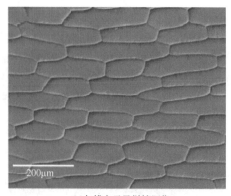 

(a)扫描电子显微镜图像   (b)局部放大图

图 2-2 洋葱表皮细胞壁图像

化学分析表明，细胞壁的主要成分包括纤维素(cellulose)、半纤维素(hemicellulose)、果胶质(pectin)、木质素(lignin)，以及少量的蛋白质和矿物质等。这些成分的含量和结构在不同的物种、组织、细胞类型甚至亚细胞部位都存在差异。因此，植物细胞壁的结构和成分呈现高度复杂和多样的特点。细胞壁可以大致分为两种类型：初生壁和次生壁。初生壁存在于正在生长中的细胞中，通常只在生长发育旺盛的部位出现。而次生壁是在初生壁和细胞质膜之间增厚形成的细胞壁，主要存在于植物的机械组织等特定细胞中。

纤维素在初生壁和次生壁中都是主要的成分，占植物干重的约 1/3，含量可达 40%~70%。纤维素的分子结构非常简单，由不分支的 β-1,4-葡聚糖链组成。通常几十条葡聚糖链形成绳索状的结晶态微纤丝，这些微纤丝进一步聚集形成纤维素的基本骨架，构成细胞壁。通过高分辨率成像技术，我们对纤维素的高级结构有了初步认识。例如，使用双轴向电子断层成像技术估算，单个微纤丝的直径约为 3.2nm。另外，通过 X 射线衍射和固相核磁共振技术的分析，发现云杉和芹菜细胞壁中微纤丝的平均直径为 3.0nm。原子力显微镜观察显示，玉米细胞壁中的纤维素微纤丝呈半扭转的条带状结构，在初生壁中呈分散的平行排列，而在次生壁中则呈簇状排列。

半纤维素的含量仅次于纤维素，也具有 β-1,4-糖苷键相连的主链结构，主要类型有木聚糖(xylan)、木葡聚糖(xyloglucan)、甘露聚糖(mannan)和混联型葡聚糖(β-1,3;1,4-glucan)等。

细胞壁中含有丰富的水分以及少量的蛋白质和脂类分子等组分。细胞壁蛋白主要包括羟脯氨酸富集蛋白(HRGP)，如伸展蛋白(extensin)、阿拉伯半乳聚糖蛋白(AGP)、凝集素(lectin)和脯氨酸富集蛋白(PRP)等。伸展蛋白是最早被发现和研究最深入的一类蛋白质。伸展蛋白具有自我组装的能力，能够形成树枝状支架结构，并在过氧化物酶的作用下形成不溶性胶状结构。

2.1.2 细胞膜

细胞膜具有三片层结构，厚度为 5～10nm。在高倍电镜下观察，细胞膜呈现为平行的三层结构，包括内外两层(各层厚度为2.5～3.0nm)和中间的电子透明夹层(厚度为3.5～4.0nm)。细胞膜的化学成分主要包括脂类、蛋白质和糖类。根据目前广为接受的生物膜液态镶嵌模型(fluid mosaic model)，细胞膜的骨架由磷脂双分子层构成，其中嵌入着蛋白质分子。细胞膜表面还存在着糖类分子，形成糖脂和糖蛋白。脂双层具有流动性，其中的脂类分子可以自由移动，蛋白质分子也可以在膜中进行横向移动，如图 2-3 所示。

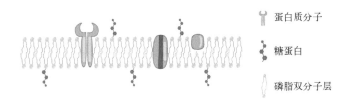

图 2-3 细胞膜结构示意图

细胞膜具有多项功能：①分隔形成细胞和细胞器，为细胞提供相对稳定的内部环境，支持细胞的生命活动。②起到屏障作用，阻止水溶性物质自由通过膜的两侧。③实现选择性物质运输，通过能量传递的过程，控制物质的进出。④承担生物功能，如激素作用、酶促反应、细胞识别和电子传递等信息的跨膜传递功能。细胞膜上存在各种受体蛋白，能感受外界的不同刺激(如力、热、化学)，将这些信息传递到细胞内部，从而引发各种生物化学反应和生物学效应。

机械拉伸、血液流体剪切应力以及压力等是体内细胞所处复杂力学环境的重要组成因素。一些具有应力感受功能的细胞(如内皮细胞、平滑肌细胞、心肌细胞、成骨细胞、软骨细胞、成纤维细胞等)能够感知力学微环境的变化，并将机械力信号转化为一系列细胞内的生物化学信号，最终导致基因表达的变化。那么，力学刺激是如何被细胞感知并将力学信号转化为生化信号或电信号的呢？一般认为，当力学刺激作用于细胞时，可以导致细胞膜的弹性膨胀或收缩，以及膜曲率的变化，进而引起细胞膜或胞质特定结构的形变。这些特定的结构能够感知这种变化，并将信号传递到细胞内部，这些结构称为细胞力学或机械性感受器(mechanoreceptor)。已知多种细胞组分在力学信号传导中起着作用，包括细胞外基质分子、受体(如选择素、钙黏蛋白、整合素)、离子通道和细胞骨架等。力学信号的感知和传导机制主要分为三类：①激活对力学信号敏感的离子通道(如 Na^+、K^+、Cl^-、Ca^{2+})；②直接或间接激活 G 蛋白、受体酪氨酸激酶、MAPK 等信号通路；③通过黏附结构(如整合素)和细胞骨架介导进行力学信号传导。

2.1.3　细胞质

细胞膜和核膜之间的原生质称为细胞质(cytoplasm)，其中包含具有特定形态和功能的结构体，称为细胞器(organelle)。除了细胞器之外，细胞质中的其余部分称为细胞基质(cytoplasmic matrix)或胞质溶胶(cytosol)，约占细胞质体积的一半。细胞质基质并非均质的，其中包含细胞骨架，由微管、微丝以及中间丝组成。

1. 细胞质基质

细胞质基质是细胞质中均质而半透明的胶体部分。根据相对分子质量的大小，它的化学组成可分为三类：小分子(如水、无机离子等)、中等分子(如脂类、糖类、氨基酸、核苷酸及其衍生物等)和大分子(如多糖、蛋白质、脂蛋白和 RNA 等)。细胞质基质具有以下主要功能：①提供所需的离子环境，以维持各种细胞器的正常结构；②为各类细胞器提供所需的底物，以完成它们的功能活动；③提供进行生化活动所需的场所。

2. 细胞器

(1) **内质网**(endoplasmic reticulum)系统是由生物膜折叠而成的结构。其中一部分内质网呈片状，在细胞质一侧的表面上与核糖体结合，称为糙面内质网(rough endoplasmic reticulum，RER)，它参与蛋白质的合成和加工过程。在核糖体上新合成的肽链进入糙面内质网腔，腔内的肽链一方面会进行折叠，同时还会接受共价修饰(如糖基修饰)。另一部分内质网呈管状，但没有核糖体附着其表面，称为光面内质网(smooth endoplasmic reticulum，SER)。光面内质网的膜中含有丰富的酶，使其能够执行多种功能。

(2) **高尔基体**(Golgi body)由成摞的扁囊和小泡组成，它在细胞的分泌活动和溶酶体的形成中起重要作用。高尔基体不仅能够对内质网中合成的蛋白质进行后续加工，还能够合成一些分泌到细胞外的多糖和修饰细胞膜所需的物质。

(3) **溶酶体**(lysosome)是一些从高尔基体断裂出来的小囊泡，内部包含着 40 多种酸性水解酶，是动物细胞中进行胞内消化的重要细胞器。细胞通过内吞作用形成食物泡，然后与来自高尔基体的初级溶酶体融合，形成次级溶酶体，通过水解酶对食物进行消化和分解。

从内质网到高尔基体到溶酶体这一系列细胞器，在结构与功能上紧密相关。在结构上，它们都由单层生物膜包裹而成，在细胞内通过小泡的发送和融合相互连接和交流。在功能上它们紧密合作，共同实现多项细胞代谢功能，包括合成新的细胞成分(如蛋白质、多糖和脂类等)、参与食物的摄取和消化、拆除受损的细胞成分、处理和排出废物等代谢过程。这一系列细胞器在细胞内协同工作，确保细胞的正常运作。

(4) **线粒体**(mitochondrion)是由双层膜包裹而成的细胞器。它具有内外两层膜，内膜呈现折叠的结构形成线粒体嵴(mitochondrial crista)，从而形成外膜与内膜之间的膜间隙

(intermembrane space)和内膜内部的基质(matix)。线粒体在能量代谢中扮演重要角色，其主要功能是通过氧化磷酸化过程合成腺苷三磷酸(ATP)。作为细胞能量代谢的中心，线粒体不仅参与调控细胞凋亡过程，还是细胞凋亡的执行者。

(5) **核糖体**是由核糖体 RNA(rRNA)和蛋白质组成的致密椭圆形颗粒，大小约为15nm×25nm。核糖体由一个大亚基和一个小亚基组成，两个亚基都包含 rRNA 和相关的蛋白质分子。非功能状态的核糖体单独存在，而功能状态的核糖体是由一定量的核糖体通过 mRNA 细丝相连并形成，电镜下呈串珠状或花簇状。细胞质基质中的游离核糖体(free ribosome)能够合成细胞自身所需的结构蛋白，如细胞骨架蛋白和酶等，以满足细胞新陈代谢、增殖和生长的需要。而附着在内质网膜表面的附着核糖体(membrane-bound ribosome)除了合成结构蛋白之外，还负责合成分泌性蛋白质。

(6) **其他细胞器**：在真核细胞中，还存在多种类型的单层膜囊泡，统称为微体(microbody)。其中含有各种不同的酶群，执行不同的功能。例如，动物细胞的中心区域有中心粒(centriole，由相互垂直的两组三联微管组成)，中心粒与周围物质组成中心体(centrosome)。在细胞分裂时，中心体周围的星射线被用来形成纺锤体，帮助分离染色体。

3. 细胞骨架

细胞骨架(cytoskeleton)是存在于真核细胞中的一种蛋白纤维结构，由微丝(microfilament)、微管(microtubule)和中间丝(intermediate filament)组成。微丝赋予细胞表面特征，使其能够运动和收缩。微管则确定膜性细胞器的位置，并提供膜泡运输的导向。中间丝则赋予细胞张力和抗剪切能力。此外，细胞骨架的广义范围还包括核骨架、核纤层和细胞外基质，形成一个贯穿细胞核、细胞质和细胞外的完整网状结构。

(1) **微丝**。微丝是以成群或成束的形式存在，它们在一些高度特化的细胞(如肌细胞)中可以形成稳定的结构。然而，在非肌细胞中，更常见的情况是形成不稳定的束或复杂的网状结构。根据细胞周期和运动状态的需要，微丝可以进行聚合或解聚，从而改变其在细胞内的形态和空间位置。微丝在肌细胞和非肌细胞中分为细丝和粗丝两种类型。细丝的直径约为 6nm，长度约为 1μm，主要由肌动蛋白组成，因此也被称为肌动蛋白丝。粗丝直径为 10~15nm，长约 1.5μm，主要由肌球蛋白组成，因此也被称为肌球蛋白丝。在肌细胞中，微丝的结构是相对恒定的。在横纹肌细胞中，细丝和粗丝按照一定的比例(约为 2∶1)有规律地排列形成肌原纤维。而在平滑肌细胞内，细丝与粗丝的比例约为 15∶1，它们的排列则不规则。

细丝通过交联形成网状结构，作为细胞骨架的一部分，维持着细胞质基质的胶状状态。细丝与粗丝之间的局部相互作用可以引发细胞的运动。微丝细胞在活跃运动的细胞或特定细胞部位(如伪足)，以及需要机械支撑的结构(如微绒毛)等区域丰富存在。因此，微丝不仅具备支撑作用，还能形成应力纤维(图 2-4)并参与细胞的收缩、变形运动、细胞质流动、细胞质分裂以及胞吞、胞吐等重要过程。

(2) **微管**。微管是一种细长的中空圆柱状结构，其管径约为 15nm，长度各异，通常以多根平行排列。微管由微管蛋白聚合而成，微管蛋白单体是直径约为 5nm 的球形蛋白质，

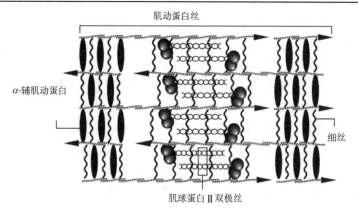

图 2-4　应力纤维结构模型

这些单体串联成为原纤维，而 13 条原纤维纵向平行排列，形成微管。微管可分为单微管、二联微管和三联微管三种类型。在细胞中，大多数微管属于单微管。在低温、Ca^{2+} 和秋水仙碱的作用下，单微管容易解聚为微管蛋白，因此属于不稳定微管。二联微管主要存在于纤毛和精子鞭毛中，而三联微管参与构建中心体和基体，均属于稳定微管。微管在细胞中表现出高度的时间和空间有序性，与构成它的结构单元——微管蛋白之间保持动态平衡。这种平衡是局部的和暂时的。

　　微管具有多种功能。首先，微管通过其支架作用能够维持细胞的形状。例如，血小板周围的环形微管使其呈现双凸圆盘状，而神经细胞中的微管则支撑其突起。如果微管发生解聚，例如，在加入秋水仙碱的情况下，血小板会变为圆形，神经细胞的突起会缩回。其次，微管参与细胞的运动过程。在细胞分裂时，由微管组成的纺锤体能够将染色体向两极移动。如果加入秋水仙碱，那么纺锤体的形成和染色体的分离将停止在中期。此外，微管还参与纤毛和鞭毛的摆动、胞吞和胞吐作用，以及细胞内物质的运输过程。

　　微管在细胞核周围分布密集，并向胞质的外围延伸。它们也存在于线粒体周围，其中一些微管直接连接到高尔基体小泡上，而核糖体则可以附着在微管和微丝的交叉点上。细胞内的细胞器移动和胞质内物质的转运与微管密切相关。

　　(3) **中间丝**。又称中间纤维，其直径介于细丝和粗丝之间，为 8～11nm。中间纤维由多种不同的蛋白质构成，具有组织特异性，并且相对较为稳定，可分为五种类型。

　　①角质蛋白丝主要分布在上皮细胞中，特别是在复层扁平上皮细胞中丰富，常以束状聚集，也称为张力丝。张力丝附着在桥粒(一种细胞连接结构)上，有助于加强细胞之间的连接。除了提供支持作用外，张力丝还能帮助细胞保持韧性和弹性。

　　②结蛋白丝分布在肌细胞中。在横纹肌细胞中，结蛋白丝形成细网，连接相邻的肌原纤维并使肌节位置对齐。在平滑肌细胞中，结蛋白丝连接在密体和密斑之间，形成立体网架，并与肌动蛋白丝相连。结蛋白丝作为肌细胞的细胞骨架网，起到固定和机械性整合的作用。

　　③波形蛋白丝主要存在于成纤维细胞和来自胚胎间充质的细胞中。波形蛋白丝主要形成核周的网状结构，对细胞核起到机械支持的作用，并稳定其在细胞内的位置。

　　④神经丝存在于神经细胞的胞体和突起中，由神经丝蛋白组成，与微管一起构成细胞

骨架,并协助物质的运输。

⑤神经胶质丝主要存在于尾形胶质细胞中,由胶质原纤维酸性蛋白组成,常以束状聚集,交织贯穿于胞体,并延伸至突起内部。细胞骨架不仅在维持细胞形态和承受外力、保持细胞内部结构的有序性方面发挥重要作用,还参与许多关键的生命活动,包括物质运输、能量转换、信息传递、基因表达以及生长分化等过程。例如,在细胞分裂中,细胞骨架起到引导染色体分离的作用;在细胞内物质运输中,各种小泡和细胞器能够沿着细胞骨架有序地进行定向转运;在肌肉细胞中,细胞骨架及其结合蛋白组成了动力系统;而在白细胞的迁移、精子的游动、神经细胞轴突和树突的伸展等过程中,细胞骨架也发挥着重要的作用。因此,对于细胞骨架的研究成为细胞生物学和细胞生物力学领域中最活跃的研究方向之一。

在细胞力学信号传导中,主要的途径是通过细胞外基质(ECM)-整合素-细胞骨架复合体,将作用在细胞表面上的应力传递到细胞内的不同区域。细胞骨架通过物理传导和生物化学传导这两种方式,将胞外信号传导至胞内。作为 ECM-整合素-细胞骨架-细胞核网络系统的核心部分,细胞骨架在胞外信号传导至胞内过程中起着重要作用。这种信号传导可以通过以下两种方式实现:①外界施加的力会引起细胞骨架内张力的重新分布,导致骨架的重新排列和细胞形态的改变。在这种方式中,细胞骨架主要扮演物理传导的角色;②细胞骨架整体或部分可以作为力学-化学信号的转换器,将力学信号转化为生物化学信号。这两种方式可以相互配合,共同实现力学信号的传递和转导。

2.1.4 细胞核

细胞核(nucleus)是细胞内最致密、最硬的细胞器,核的形态在不同的细胞和不同的细胞周期阶段不完全相同,但其结构都包括核被膜(nuclear envelope)、核纤层(nuclear lamina)、染色体(染色质)(chromatin)、核仁、核基质等组成部分(图 2-5 和图 2-6)。细胞核是细胞遗传控制的中心,细胞核内储藏着细胞的全套基因组。细胞核因含有 DNA(遗传物质)而成为细胞增殖、分化、代谢等活动的重要场所。

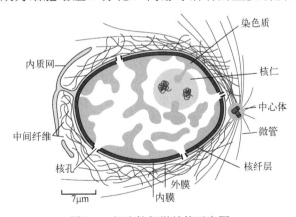

图 2-5 细胞核超微结构示意图

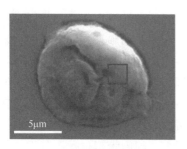

(a) 细胞核表面形貌　　　　　(b) 细胞核表面扫描电镜成像　　　(c) 细胞核表面原子力显微镜成像

图 2-6　细胞核超微结构表面形貌

（1）**核被膜**。核被膜是包裹在细胞核表面的生物膜，由基本平行的内层膜和外层膜组成。两层膜之间有一个宽度为 10～15nm 的核周隙（perinuclear space），其中含有一些蛋白质和其他分子。核被膜上有许多大小不一的核孔（nuclear pore），其直径为 30～60nm，是由核孔复合体构成的通道，主要由胞质环、核质环和核篮等结构组成，能够调控分子的出入。外核膜表面有核糖体附着，并与粗面内质网相连。核周隙与内质网腔相通，内、外核被膜均参与蛋白质的合成。

（2）**核纤层**。核纤层是位于内核膜核质面的一层致密网状结构，厚度为 20～80nm。它由交织的细丝组成，并由核纤层蛋白构成。在哺乳动物和鸟类细胞中，存在三种主要的核纤层蛋白：核纤层蛋白 A、核纤层蛋白 B 和核纤层蛋白 C。核纤层蛋白 A 是细胞核硬度的主要决定因素，同时也对细胞核的黏度做出贡献；核纤层蛋白 B 也被认为参与细胞核的硬度调节，其异常调节可能导致细胞核形态的异常和膜的破裂。不同组织中核纤层蛋白的特异性表达反映了其特定功能。核纤层与核基质连接于核内，并与中间纤维连接于核外，形成贯穿细胞核和细胞质的完整网状结构。它不仅对核膜起支持和稳定作用，还是染色质纤维的附着点。

（3）**染色质和染色体**。核内的染色质/染色体，是由 DNA 和蛋白质构成的。染色质和染色体实际上是同一物质在不同细胞周期中的表现形式。在细胞分裂时，DNA 与蛋白质发生折叠和包装，形成染色体结构。而在细胞的分裂间期，DNA 的折叠程度较低，染色体结构较为疏松，此时称为染色质。染色质可以分为常染色质（euchromatin）和异染色质（heterochromatin）。在 HE 染色的组织切片上，常染色质呈浅淡的染色，是进行 RNA 转录的活跃区域；异染色质则呈现强嗜碱性的染色，表示功能较为静止的区域。通过观察染色质的染色状态，可以推测细胞核的功能活跃程度。在电子显微镜（简称电镜）下观察，染色质由颗粒和细丝组成。常染色质部分较为稀疏，而异染色质则更为密集。在电镜下观察到的染色体小珠状结构称为核小体（nucleosome），它由 DNA 缠绕组蛋白八聚体形成，直径约为 10nm。

（4）**核仁**。核仁在光镜下展现出圆形的形状。多数细胞通常具有 1～4 个核仁。在细胞进行蛋白质合成活跃时，核仁的数量会增多且尺寸较大。核仁是主要负责合成核糖体RNA（rRNA）的地方，因此其内含有大量 rRNA，并因此显示出强烈的嗜碱性。通过与蛋白质结合，合成的 rRNA 形成了核糖体颗粒。值得注意的是，核仁并非由生物膜所分隔，而是由于核内特定区域富含 DNA、RNA 和蛋白质等物质，导致与周围区域不同的光学和染色效果。正是由于这种差异，在电子显微镜下可以清晰地区分核仁。

(5)**核基质**。核基质是细胞核中除了染色质和核仁之外的组成部分，主要由核液和核骨架组成。核液是一种含有水分、离子和酶等成分的液体。核骨架是一个由多种蛋白质构成的三维纤维网架，与核被膜和核纤层相连接，并对核的结构提供支持作用。

当细胞受到力学刺激时，存在于细胞表面的整合素、离子通道等力学感受器可以直接将力学信号传递到细胞内。这些力学刺激信号随后通过细胞骨架的传递作用进入细胞核，引发一系列事件，包括基因转录、细胞周期变化和细胞形态改变。研究表明，许多基因的调控区域包含应力反应元件(stress response element)，这些元件位于基因启动子内部，可以被力学应力诱导启动基因转录，并且能够特异性地调节相关基因的表达。目前至少已经发现了 4 种可被力学应力激活的转录因子，它们分别是基因结合核因子(nuclear factor-gene binding)、激活蛋白(activator protein-1，AP-1)、早期生长反应蛋白(early growth response protein-1，Egr-1)和刺激蛋白(stimulatory protein-1，SP-1)。此外，还发现了 10 余种受机械应力调控的相关基因，根据它们的生物学特性，大致可以分为血管活性物质基因、生长因子基因、黏附分子基因、趋化因子基因、凝血因子基因和原癌基因等。

2.2 细胞力学模型

细胞力学建模通常使用微/纳米结构力学方法或连续介质力学方法。微/纳米结构力学方法认为细胞骨架是细胞最主要的结构组成部分。与之不同的是，连续介质力学方法则将细胞材料看成一个简单的连续介质，而不考虑材料的分子结构和组成。尽管连续介质力学方法不能提供细胞分子尺度丰富的性质，但如果只需要研究细胞水平的生物力学效应，那么，该方法可能比微/纳米结构力学方法更为直观易用。

2.2.1 固体实体模型

固体实体模型是将整个细胞视为均匀的物体，忽略了皮质层和细胞质之间明显的不同。在这种模型中，细胞的材料特性通常描述为不可压缩的弹性或黏弹性固体。固体模型的实验基础是当细胞处于平衡状态时，能够承受一定的载荷，并表现出固体材料的力学特性。

1. 线弹性模型

线弹性模型是指材料的本构关系服从广义胡克定律，即在加载时应力和应变之间呈线性关系的力学模型。该模型适用于描述材料的弹性行为，其中应力和应变的关系是线性的。通过对应原理，线弹性模型可以作为黏弹性模型分析的基础，在微吸管、原子力压痕等领域，得到了广泛的应用。

2. 线性黏弹性模型

线性黏弹性模型是一种力学计算模型，由线性的黏性元件和弹性元件并联而成，用黏

性系数 η 和杨氏模量 E 来描述。这种模型适用于描述黏弹性材料，黏弹性材料的表现与弹性、加载速率和加载历史等因素有关。均质黏弹性固体模型是由 Schmid-Schonbein 等研究人员在研究人类白细胞在微吸管中的小变形时提出的。对于一些贴壁生长型细胞，如内皮细胞、成骨细胞、软骨细胞和细胞核，这种模型更加适用。通过该模型，可以获得一些细胞的力学参数，如表 2-2 所示。

表 2-2　基于三参量细胞模型的总结列表

细胞类型	k_1/Pa	k_2/Pa	μ/(Pa·s)	实验
中性粒细胞	13.75 ± 5.95	36.85 ± 17.3	6.5 ± 2.7	微吸管技术
内皮细胞(T) 内皮细胞(M) 内皮细胞(CB) 内皮细胞	38 ± 11.5 46 ± 10 5.5 ± 1.5 14 ± 2.5	105 ± 70 95 ± 75 22 ± 20 32.5 ± 22	$(4.15\pm2)\times10^3$ $(3.6\pm1.35)\times10^3$ $(0.65\pm0.55)\times10^3$ $(1.15\pm0.3)\times10^3$	微吸管技术
内皮细胞	$\leqslant22.5$	$\leqslant37.5$	$\leqslant1.7\times10^3$	微吸管技术
成纤维细胞	320 ± 130	170 ± 126.65	$\leqslant4.335\times10^3$	微板牵引
正常软骨细胞 OA 软骨细胞	125 ± 55 175 ± 130	85 ± 45 165 ± 195	$(1.45\pm0.85)\times10^3$ $(3.95\pm6.85)\times10^3$	微吸管技术
软骨细胞核	$\leqslant375$	$\leqslant375$	$\leqslant2.5\times10^3$	微吸管技术
小鼠骨骺瘤	73.3 ± 33.3	336.7 ± 243.3	$(3.3\pm1.3)\times10^3$	磁珠 ECIS 分析
牛软骨细胞	360 ± 180	2300 ± 1480	$(1.12\pm0.69)\times10^3$	细胞压痕

知识点：细胞动力学模型

1. 细胞振动模型

2016 年，加州理工学院 M. Ortiz(力学家，铁木辛柯奖获得者)等将细胞的几何模型考虑为细胞质、细胞核、细胞核仁以及细胞质膜和细胞核被膜(图 2-7)，建立了细胞振动有限元模型。细胞固有频率转换为求解特征方程的根问题：

$$(\boldsymbol{K}-\omega^2\boldsymbol{M})\boldsymbol{U}=0 \tag{2-1}$$

式中，$\boldsymbol{K}$、$\boldsymbol{M}$ 分别为刚度矩阵和质量矩阵；ω 为系统的特征频率；$\boldsymbol{U}$ 为对应的特征向量。

图 2-8 所示为肝癌细胞的前 6 阶本征模态及固有频率。分别计算了肝癌细胞和健康肝细胞的固有频率，发现其固有频率间隙达 37kHz。

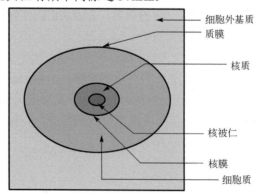

图 2-7　质膜、细胞质、核被膜、核质和核仁的几何模型

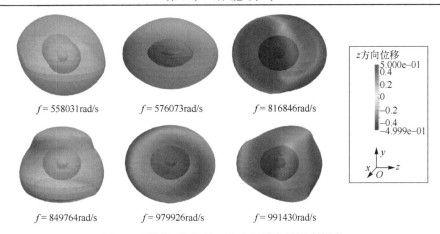

图 2-8　肝癌细胞的前 6 阶本征模态及固有频率

同时,他们还利用布洛赫(Bloch)波理论对嵌入细胞外基质的周期性排列的细胞构成的组织进行频谱分析。位移场假设为

$$u(x) = \hat{u}(x)\mathrm{e}^{ikx} \tag{2-2}$$

式中,k 为施加谐波激励的波矢量,未知位移场 $\hat{u}(x)$ 定义在周期细胞内。由于周期性,波矢量 k 的值可以限制在周期单元的布里渊区(图 2-9)。将式(2-2)代入控制方程,得到一个与 k 相关的特征值问题,进一步可得到组织对应特征频率 $\omega_i(k)$ 的频散关系。

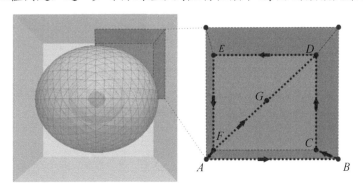

图 2-9　第一不可约布里渊区和选定的 k 路径

2. 细胞核振动模型

细胞核及周围物质(细胞质、细胞骨架、细胞外基质等)组成系统的动力学特性(如固有频率)能够精确反映该系统的动力学参数(细胞核质量、细胞质模量、细胞骨架微丝刚度及收缩力等)信息。Liu 等建立了细胞核扭转振动和平移振动的力学模型(图 2-10)。

对于半径为 r_n 的细胞核的扭转振动服从控制方程 $I\ddot{\varphi} + K_t\delta = 0$,其中,$I$ 为细胞核的转动惯量,K_t 为细胞核的有效抗扭转力。细胞核的扭转刚度为 $K_t = 8\pi r_n^3 G$,细胞核扭转振动的固有频率为

$$f_{\mathrm{tors}} = \frac{1}{2\pi}\sqrt{\frac{K_t}{I}} = \sqrt{\frac{5}{\pi}\frac{Gr_n}{m}} \tag{2-3}$$

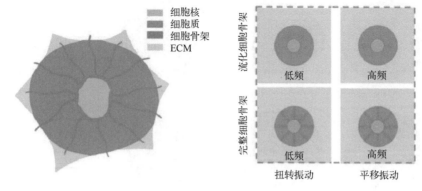

(a)真核细胞结构简化模型　　　　(b)细胞核振动的前两阶模态,即扭转振动和平移振动

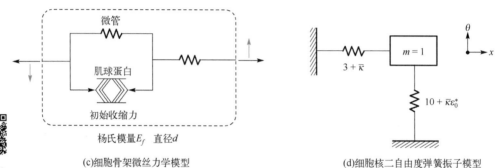

图 2-10

(c)细胞骨架微丝力学模型　　　　(d)细胞核二自由度弹簧振子模型

图 2-10　细胞和振动模型

式中,m 为细胞核质量;G 为细胞质和细胞外基质的有效剪切模量。

平移振动遵循控制方程 $m\ddot{u}+Ku=0$,其中,K 为有效平移刚度。细胞核的有效平移刚度为 $K=6\pi Gr_{\mathrm{n}}$。因此,细胞核的平移振动的固有频率为

$$f_{\mathrm{tran}}=\frac{1}{2\pi}\sqrt{\frac{K}{m}}=\sqrt{\frac{3}{2\pi}\frac{Gr_{\mathrm{n}}}{m}} \tag{2-4}$$

该模型预测,在基准生理参数下,扭转振动的固有频率为 0.112MHz,而平移振动的固有频率为 0.061MHz。他们还发现扭转振动的固有频率主要受细胞骨架的收缩力调控,而平移振动的固有频率主要受细胞骨架刚度调控。

2.2.2　弹性液滴模型

弹性液滴模型包括牛顿液滴模型、复合牛顿液滴模型、剪切稀化液滴模型以及 Maxwell 液滴模型四种。

1. 牛顿液滴模型

1989 年,Yeung 和 Evans 提出了牛顿液滴模型,用于描述微吸管中类似液体的细胞行为,并通过微吸管吮吸法测量了粒性白细胞的表面黏度和表层张力。在该模型中,细胞内部被认为是均匀的牛顿黏性流体,而皮质层被视为静态张力下的各向异性黏性

流体层，并且不承受任何剪切力。同时，假设皮质层与细胞核内部的流体速度场是连续的。

2. 复合牛顿液滴模型

Dong 和 Hochmuth 等学者分别在 1990 年和 1993 年提出了一种复合液滴模型，用于描述细胞的行为。该模型包括三个层次的结构：外层由细胞质膜和外质组成，承受持续的张力；中层由内质构成，是细胞最柔软的部分；核心层包括细胞核和周围的细胞骨架。然而，该模型的参数较多，需要对亚细胞结构的力学特性进行研究，以获得更精确的模型。因此，我们需要深入了解不同层次的结构组成和其在细胞力学中的作用，以进一步完善模型的准确性。

3. 剪切稀化液滴模型

Tasi 等学者对细胞质黏度在大变形时对剪切速率的影响进行了研究。他们采用了牛顿液滴模型，并预测在负压保持不变的情况下，细胞吸入微吸管的速率应该保持不变。然而，这与实验观察到的细胞在吸入末期的加速现象不一致。为了更好地解释这一现象，Tasi 结合了幂次律本构关系和皮质壳液芯模型，假设瞬时表现黏度与瞬时平均剪切率之间存在幂次函数关系。根据这个假设，剪切率的增加会导致黏度的降低，而黏度的降低又会进一步提高剪切率。研究结果表明，相比于牛顿液滴模型，这个模型更好地描述了实验中观察到的现象。通过这种模型的应用，人们能够更好地理解细胞在变形过程中的力学行为，并为相关研究提供更准确的描述和解释。

4. Maxwell 液滴模型

尽管可以使用牛顿液滴模型或类牛顿液滴模型来解释细胞的大变形机制，但对于描述细胞在初始阶段的瞬时弹性变形（小变形）机制，需要建立一种新的模型。Dong 等学者应用了 Maxwell 液滴模型来研究白细胞在微吸管实验中的小变形和恢复行为。他们的模型包括一个预应力的壳层和内部的 Maxwell 液体。在弹性和黏度都较大时，该模型与牛顿液滴模型相似。然而，两者的主要区别在于 Maxwell 液滴模型具有弹性元件。这个新模型能更好地解释细胞在小变形过程中的行为，并为进一步研究提供了一种更准确的描述和解释工具。

> **知识点**

1. 红细胞力学模型

红细胞的主要作用是其携氧功能，它把 O_2 输送到所有的器官组织中，与 CO_2 交换后又回到肺中，放出 CO_2，并重新吸收 O_2；血液黏度的大小主要取决于红细胞的流变学特性（红细胞压积（HCT）、红细胞的变形性、红细胞聚集指数等）。

(1) 红细胞的结构、形状与尺寸。

红细胞的结构比较简单，红细胞表层为细胞膜，红细胞膜的厚度为 $60\sim200nm$，红细胞膜由 50%的脂肪、约 50%的蛋白质，以及微量的糖组成。内部是血红蛋白溶液，平均红细胞血红蛋白量(MCH)为 30pg(皮克)，平均红细胞血红蛋白浓度(MCHC)约为 0.33g/L，红细胞内黏度为 6～7mPa·s。

红细胞静止形状通常为双凹圆盘形，从统计学观点看，红细胞的大小和形状都有相当大的变化，同时随其所在液体的渗透压而变化。人类红细胞在渗透压为 300mOsm/L(等渗)的 Eagle-白蛋白溶液中的平均尺寸如下：直径为 $(7.82 \pm 0.62)\,\mu m$，最大厚度为 $(2.58 \pm 0.27)\,\mu m$，最小厚度为 $(0.81 \pm 0.35)\,\mu m$，表面积为 $(135 \pm 16)\,\mu m^2$，体积为 $(94 \pm 14)\,\mu m^3$。

(2)红细胞力学模型。

Pai 和 Weymann 从理论上分析了在非等渗平衡条件下的红细胞形状，并给出了各种体积下的形状与内压。红细胞的膜作为二维不可压缩物质来处理，并考虑了有关弯曲与切变能。

当红细胞老化时，其体积及脂态含量均减小，而密度与血红蛋白含量均增加。人的老化红细胞的体积较新生红细胞体积小 11%。

Cassini 认为：当细胞的体积与表面积保持一定时，双凹圆盘形是对于红细胞弯曲总应变能最小的形状(图 2-11)。所谓 Cassini 卵形，即绕 Y 轴旋转而成的封闭曲面：

$$y = B\left[(C^4 + 4A^2x^2)^{\frac{1}{2}} - A^2 - x^2\right]^{\frac{1}{2}} \qquad (2\text{-}5)$$

式中，A、B、C 为参数。该封闭曲面的弯曲能由式(2-6)给出：

$$U = \frac{Eh^3}{24(1-v^2)}\int\left(\frac{1}{R^2} + \frac{1}{2}\right)\mathrm{d}S \qquad (2\text{-}6)$$

式中，E 为杨氏模量；v 为泊松比；R 为主曲率半径；积分沿整个表面进行。对给定的封闭曲面的体积与表面积，Cassini 用使 U 取极小值的办法确定封闭曲面的形状。

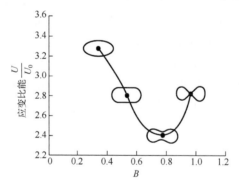

图 2-11　Cassini 卵形的应变比能与参数 B 的关系
U_0-与卵形等体积的球面应变能

对于 U 为极小值的卵形与双凹圆盘形非常相似，因此他认为：静止状态红细胞成为双凹圆盘形，是为了使细胞弯曲的应变能最小。

(3)红细胞的可变形性。

静止时，红细胞为双凹圆盘形，受外力作用，易变形，除去外力又容易恢复原状。显微镜下可观察到在毛细血管内运动的红细胞呈伞状、弹丸状等各式各样的形状。

红细胞受到切应力作用时，形状就会发生变化。当切应力超过 $0.3N/m^2$ 时，正常红细胞就分散成单个，形状变成椭球形，其长轴与流向平行。若停止剪切，红细胞又立即恢复到双凹圆盘形。红细胞的可变形性在血液循环中，特别是在微循环中起着重要作用。由于这种显著的可变形性，红细胞能通过比其双凹圆盘形直径还小的毛细血管。肺毛细血管最狭窄，平均直径约 $3\mu m$。红细胞通过直径比它还小的毛细血管时，能进一步变成弹头形、降落伞形或拖鞋形等。同时，红细胞膜可围绕着内容物做"坦克履带式运动"，即红细胞膜旋转，将外部流场中的速度梯度传至细胞内的流体，这样红细胞更易适应外部流场而变形，使其对流场的干扰减少。所以红细胞能根据流场的情况和血管的粗细来改变自己的形状，这就是红细胞的可变形性。

用戊二醛处理的硬化红细胞没有这种剪切流变性现象。硬化红细胞在流动过程中转动，其流体力学有效体积增加（图 2-12）。

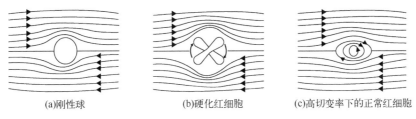

(a)刚性球   (b)硬化红细胞   (c)高切变率下的正常红细胞

图 2-12 悬浮粒周围的流线

红细胞的可变形性对人体调节起着重要作用。若红细胞的可变形性减弱，则血液黏度增加，因此血流量也减少。红细胞可变形性的减弱与供给组织的氧减少有关。

2. 保卫细胞力学模型

干旱对全世界范围内的农作物的产量和植物的生存都有非常严重的副作用。严重的水胁迫可能会阻止光合作用，影响代谢，甚至会引起植物的死亡。为了适应干旱，植物叶片上的气孔从大气中最大限度地吸收二氧化碳并减小蒸腾作用。植物叶片水分和气体交换受保卫细胞的力学行为调控。当保卫细胞完全膨胀时，气孔打开并进行气体交换；而当膨胀压降低时气孔将关闭（图 2-13）。

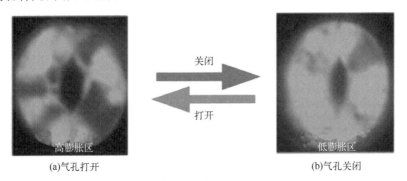

(a)气孔打开   (b)气孔关闭

图 2-13 膨胀压调控气孔打开和关闭

气孔(保卫细胞)具有特殊的几何结构、各向异性的材料力学性质和非均匀的细胞壁厚度。有人从实验和理论模型两个角度对气孔的调节机制进行了研究。例如，Sharpe 等采用一个理想化的伯努利梁模型研究了保卫细胞在打开过程中体积的变化规律。Aylor 等通过对在径向方向上贴有胶带的管状气球充气来模拟气孔保卫细胞变形过程，发现辐射分布的微丝是造成气孔打开的主要原因。Aylor 等通过假设弯矩和梁的位移成正比，用梁屈曲理论来模拟气孔张开过程。

2.2.3　多孔两相模型

实验表明，细胞质和细胞核力学行为均可以用一种多孔弹性模型(Biot 两相模型)来描述。在这种模型中，细胞质被视为一种由间质液(细胞质液)和多孔弹性固体网络(细胞骨架、细胞器、大分子)组成的双相模型。

多孔弹性模型可以预测由于体积变化引起的流变性。细胞的响应只取决于孔隙弹性扩散常数 D_p，数值越大对应的应力松弛越快。该变化过程不影响细胞骨架组织或完整性，但会影响细胞质孔径、孔隙率等。

2.3　细胞的黏附及迁移

2.3.1　细胞黏附的分子机制

作为生物系统中的一个显著特征，细胞黏附在细胞分化、迁移和生长中起着关键作用，通常，大多数动物细胞通过黏附细胞外基质(ECM)或其他细胞而存活。一旦细胞与黏附基质分离，细胞凋亡可能会随着受体-配体键的解离而触发，最终走向死亡。

同种类型的细胞间彼此粘连，称为细胞黏附，这是多种组织结构的基本特征。细胞间的黏附作用是由特定的细胞黏附分子介导的。这些黏附分子是整合膜蛋白，它们与细胞内的细胞骨架成分相互连接，通常需要 Ca^{2+} 或 Mg^{2+} 等离子的参与才能发挥作用。黏附分子主要分为钙黏素、选择素、整合素等。

(1)钙黏素是一类依赖于 Ca^{2+} 的细胞黏附糖蛋白，它在细胞间黏附和细胞与细胞外基质之间传递信号的过程中起着重要作用。钙黏素对胚胎发育中的细胞识别、迁移、组织分化以及成体组织器官的形成具有重要功能。其中包括钙黏蛋白 E、钙黏蛋白 N、钙黏蛋白 P、桥粒钙黏素等多种类型。

(2)选择素是一类异亲性的糖蛋白，其结合特异糖基的能力依赖于 Ca^{2+}。选择素的胞外部分具有凝集素样结构域，其中包括 P 选择素、E 选择素和 L 选择素等。它们主要在活化的白细胞、血小板和内皮细胞上表达发挥重要作用。选择素介导白细胞与血小板、白细胞与内皮细胞以及血小板与内皮细胞之间的黏附，从而导致血管内皮损伤、血栓形成和动脉粥样硬化等心血管疾病的发生。免疫球蛋白超家族是一类具有免疫球蛋白类似结构域的分子，属于细胞黏附分子超家族。它们能够介导同亲性或异亲性的细胞黏附，但与钙黏素和选择素不同，它们的黏附作用并不依赖于 Ca^{2+}。其中，神经细胞黏附分子在神经组织细胞间的黏附中起着主要作用。

（3）整合素是整合蛋白家族的成员，属于细胞外基质受体蛋白。它由 α 和 β 两个不同的亚基组成，形成异源二聚体糖蛋白结构。人体细胞中已经发现了 16 种 α 链和 8 种 β 链，它们可以组合形成 24 种不同的整合素二聚体。这些整合素能够与不同的配体结合，介导细胞与基质以及细胞与细胞之间的黏附。整合素与基质蛋白的结合通常需要二价离子（如 Ca^{2+}、Mg^{2+} 等）的参与，并且一些细胞外基质可以被多种整合素识别。整合素是一种跨膜接头蛋白，在细胞外基质和细胞内肌动蛋白骨架之间发挥双向联络的作用，将细胞外基质与细胞内的骨架网络连接为一个整体。研究表明，整合素具有力学刺激传导的功能，是细胞膜上感知应力信号的重要受体之一。它主要通过细胞外基质-整合素-细胞骨架途径，将力学信号转化为化学信号。

细胞黏附机制包括连接性黏附和非连接性黏附。连接性黏附主要存在于上皮细胞中，其特点是在电镜下可见到特化的连接区，这种黏附使细胞间结合非常牢固。而非连接性黏附主要见于非上皮细胞，电镜下无特化的连接区，相邻细胞之间有 10～20nm 的间隙，这种黏附不会牢固锚定细胞，适用于细胞运动。在胚胎发育和成体组织修复过程中，连接性黏附和非连接性黏附是相关联的黏附机制。首先，形成非连接性黏附，使相邻细胞膜或细胞膜与细胞外基质靠近，但存在间隙，从而使黏附分子发生相互作用，但细胞不牢固锚定，能够进行移动。然后，更多的黏附分子被聚集到接触部位的细胞膜表面，扩大非连接性黏附区域，形成连接性黏附，黏附分子成为细胞连接的组成部分。通过形成完整的细胞连接结构，实现细胞间或细胞与细胞外基质的定向黏附和稳定性。在这个过程中，非连接性黏附启动细胞黏附，而连接性黏附定向和稳定细胞黏附。举例来说，在胚胎发育过程中，钙黏素均匀分布在神经细胞轴突的迁移末端表面，帮助末端与其他细胞黏附。当轴突延伸到靶细胞特定区域时，位于质膜下的钙黏素库会释放大量钙黏素到细胞表面，从而形成稳定的化学突触。

2.3.2　细胞黏附的力学模型

1. 液滴表面张力模型

细胞-基底黏附的数学模型可以深入了解诸如影响整体黏附强度的因素、细胞如何通过黏附分子的表达调控其形态等力学生物学功能。基于液滴与固体表面接触的黏附能，液滴模型还可以与基于力或能量的黏附模型结合，以深入了解细胞剥离行为。

考虑部分润湿表面的液滴，如图 2-14 所示，表面张力是由两个不同相界面处的分子不平衡引起的。在液滴的边缘，固体、液体和气体相之间将存在三个表面张力：一个与固体-气体界面相切（n_{SG}），一个与固体-液体界面相切（n_{SL}），一个与液体-气体界面相切（n_{LG}），假设液滴处于平衡，那么液滴边缘水平方向力平衡，有

$$-n_{SG} + n_{SL} + n_{LG} \cos\theta = 0 \qquad (2\text{-}7)$$

现在设法计算从表面"抬起"液滴所需的能量。在物理上，表面能是产生新表面所需的能量，是由于产生新表面时分子间键的破坏所产生的。对于液体，表面张

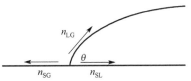

图 2-14　液滴边缘的表面张力

力(单位为 N/m)和表面能密度(单位面积的表面能,其单位也是 N/m)是相同的。黏附能量密度 J_{LG} 为

$$J_{LG} = n_{LG} + n_{SG} - n_{SL}q = 1 + \cos\theta \qquad (2\text{-}8)$$

将式(2-7)代入式(2-8),则式(2-8)可重写为

$$J = n(1 + \cos\theta) \qquad (2\text{-}9)$$

式中,$J = J_{LG}$; $n = n_{LG}$。

式(2-9)有时也被称为杨氏方程或杨-杜普雷(Young-Dupre)方程。可知从表面"抬起"液滴所需的表面能密度仅取决于两个因素,即表面张力 n 和膜与表面形成的角度 θ。

通过直接考虑膜受体的内力可得

$$J = \frac{\rho_b F_R L}{2} \qquad (2\text{-}10)$$

式中,ρ_b 为受体键的密度;F_R 为破坏受体-配体键的力;L 为受体被力 F_R 拉伸时的临界键长。请注意,这实质上是杨氏方程式(2-9)的重新表述。

从式(2-10)可以预测细胞控制其扩展程度的能力。将处于黏附平衡时的细胞视为平面上的半球形,则可以将细胞视为液滴,接触角为 $\pi/2$,膜张力 $n = J_0$(专指当接触角为 $\pi/2$ 时的黏附能密度)。

由式(2-9)可知,黏附能量密度 $J = J_0$。有人可能认为,为了向更扁平的薄饼状铺展,细胞需要无限地增加黏附能量密度,而事实并非如此。若将黏附能量密度增加至 q 倍,则式(2-10)变为

$$qJ_0 = n(1 + \cos\theta) \qquad (2\text{-}11)$$

但因为 $n = J_0$,式(2-11)可以简化为

$$q = 1 + \cos\theta \qquad (2\text{-}12)$$

这意味着 q 最大为 2,此时 θ 等于零。换句话说,双倍的黏附能量密度就足以将细胞铺展到膜张力所允许的最大程度。这个例子表明,细胞可能仅需要调节少量黏附能量密度,就可以产生实质性的扩展变化,如调整其受体键的密度。

2. 黏附剥离模型

为了研究黏附能量密度对膜表面张力和几何形状的依赖性,在分析中,假设细胞从表面的分离是瞬间发生的。然而,当细胞从表面分离时,该过程通常不会瞬间完成,而是逐渐发生的。这个剥离过程可以极大地改变将细胞从其基底分离所需的力。先看一下紧邻黏附部分的一小部分膜的受力图(图 2-15),左边的区域仍然附着,而右边的区域已经被释放,力相关的平衡发生在膜张力 n、单位长度的黏附力 F_a 和内部弯矩之间。

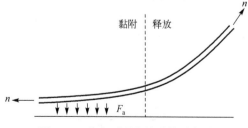

图 2-15　从表面剥离的膜的受力图

分析一个更一般的情况，即完全类似于由分布压力引起的板弯曲，其平衡方程为

$$n\left(\frac{\mathrm{d}^2 w}{\mathrm{d}x^2} + \frac{\mathrm{d}^2 w}{\mathrm{d}y^2}\right) + K_\mathrm{B}\left(\frac{\mathrm{d}^4 w}{\mathrm{d}x^4} + \frac{\mathrm{d}^4 w}{\mathrm{d}x^2\mathrm{d}y^2} + \frac{\mathrm{d}^4 w}{\mathrm{d}y^4}\right) + F_\mathrm{a} = 0 \tag{2-13}$$

式中，K_B 为弯曲模量；F_a 为黏附力。假设剥离发生在 x 方向，则有

$$n\left(\frac{\mathrm{d}^2 w}{\mathrm{d}x^2}\right) + K_\mathrm{B}\left(\frac{\mathrm{d}^4 w}{\mathrm{d}x^4}\right) + F_\mathrm{a} = 0 \tag{2-14}$$

可以用简单的线性弹簧行为来模拟黏附力(图 2-16)，使得单键中的力可由式(2-15)得出：

$$F_\mathrm{b} = \begin{cases} \left(\dfrac{F_\mathrm{m}}{l_\mathrm{m}}\right)w, & 0 < w < l_\mathrm{m} \\ 0, & w \le 0, w \ge l_\mathrm{m} \end{cases} \tag{2-15}$$

式中，F_b 为单键的力；F_m 为键断裂之前产生的最大力；l_m 为最大力时键的长度；w 为位移。当 w 小于最大延伸长度 l_m 时，键作为弹簧常数为 $F_\mathrm{m}/l_\mathrm{m}$ 的弹簧起作用。然而，在 l_m 处，键断裂后，力不复存在。与典型的弹簧不同，键不能被压缩，因此如果 w 小于零，也不产生力。总黏附力是各个单键力的总和：

$$F_\mathrm{a} = n_\mathrm{b} F_\mathrm{b} \tag{2-16}$$

式中，n_b 为将细胞附着于表面的键的面密度。将黏附能量密度定义为

$$J = \frac{n_\mathrm{b} F_\mathrm{m} l_\mathrm{m}}{2} \tag{2-17}$$

这是将单位面积内的所有键从零伸展到其最大长度所做的功。

引入这一能量，通过适当的代入，可将黏附力密度改写为

$$F_\mathrm{a} = n_\mathrm{b}\left(\frac{F_\mathrm{m}}{l_\mathrm{m}}\right)y = \left(\frac{2J}{l_\mathrm{m}}\right)\left(\frac{w}{l_\mathrm{m}}\right) = \left(\frac{2J}{l_\mathrm{m}^2}\right)w \tag{2-18}$$

将式(2-18)代入式(2-14)，得到一个仅表示 w 的附着力的表达式，其余项基于物理参数。虽然这个模型相当明确，可以用于模拟细胞剥离，但它依赖于难以测量的已知参数。因此，许多黏附研究更倾向于与直接力学测量进行严格比较，而不是与参数化模型拟合。此外，结合强度取决于预应力的水平，而这在该方法中省略了。

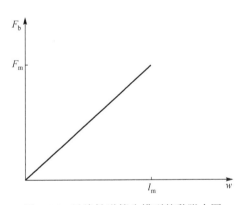

图 2-16　以线性弹簧为模型的黏附力图

3. 受体-配体结合动力学

中性粒细胞黏附于内皮细胞层涉及两种类型的相互作用，即选择素介导的瞬时短暂结合和整合素介导的更稳定结合。采用化学动力学的描述性方法表征这些相互作用之间的动力学差异。配体-受体对处于结合(B)或解离($L+R$)状态。将结合速率视为反应的"正向"

或"＋"方向，则结合速率常数为 k_+，解离速率常数为 k_-。反应式可以写成：

$$L + R \underset{k_-}{\overset{k_+}{\rightleftharpoons}} B \tag{2-19}$$

这种反应的动力学可以通过所谓的"质量作用定律"来定量描述。由统计力学可知，反应发生的速率与速率常数和反应物浓度成线性相关。以两种反应物为例，正向反应速率为

$$k_+[L][R] \tag{2-20}$$

逆向反应速率为

$$k_-[B] \tag{2-21}$$

其中，方括号表示浓度。若反应处于或接近平衡，则正向或者逆向反应速率几乎相同，有

$$\langle d^2 \rangle = 2S^2Pt = 2Dt \tag{2-22}$$

平衡常数或解离常数定义为两个反应常数的比率：

$$K_d = \frac{k_-}{k_+} = \frac{[L][R]}{[B]} \tag{2-23}$$

解离常数有一个特征，即当配体的浓度等于 K_d 时，将结合一半的受体。这可以通过式 (2-24) 计算结合受体的比例：

$$\varphi = \frac{[B]}{[B]+[R]} = \frac{[B]\frac{[L]}{[B]}}{[B]\frac{[L]}{[B]}+[R]\frac{[L]}{[B]}} = \frac{[L]}{[L]+K_d} \tag{2-24}$$

注意，当 $[L]=K_d$ 时，$\varphi=50\%$。结合反应物百分比与配体浓度的函数关系如图 2-17 所示。

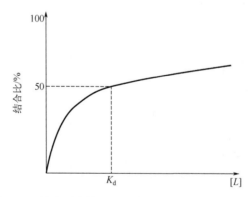

图 2-17　结合反应物百分比与配体浓度的函数关系图

4. 贝尔模型——描述力对解离速率的影响

尽管解离常数是一种描述键合体长时间行为的有效方法，但没有考虑到力的影响。考虑力诱导的单个受体-配体对之间键断裂的动力学，可以使用诸如显微操作或原子力显微镜的方法来表征。在识别一个单键后，可以用一种所谓的力夹来施加可控的力，这样可生成

力-位移曲线(图 2-18)。注意,最初需要一些力将受体和配体推到一起。随后当结合开始被拉开时,出现了一个之前不存在的张力。如果力与接触之前的相同,那么没有键形成。或者,如果黏附在一系列步骤后失败,那么表明形成了多个结合键。一旦单个键被识别,就可以施加固定的力并检测键的寿命。在单个分子的尺度上,熵的影响变得极为重要。如果要探测单个配体-受体间的相互作用,即使在没有施加力的情况下,热扰动最终也将导致两个分子之间的键解离。通常,键存在的时间随着作用力的增加而减小。

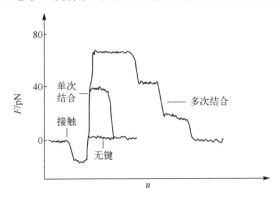

图 2-18 单分子结合实验的典型力-位移曲线

1978 年,乔治·贝尔(George Bell)提出了一个理论来描述力如何影响解离速率。他假设一个键受到力时,一旦键断裂,受体和配体彼此移动太远以至于不能重新结合(k_+=0),这意味着相关动力学可以仅由解离速率 k_- 描述,而不依赖于 k_+。接下来,他假设力对键的断裂具有指数级的影响,这样存在跨键力 F 时,解离速率为

$$k_- = k_-^0 e^{\frac{\sigma F}{k_B T}} \tag{2-25}$$

式中,k_-^0 为在没有力的情况下的解离速率;k_B 为玻尔兹曼常量;T 为热力学温度;σ 为表征力影响的常数。可以看出 σ 是与其最小势能构型相关的键的延伸(bond extension)。式 (2-25) 也可表示为

$$k_- = k_-^0 e^{\frac{F}{F_B}}, \quad F_B = \frac{k_B T}{\sigma} \tag{2-26}$$

F_B 作为键强度的一种特征度量,尽管不是传统意义上的计量,但因为在任何力水平上都会发生键的解离,因此 F_B 更是力对键解离的动力学影响的量度。值得注意的是,在贝尔模型中,结合分子浓度的时间响应也可以通过指数关系来描述。具体来说,仅考虑键破裂并且不允许重新结合的解离速度:

$$\frac{d[B]}{dt} = -k_-[B] \tag{2-27}$$

该微分方程的解是以下形式的指数:

$$[B(t)] = [B(0)]e^{-k_- t} \tag{2-28}$$

贝尔模型中实际上有两个指数,一个描述力对解离速率的影响,另一个描述[B]的时间响应。

当细胞黏附在细胞外基质(ECM)上时，细胞可以通过细胞骨架重塑来适应其机械特性。许多学者研究了细胞和 ECM 弹性对细胞黏附的影响。然而，虽然实验确定细胞是黏弹性的，并表现出应力松弛，但细胞黏弹性对细胞黏附行为影响的机制仍不清楚，因此，Li 等开发了一个理想的黏弹性随机模型，如图 2-19 所示，该模型由两个弹性体和黏弹性体通过受体-配体键团连接，通过耦合黏弹性细胞和弹性基底的连续变形和分子键的随机行为，确定细胞黏度在细胞黏附的生物学行为中的作用，表明细胞黏弹性变形增加了自由受体和配体在结合位点重新结合的概率。

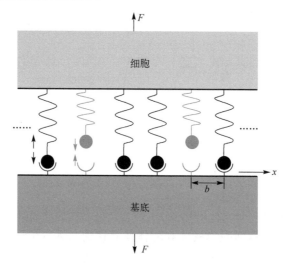

图 2-19　细胞-基质黏附系统示意图

细胞在无外界源作用和伪足参与时也能自发地发生迁移运动，是因为细胞内部分子的调控机制，以及 ECM 中基质浓度、杨氏模量变化等的辅助。Zaman 等建立了一个三维的无外源刺激的随机细胞模型，模型为忽略细胞内部肌动蛋白纤维聚合作用、基质中金属蛋白酶水解对受体和配体作用的小球。在受体-配体结合形成的黏性过高或过低影响下，细胞速度都很小；在适合的黏性中，细胞速度较大，但是细胞的迁移轨迹表现随机，没有目标性。Dokukina 等提出了符合间充质细胞迁移模式的二维离散骨架模型，在改变基质的杨氏模量的情况下观察细胞的运动轨迹。研究发现，当细胞从软基质迁移到硬基质时，牵引力、速度和细胞面积都会增加；相反，细胞会调整迁移轨迹以避开软基质。Wong 等提出了一个包含基质降解和受配体浓度变化的细胞与 ECM 相互作用的三维模型。该模型考虑了细胞在不同受体-配体浓度梯度中的迁移问题，并充分反映了间充质细胞迁移模式中的黏着斑和水解这两个主要特征。此外，该模型进一步模拟和探讨了迁移速度、作用力等力学特性影响因素。

当有外界源作用时，研究者建立了几种考虑外界源影响的无伪足细胞迁移模型。这些外界源可以是化学物质、电场和温度场等。常见的化学物质包括磷脂酰肌醇-3 羟基酶、环磷酸腺苷等，而细胞对电压的最佳响应范围通常为 40～180mV/mm，对温度为 29～41℃较为敏感。不同类型的外界源对细胞迁移的影响是不同的。Mousavi 等开发了一种考虑内外力学因素作用的三维细胞迁移模型，如图 2-20 所示。该模型将细胞视为位于牛顿纤维胶介

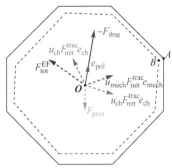

图 2-20　三维细胞迁移模型

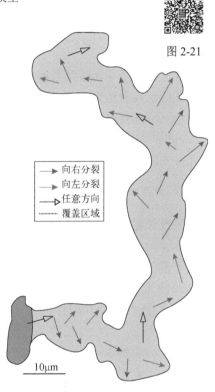

图 2-21

质中的球体，而 ECM 则被视为线性黏弹性介质。该模型考虑了细胞内部的肌动蛋白纤维聚合、肌球蛋白收缩以及基质刚度变化等因素，同时考虑了外部源信号，如机械力、化学离子、温度场和电场的影响。该模型能够解释细胞在三维环境中的应力分布以及外部源对细胞运动轨迹的影响，同时反映了细胞骨架对细胞收缩的影响以及细胞的趋性特点。

在不同的环境中，根据不同的信号刺激，不同类型的细胞会展示出不同类型的伪足，从而表现出不同的迁移模式。van Haastert 对符合阿米巴细胞迁移模式的细胞进行了实验，建立了具有二维伪足的细胞迁移数学模型。实验结果显示，当存在化学引诱物时，细胞会生成朝向信号源生长和爬行的伪足。在引诱物梯度的控制下，细胞的迁移模式发生变化，如图 2-21 所示。

而 Lim 等针对阿米巴细胞的迁移模式提出了一个二维的数学模型。他们通过模拟气泡伪足在机械信号作用下对细胞迁移的影响，明确指出模型中不存在黏着斑的形成和水解现象，并合理解释了阿米巴细胞迁移模式的主要特征。

图 2-21　伪足生长轨迹

2.3.3　癌细胞迁移力学模型

细胞迁移主要步骤示意图如图 2-22 所示。

癌细胞的迁移过程分为侵袭和转移两个阶段。肿瘤的侵袭是指肿瘤细胞离开其原瘤灶组织而侵犯了邻近组织，并在该处继续繁殖生长，这个过程称为侵袭。肿瘤细胞由原发瘤部位脱离，侵犯周围组织进而侵入淋巴管、血管或体腔，部分瘤细胞被淋巴流、血流带到另一远离部位或器官，在该处与宿主组织相互作用后，继续存活和繁殖生长，形成与原发瘤同样类型的继发瘤，这个过程称为转移。

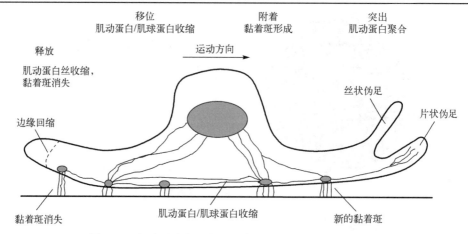

图 2-22　细胞迁移主要步骤示意图(此图中细胞向右移动)

　　肿瘤的侵袭和转移两者密切相关,是一个过程的两个阶段,侵袭是转移的前奏,转移是侵袭的继续和结果。1889 年 Paget 提出了"种子与土壤"学说,认为只有当合适的肿瘤细胞(种子)与特定的组织或器官(土壤)提供的生长环境有特殊的亲和力时才会转移。1977 年,Fidler 等首次证实肿瘤细胞转移的形成是那些具有高转移能力的细胞亚群与相适应环境相互作用的结果。

1. 肿瘤细胞的侵袭动力学

　　肿瘤细胞侵袭是一个高度复杂的过程,根据体外静止器官培养实验结果,可以将其分为 5 个阶段。①由细胞黏附分子介导的肿瘤细胞之间的黏附力减弱。②肿瘤细胞紧密附着于基膜。③细胞外基质的降解。在肿瘤细胞与基膜紧密接触后的 4～8h 内,肿瘤细胞分泌的蛋白溶解酶可以溶解细胞外基质的主要成分如层粘连蛋白(LN)、纤维连接蛋白(FN)、蛋白多糖和胶原纤维,导致基膜局部缺损的形成。④肿瘤细胞通过溶解的基膜缺损处,以阿米巴运动的方式穿过基膜。一旦穿过基膜,肿瘤细胞会重复之前的步骤,继续溶解间质性的结缔组织并在间质中移动。当它们到达血管壁时,同样通过溶解血管基膜的方式进入血管。⑤肿瘤细胞以运动的形式侵入器官的深部,形成继发肿瘤细胞巢。

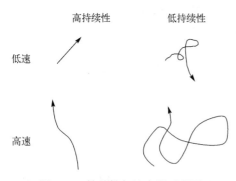

图 2-23　持续性与速度的示意图

　　细胞迁移可用速度和持续时间来描述。在研究细胞定向迁移过程时,如何描述一个细胞在空间中迁移时倾向于沿着同一方向移动的程度?细胞轨迹可以用持续性和速度来量化(图 2-23)。管头踪迹显示在给定时间段不同细胞的轨迹,速度是衡量细胞移动快慢的指标。持续性与其在一个方向上持续移动的可能性有关。在细胞迁移的情况中,速度是指细胞能够移动多快,而持续时间是指细胞在给定方向上移动所用的时间。也就是说,细胞可能表现出大的总位移,但净移动却很少,这通常与低持续时间相关。

为了更好地理解持续时间对细胞迁移的影响，设想一个细胞在一个维度上迁移的速度为 S，每单位时间的方向变化为 λ。细胞的某一方向持续时间（定义为每次方向变化的时间）$P=1/\lambda$。从随机游走模型可以得出，控制细胞均方距离的时间依赖性的微分方程 $<d^2>$ 为

$$\frac{\partial^2 \langle d^2 \rangle}{\partial t^2} + \frac{2}{P}\frac{\partial \langle d^2 \rangle}{\partial t} = 2S^2 \tag{2-29}$$

式 (2-29) 的通解为

$$\langle d^2 \rangle = S^2 Pt + C_1 + C_2 \mathrm{e}^{-2t/P} \tag{2-30}$$

应用初始条件，当 $t=0$ 时，$\langle d^2 \rangle =0$，$\mathrm{d}\langle d^2 \rangle / \mathrm{d}t = 0$（细胞最初无偏向性），确定常数 $C_1=-C_2=-2S^2P^2$，有

$$\langle d^2 \rangle = S^2[Pt - P^2(1-\mathrm{e}^{-t/P})] \tag{2-31}$$

注意，在 $t \gg p$ 的限制中，有

$$\langle d^2 \rangle = 2S^2 Pt = 2Dt \tag{2-32}$$

式中，$D=S^2P$，其单位是 m^2/s，可被认为是细胞的有效"扩散系数"。

为了通过实验确定 S 和 P 的值，可以获取不同时间间隔的不同细胞的多个细胞路径，计算每个时间间隔的平均均方距离。建立这些数据后，可使用标准最小二乘拟合算法来计算速度和持续性。在这种方法中，假设每个细胞都在相似的数学模式下迁移。

2. 肿瘤细胞的转移动力学

肿瘤细胞的转移主要有两种途径，一是通过血管转移，二是通过淋巴管转移，如图 2-24 所示。

（1）血管转移指细胞通过血液循环播散到全身的远隔脏器，常见于晚期癌症或生长速度快、恶性程度高的恶性肿瘤。它主要分为以下几个过程。

①肿瘤细胞从原发瘤体脱落：由于肿瘤细胞之间的黏附能力较低，相互之间存在排斥力，尤其是高转移率的细胞具有较高的电泳率，这增加了肿瘤细胞从瘤体脱落的可能性。

②肿瘤细胞侵入血管：肿瘤细胞的细胞骨架发生变化，形态改变，使其能够进入血管。同时，新生的肿瘤血管内皮和基膜存在缺陷，更有利于肿瘤细胞穿越基膜屏障进入血液循环。

③存活和聚集：进入循环的大部分肿瘤细胞会被迅速清除，只有一小部分经过筛选的细胞能够存活，并形成聚集体，提高其存活能力。此外，纤维蛋白沉积物和血小板可以附着在肿瘤细胞表面，形成血栓，保护肿瘤细胞免受免疫系统的消除和机械损伤，并促使肿瘤细胞滞留在毛细血管床内。

④瘤栓形成：肿瘤细胞的黏附分子使得瘤栓能够黏附在毛细血管内皮细胞的裂隙处。

⑤转移瘤的形成：肿瘤细胞穿出血管后，再次与血管外基质发生黏附，这种黏附力高于对非靶器官实质细胞的黏附。初期的微小转移瘤形成在靶器官毛细血管周围的微小病灶上。在缺乏支持组织的情况下，部分微小转移灶被宿主免疫系统清除，但其他克隆灶通过

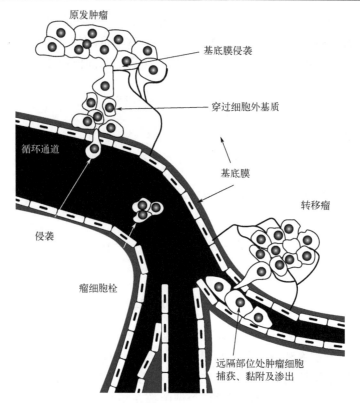

图 2-24　肿瘤细胞转移的过程

自分泌的血管生成因子及时获得血液供应。在与宿主相互作用的过程中，自分泌和旁分泌一些生长因子，促使细胞增殖形成较大的转移瘤体。

（2）淋巴管转移是癌症最常见的转移方式。通常情况下，起源于上皮组织的癌细胞更容易通过淋巴管进行转移。淋巴管转移是一个多步骤、多阶段的过程，受到多种因素的影响。该过程也可分为 5 个阶段：①癌细胞从原发瘤体分离，侵入周围的淋巴管道，这是癌细胞进入循环之前必经的步骤；②癌细胞进入局部淋巴结的输入淋巴管内；③癌细胞进入邻近淋巴结的边缘窦内，它们可以以离散的个体存在，或者与窦内成分结合后增殖形成多细胞转移灶；④癌细胞在边缘窦内持续增殖，并向中央窦区进行侵袭性生长和扩散；⑤癌细胞向窦腔内进行侵袭性生长和扩散，最终占据整个淋巴结，然后向输出淋巴管道侵入，沿着淋巴管道继续转移，或者侵入淋巴结包膜，穿过包膜并侵犯周围的结缔组织或脂肪组织。

Lo 等主要研究了细胞在不同场景下对底物（基质）硬度的反应。在实验中使用不同硬度的基质，分别种植细胞并研究其运动状态和行为。实验结果表明，细胞对底物硬度很敏感，细胞在较硬的基质上倾向于朝着承受最大应力（峰值压力）的方向进行迁移，而在较软的基质上则更加随意，并指出基质硬度可以影响细胞运动的方式和路径。这些结果对于理解胚胎发育、创伤愈合和癌症转移等生物学过程具有实际意义，因为这些过程涉及细胞自发地移动和迁移（图 2-25）。

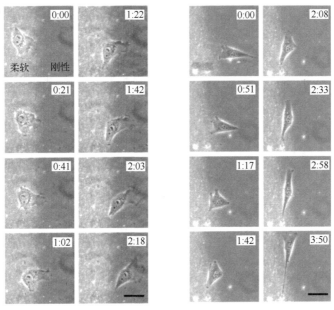

(a)细胞从基板的柔软一侧向梯度移动　　　(b)细胞从基板的刚性一侧向梯度移动

图 2-25　细胞在具有刚性梯度的底物上的运动

2.4　细胞的集群行为

细胞的集群行为在生理和病理过程中起着重要作用，如胚胎发育、癌症转移和伤口愈合等。集群细胞动力学涉及细胞骨架演化、生化信号转导、细胞之间以及细胞与微环境之间的相互作用等。

尽管以往大多数对细胞黏附和迁移行为的研究都集中在化学因素上，但越来越多的证据表明细胞黏附和迁移也是由力学作用驱动的，依赖于细胞与其周围环境之间的牵引力。He 等研究了基底刚度对细胞排列和极化的影响，发现基底刚度会影响群体细胞在环形微图案上的排列和极化(图 2-26)。

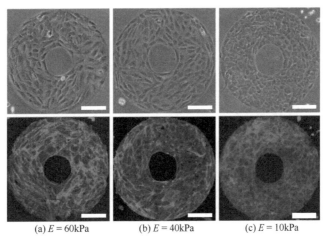

(a) $E = 60$kPa　　　　　(b) $E = 40$kPa　　　　　(c) $E = 10$kPa

图 2-26　细胞在不同刚度的环形基底上的排列和极化(比例尺为 200μm)

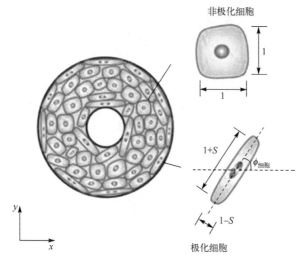

非极化细胞

1

1

1+S

$\phi_{细胞}$

1-S

极化细胞

图 2-27　向列模型描述的细胞极化和方向示意图

细胞在这些过程中是如何感知方向和位置的呢？He 等进一步建立了细胞集群极化和排列的理论模型，将细胞层描述为向列弹性介质，细胞极化、细胞排列和细胞主动收缩表示为向列有序参数分量的函数。

引入向列张量有序参数 Q 来表征与细胞胞元极化和方向耦合的细胞主动收缩，如图 2-27 所示。虽然在细胞生物学中细胞极化有更多的含义，这里指的是细胞长细比（AR）。张量 Q 在笛卡儿坐标系中通过两个标量 p 和 q 表示：

$$Q = \begin{bmatrix} p & q \\ q & -p \end{bmatrix} \tag{2-33}$$

量化细胞主动收缩的各向异性程度的有序参数 S 可以表示为

$$S = \sqrt{\sum_{i,j}(Q_{ij}^2/2)i}, \quad j=1,2 \tag{2-34}$$

如果旋转坐标系，使 x 轴与单元的长轴对齐，那么用有序参数表示的主动应力可以表示为

$$\sigma_{ij}^{ac'} = \gamma \begin{bmatrix} 1+S & 0 \\ 0 & 1-S \end{bmatrix} \tag{2-35}$$

两个主应力，即 $\gamma(1+S)$ 和 $\gamma(1-S)$，分别是沿着细胞长轴和短轴的主动收缩应力。因此，S 量化了主动应力的各向异性程度。根据牵引力定律，细胞沿其长轴收缩比沿其短轴收缩更强。因此，细胞 AR 可以通过两个主应力的比值来估计：

$$AR = (1+S)/(1-S) \tag{2-36}$$

基于向列相液晶弹性理论，细胞层构型满足自由能泛函：

$$F = h_c \iint_{\Omega} \left[\frac{\alpha}{2}S^2 + \frac{k}{2}Q_{ij,j}^2 - \eta Q_{ij} \cdot \varepsilon_{ij} + f_{el}(\varepsilon_{ij}) \right] dA \tag{2-37}$$

式中，h_c 为细胞层厚度；α 为细胞极化能量；k 为细胞排列的强度；η 为向列有序和弹性变形之间的耦合系数，考虑由细胞层中的应变/应力引起的细胞排列的能量。

通过最小化细胞层自由能泛函可得到细胞层平衡态构型。图 2-28 显示了在三种不同刚度的基体上的环状细胞层上的预测细胞方向和 AR。

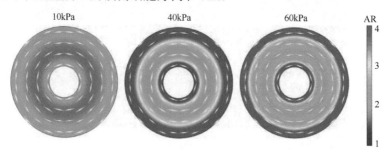

图 2-28　不同基体刚度下细胞取向和 AR 的模型预测结果

2.5　细胞传质及传热

2.5.1　细胞流动与传质

胞质环流,即细胞内细胞质的运动。从细菌到高等植物和动物,胞质环流存在于不同的生物细胞中。这种运动具有营养物质、代谢物、细胞壁合成运输、细胞器定位、混合搅拌等功能。研究发现,胞质环流在各种生物过程中起着重要作用,如花粉管和根毛细胞的尖端快速生长、植物叶绿体的运动、哺乳动物胚胎细胞减数分裂纺锤体非对称分布、受精卵发育潜能等。

细胞中胞质环流具有不同的流动模式,如百合花花粉管中的"喷泉流"(靠近细胞壁的区域流向花粉管尖端,靠近中心的区域流向花粉粒)、螺旋藻细胞中的"螺旋流"。图 2-29(a)为基于粒子图像测速(PIV)技术表征的果蝇卵母细胞中的流场;此外,Hecht 等还通过仿真模拟了流场对化合物浓度的影响,参见图 2-29(b)。

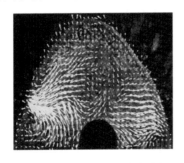
(a)果蝇卵母细胞Micro PIV流场表征

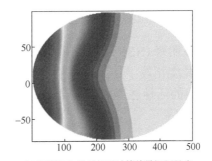
(b)基于流动-传质模型计算的果蝇胚胎类双体形态发生素浓度分布

图 2-29　细胞流动与传质

通过理论或仿真分析,学者们致力于研究胞质环流在植物细胞和动物细胞中的功能。例如,Goldstein 等求解了"螺旋流"(以轮藻和丽藻为原型)的流体动力学和扩散方式,发现这种流动有利于横向运输和纵向均匀化。在可迁移的细胞中,发现细胞质流动促进肌动蛋白单体在细胞运动方向上的运输。在秀丽隐杆线虫胚胎发育的初始阶段,分配缺陷蛋白(PAR-3、PAR-6 和 PKC-3)到胚胎的前端将有助于胚胎的前后极性的建立。在果蝇胚胎早期,胞质环流可提高 Bicoid 基因梯度分布形式,从而影响位置依赖的细胞分化。

2.5.2　细胞传热

温度是支配细胞内所有化学反应的重要因素。执行细胞功能时,若细胞内特定的位置发生伴随发热或吸热的化学反应,便会引起局部温度变化。因此,细胞内的温度分布反映了细胞内分子的热力学与功能。研究细胞内的温度分布,不仅可以加深对细胞功能的理解,还有望为新型诊断、治疗法的开发做出贡献。目前,常见的单细胞温度方法主要有温度敏感探针法和 3ω 法。

Uchiyama 等采用阳离子荧光聚合物温度计(FPT)和荧光寿命成像显微镜(FLIM)获取细胞

内的温度成像。细胞温度的荧光探针发光原理如图 2-30 所示。探针由温敏性基团(NNPAM)、亲水性基团(SPA 等)、荧光基团(DBD-AA 等)组成。探针水溶液在低温时，由于结构内水分子的存在，荧光基团荧光减弱；在高温时，水分子被排出到探针外，使荧光基团荧光增强。

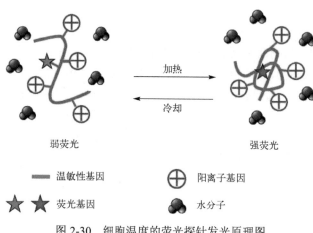

弱荧光　　　　　强荧光

— 温敏性基因　　⊕ 阳离子基因
★ ☆ 荧光基因　　　● 水分子

图 2-30　细胞温度的荧光探针发光原理图

FPT 具有优异的细胞渗透性，可以扩散到整个细胞，具有较高的空间和温度分辨率。基于 FPT 方法，Uchiyama 等发现细胞核中的荧光强度高于周围细胞质；当介质温度为 36℃ 时，这种强度差异显著(图 2-31(a))。对许多细胞样本进行分析，结果表明细胞核的温度明显高于细胞质的温度(图 2-31(b))，且二者之间的平均温差为 0.96℃(图 2-31(c))。D. Chrétien 等使用温度荧光敏感探针对人类胚胎肾(HEK)293 细胞的线粒体进行了测量，发现当细胞呼吸被完全激发时，线粒体的温度相较于细胞悬浮培养基中的 38℃ 升高了 7~12℃，最高达 50℃，并发现各种 RC 酶的活性在 50℃ 或略高于 50℃ 时达到最大。

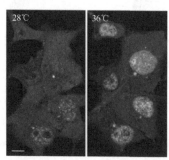

(a)活COS7细胞FPT共聚焦荧光图像

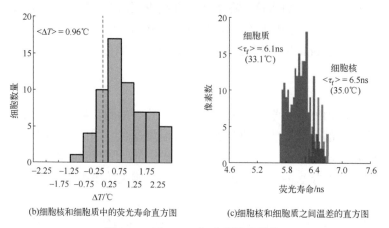

(b)细胞核和细胞质中的荧光寿命直方图　　(c)细胞核和细胞质之间温差的直方图

图 2-31　活 COS7 细胞的温度图像

3ω 法可用来测量微纳生物材料的热物性。Byoung 等基于 3ω 法测量了 Hela 细胞、肝细胞和 NIH-3T3 J2 三种细胞在生存和死亡两种状态下的热导率，测量装置如图 2-32 所示。结果表明，无论细胞类型如何，死细胞的热导率都大于活细胞的热导率。当肝细胞死亡时，热导率 k 从 $(0.575\pm0.017)\text{W}/(\text{m}\cdot\text{K})$ 升到了 $(0.608\pm0.018)\text{W}/(\text{m}\cdot\text{K})$；当 NIH-3T3 J2 细胞死亡时，热导率 k 从 $(0.579\pm0.017)\text{W}/(\text{m}\cdot\text{K})$ 升到了 $(0.655\pm0.020)\text{W}/(\text{m}\cdot\text{K})$。

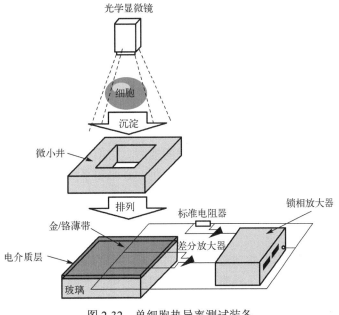

图 2-32 单细胞热导率测试装备

思 考 题

1．如何建立细胞核动力学模型？请估算细胞核振动的固有频率。

2．如何测量细胞或细胞核的质量？请估算细胞或细胞核的质量。

3．如何实现细胞或细胞核的激振和测振？

4．如何采用力学的方法识别并杀死癌细胞？请提出潜在的肿瘤力疗法。

5．如何阻止癌细胞扩散和迁移？

第 3 章 组 织 力 学

动物组织分为软组织和硬组织，其中软组织包括肌肉、皮肤、血管、生物膜等；硬组织包括骨、软骨、牙齿、指甲等。组织力学在损伤评估及防护、疾病的诊断与治疗、矫形、移植、人造材料及医疗器械中发挥着重要作用。本章主要介绍肌肉、骨及软骨力学、韧带与肌腱、皮肤、牙齿等的力学。

3.1 肌 肉

肌肉与一般软组织不同，具备主动收缩的能力。它不仅可以被动地负载力量，还能主动地执行功效。动物的肌肉可分为三类：骨骼肌、心肌和平滑肌。这些肌肉在结构成分上相似，收缩的生物化学机制也大致相同，但它们在结构功能和力学特性上存在显著差异。

1. 骨骼肌

骨骼肌是动物躯体的主要组成部分，同时也是动物运动的主要动力源，其运动由自主神经系统控制。通过在显微镜下观察骨骼肌的切片，可以观察到交替排列的明暗条纹，因此也称为横纹肌。在受到神经脉冲、电脉冲或化学刺激时，肌肉会产生收缩并产生张力。每次刺激可以持续数十至数百毫秒。骨骼肌具有一个显著特点，即刺激频率越高，产生的张力越大。当刺激频率达到足够高的水平(超过 100Hz)时，张力达到最大值，并且不再受频率的影响，也不随时间的推移而改变。这种状态被称为挛缩(contracture)(图 3-1)。骨骼肌的另一个特点是放松时应力很小，可以忽略不计。

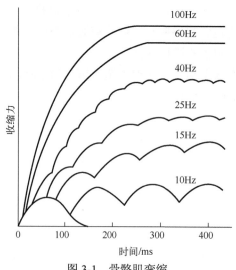

图 3-1 骨骼肌挛缩

2. 心肌

心肌也是一种横纹肌，它和骨骼肌的不同表现在以下方面。

(1)与骨骼肌相比，心肌细胞含有更多的线粒体，并且具有更多的毛细血管供应氧气和营养物质。事实上，每个心肌纤维都有一个毛细血管为其提供必要的氧气和养分。这是因为骨骼肌可以短时间内忍受缺氧，而心肌则不能容忍氧气不足。

(2)心脏的所有心肌细胞在收缩和松弛方面是同步进行的，而骨骼肌则不同。此外，心肌具有很强的节律性，不允许发生挛缩。

(3)心脏每次搏动的输出量与心脏舒张期末容量密切相关，而后者受心肌在松弛状态下应力-应变关系的影响。因此，不能忽视心肌在松弛状态下的应力。

3. 平滑肌

平滑肌在显微镜下没有明显的明暗相间条纹，其运动不受自主神经的控制。除了心脏，人体内的内脏器官都由平滑肌构成。不同器官中的平滑肌组织，在结构、功能和力学性质上存在显著差异。平滑肌的种类繁多，力学性能复杂，并且其细胞比骨骼肌细胞小得多。

3.1.1 骨骼肌层级结构与 Hill 模型

1. 层级结构

图 3-2 给出了骨骼肌的层级结构。

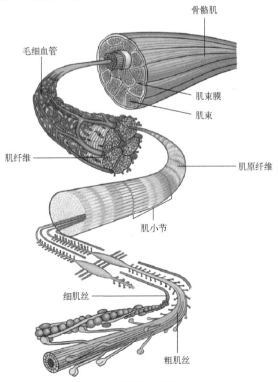

图 3-2 骨骼肌的层级结构

肌肉的基本单位是肌纤维，它本身是一个细胞，含有多个细胞核。肌纤维的直径为 10～60μm，长度可以从数毫米到数厘米不等，有时甚至可长达 30cm。多个肌纤维组合成肌纤维束，而纤维间隙中填充着结缔组织。此外，肌纤维束外部被一层更坚韧的结缔组织鞘所包裹。

肌细胞质内含有许多肌原纤维，其直径约为 1μm。通过染色剂对肌原纤维进行染色，可以在显微镜下观察到明暗相间的条纹。较为透明的区域称为 I 带，而较为暗淡的区域称为 A 带。I 带被一条细线分割为两部分，这条细线称为 Z 盘。在 A 带的中央，还有一个颜色较浅的区域，称为 H 带，如图 3-3 所示。

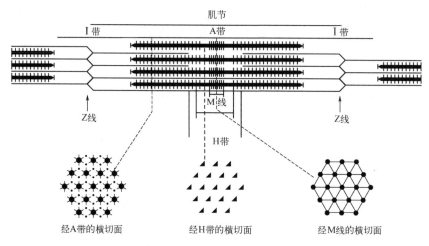

图 3-3 骨骼肌的肌纤维结构

肌原纤维通过 Z 盘分割成一系列肌纤维节，每个肌纤维节的长度为 2.0～2.5μm。肌原纤维由两种交错排列的肌纤维丝组成。较细的肌纤维丝直径约为 5nm，称为肌动蛋白。较粗的肌纤维丝直径约为 12nm，称为肌球蛋白。I 带完全由肌动蛋白组成，A 带的长度与肌球蛋白丝相同，而 H 带则是两种纤维丝不重叠的区域。H 带的中央有一些连接相邻肌球蛋白纤维的部分，称为 M 线。如果观察横截面，肌球蛋白丝和肌动蛋白丝呈六角形排列。

肌浆球蛋白丝由大约 180 个肌浆球蛋白分子组成，每个分子的分子量约为 500000，形状呈杆状。其中一端较大，略呈球形，突出于杆的轴线之外，形成了肌浆球蛋白纤维的结构。这些球形头以成对的方式出现，彼此相差 180°。相邻的两对球形头之间的距离约为 1.43μm，整体呈螺旋状排列，旋转约 120°。

在肌肉松弛时，肌浆球蛋白分子的头部与纤维丝相贴合。当受到刺激时，头部突出并与肌动蛋白纤维结合，形成所谓的"横桥"结构。这个过程产生张力，导致肌浆球蛋白纤维和肌动蛋白纤维之间发生相对滑动，而两种纤维丝本身的长度不发生变化。因此，肌纤维节收缩，整个肌肉也因此收缩并产生功效。这就是肌肉收缩的纤维滑移理论。

2. Hill 模型

Hill 首先选择青蛙的缝匠肌作为试样，将其夹紧在两端，保持长度为 L_0。然后，通过足够高的频率和电压加电刺激，使肌肉发生挛缩并产生张力 T_0。接着，松开肌肉的一端，张力降至 T（$T < T_0$），肌肉纤维以速度 v 缩短。Hill 不仅测定了 T、v 与 T_0 的关系，还测定了肌肉缩短时产生的热量，以及维持挛缩状态所需的热量为骨骼肌力学奠定了基础。下面简单介绍实验原理和结果分析。根据热力学第一定律：

$$E = A + S + W \tag{3-1}$$

式中，E 为肌纤维单位时间内释放的能量；A 为单位时间内保持的热量；S 为收缩热；$W = Tv$ 为所做的功。

当长度不变时，式（3-1）变为

$$E = A \tag{3-2}$$

当长度改变时，Hill 通过测量 A 和 E，得到经验方程：

$$S + W = b(T - T_0) \tag{3-3}$$

式中，b 为常数。

进而，Hill 假设：

$$S = av \tag{3-4}$$

式中，a 为常数。从而可得

$$b(T_0 - T) = av + Tv \tag{3-5}$$

整理可得

$$v = b\frac{T_0 - T}{a + T} \tag{3-6}$$

这就是著名的 Hill 方程。图 3-4 显示了 Hill 方程与实验结果拟合较好。

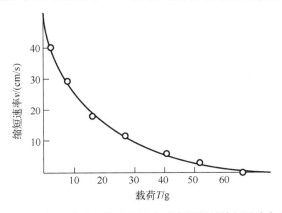

图 3-4　挛缩状态的青蛙缝匠肌快速释放实验中测得的缩短速率与载荷的关系

Hill 方程表明，在挛缩状态下，从化学反应中获得的机械能在单位时间内保持不变。从力学角度来看，Hill 方程描述了骨骼肌在收缩时的力-速度关系。明显地，当张力增大时，缩短速率减小；反之亦然。这与黏弹性材料的特性完全不同。

Hill 方程也可写成如下形式：

$$v = b\frac{T_0 - T}{T + a} \tag{3-7}$$

或

$$T = \frac{bT_0 - av}{v + b} = a\frac{v_0 - v}{v + b} \tag{3-8}$$

若 $T = 0$，则 v 达其最大值 v_0，为

$$v_0 = \frac{bT_0}{a} \tag{3-9}$$

若以 T_0、v_0 为参数，可得 Hill 方程的无量纲形式：

$$\frac{v}{v_0} = \frac{1 - \dfrac{T}{T_0}}{1 + c\dfrac{T}{T_0}} \tag{3-10}$$

或

$$\frac{T}{T_0} = \frac{1 - \dfrac{v}{v_0}}{1 + c\dfrac{v}{v_0}} \tag{3-11}$$

其中

$$c = \frac{T_0}{a} \tag{3-12}$$

可见，Hill 方程有三个独立常数：a、b、T_0 或 T_0、v_0、c。它们是肌纤维初始长度 L_0、温度、周围环境的化学组分(如 Ca^{2+} 浓度等)的函数。

3．Hill 方程的一般化

Hill 方程描述了骨骼肌在等长挛缩状态下快速释放时的张力-缩短速度关系，但它只揭示了肌肉力学性质的一个方面。在其他状态下，如在低频刺激下，肌肉的力学性质是如何变化的呢？这就需要将 Hill 方程推广到一般情况。有多种方法可以实现这个目标，以下是主要的几种方法。

(1)黏弹性理论将材料的应力和应变的历史联系在一起。同样地，肌肉可以视为一种具有记忆和可变形性质的材料。产生的张力取决于收缩的历史过程。这种"记忆"是衰退的，随着时间的推移，其影响逐渐减小。

(2)类似于黏弹性理论，使用多个简单元素的组合来描述肌肉的力学行为。Hill 曾将收缩单元(CE)和弹性单元(SE)串联起来，以表示骨骼肌的特性，如图3-5所示。

(3)从肌浆球蛋白丝和肌动蛋白丝之间横桥的特性和数量变化的规律出发，将肌肉的力学性质问题转化为横桥的动力学问题来研究。

图3-5　骨骼肌的 Hill 模型

这些方法提供了研究肌肉力学性质的不同视角，从而增进了对肌肉行为的理解。

下面分别介绍两种典型的肌肉本构力学模型：线性"记忆"理论和三元素模型。

(1)线性"记忆"理论。最简单的"记忆"理论是线性"记忆"理论，即所有经历的影响是可叠加的。令以 $x(t)$ 表示"因"，$y(t)$ 表示"果"，$\phi(t)$ 表示"记忆"的衰减，即松弛函数。若 $x(t)$ 为阶跃函数：

$$x(t)=\begin{cases} \text{const}, & t\geq 0 \\ 0, & t<0 \end{cases} \tag{3-13}$$

则

$$y(t)=\phi(t)x(t) \tag{3-14}$$

若 $x(t)$ 是连续函数，则在 $\tau-(\tau+\mathrm{d}\tau)$ 区间，$x(t)$ 增量 $\dfrac{\mathrm{d}x(\tau)}{\mathrm{d}\tau}\mathrm{d}\tau$ 引起的 $y(t)$ 的变化为

$$\mathrm{d}y(t-\tau)=\phi(t-\tau)\frac{\mathrm{d}x(\tau)}{\mathrm{d}\tau}\mathrm{d}\tau$$
$$\Rightarrow y(t)=\phi(t)x(0)+\int_0^t \phi(t-\tau)\frac{\mathrm{d}x(\tau)}{\mathrm{d}\tau}\mathrm{d}\tau \tag{3-15}$$

或

$$y(t)=\phi(t)x(0)+\int_0^t \phi(\tau)\frac{\mathrm{d}x(t-\tau)}{\mathrm{d}(t-\tau)}\mathrm{d}\tau \tag{3-16}$$

将式(3-16)应用于对挛缩骨骼肌的分析；$y(t)$ 为收缩速度的函数，作为"果"。在某种简单情况下，"因"和"果"之间遵从 Hill 方程。若取

$$x(t)=\frac{T}{T_0} \tag{3-17}$$

当 x 为阶跃函数时，则肌肉收缩速度 v 可归纳为一个函数 y：

$$y(t)=\frac{1-\dfrac{v}{v_0}}{1+c\dfrac{v}{v_0}} \tag{3-18}$$

在 $t>0$ 且趋于 0 时，x 与 y 之间的关系遵从 Hill 方程，即

$$y=x \tag{3-19}$$

与式(3-14)相比，即当 $t>0$，而趋于 0 时，$\phi(0)=1$。

按线性"记忆"理论，式(3-19)是式(3-14)在 $t=0$ 时的特例，而式(3-14)则适于全部时间 t。进而，若 $x(t)$ 不是阶跃函数，而是连续函数，则 $x(t)$ 和 $y(t)$ 的关系，也遵从式(3-16)。Hill 方程是式(3-16)在 $t=0$ 时的特例。

"记忆函数" $\phi(t)$，通常称为"松弛函数"，以表示一般的记忆是逐渐衰退的，这种渐衰的松弛函数可写为

$$\phi(t) = \sum_{i=1}^{N} A_i \mathrm{e}^{-\alpha_i t} \tag{3-20}$$

式中，A_i、α_i 为常数，$i = 1, 2, \cdots, N_0$，$\alpha_i > 0$，表示记忆是渐衰的；$\alpha_i = 0$ 相当于永久不忘；$\alpha_i < 0$ 相当于前因所产生的后果与时俱增。α_i 的单位是时间的倒数，$\dfrac{1}{\alpha_i}$ 为特征时间，A_i 是 α_i 的函数，称为松弛谱函数。

若令

$$\frac{\mathrm{d}\phi}{\mathrm{d}t} = \phi(t), \; v(t) = -\frac{\mathrm{d}\lambda(t)}{\mathrm{d}t} \tag{3-21}$$

式中，$\lambda(t)$ 为拉伸比。应用卷积定理，得

$$\frac{1 - \dfrac{T}{T_0}}{1 + c\dfrac{T}{T_0}} = -\frac{1}{v_0}\frac{\mathrm{d}\lambda(t)}{\mathrm{d}t} - \frac{1}{v_0}\int_0^t \phi(t - \tau)\frac{\mathrm{d}\lambda(\tau)}{\mathrm{d}\tau}\mathrm{d}\tau \tag{3-22}$$

Bergel 和 Hunter 于 1979 年首先用方程(3-22)分析了骨骼肌的动力学性质，如长度突变的动力学响应，并与 Huxley 的实验结果做了比较(图 3-6)。

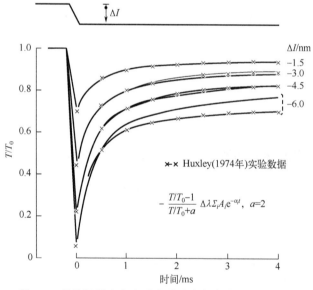

图 3-6　骨骼肌长度突变动力学响应与实验结果的比较

(2)三元素模型。骨骼肌的三元素模型如图 3-7 所示，模型由三个元素串联并联组成：①收缩元素代表可相对滑动的肌浆球蛋白丝和肌动蛋白丝，其张力与横桥的数量相关，在松弛状态下，张力为零。②串联弹性元素表示肌浆球蛋白纤维、肌动蛋白纤维、横桥、Z 盘以及结缔组织的固有弹性，假设为完全弹性体。③并联弹性元素表示肌肉在松弛状态下的力学性质。这些元素的组合构成了肌肉模型，它们相互作用并共同影响肌肉的力学行为。

肌动蛋白丝和肌浆球蛋白丝的几何变化可以通过图 3-8 来表示。其中，M 代表肌浆球蛋白纤维的长度，C 代表肌动蛋白纤维的长度，Δ 表示二者搭接部分的长度，H 和 I 分别表示 H 带和 I 带的宽度，L 表示肌纤维节的总长度。η 则代表串联弹性元素的伸长量。显然有

$$\Delta = M - H = 2C - I \tag{3-23}$$

无弹性伸长时，有

$$L = M + I = M + 2C - \Delta \tag{3-24}$$

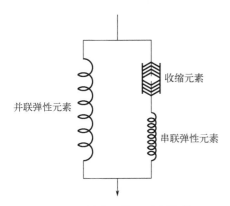

图 3-7 骨骼肌的三元素模型

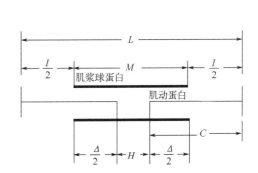

图 3-8 肌纤维节各元素的几何表示

若有弹性伸长，则

$$L = M + I + \eta = M + 2C - \Delta + \eta \tag{3-25}$$

对式 (3-25) 两边关于时间取微分，有

$$\frac{\mathrm{d}L}{\mathrm{d}t} = -\frac{\mathrm{d}\Delta}{\mathrm{d}t} + \frac{\mathrm{d}\eta}{\mathrm{d}t} \tag{3-26}$$

设并联弹性元素的应力为

$$\tau^{(\mathrm{P})} = P(L) \tag{3-27}$$

串联弹性元素的应力为

$$\tau^{(\mathrm{S})} = S(\eta, \Delta) \tag{3-28}$$

若设

$$\begin{cases} S(\eta, \Delta) > 0, & \eta > 0 \\ S(\eta, \Delta) = 0, & \eta = 0 \end{cases} \tag{3-29}$$

则肌纤维节的总应力为

$$\tau = \tau^{(\mathrm{P})} + \tau^{(\mathrm{S})} = P(L) + S(\eta, \Delta) \tag{3-30}$$

两边取微分，可得

$$\frac{\mathrm{d}\tau}{\mathrm{d}t} = \frac{\mathrm{d}P}{\mathrm{d}L} \cdot \frac{\mathrm{d}L}{\mathrm{d}t} + \frac{\partial S}{\partial \eta}\bigg|_{\Delta} \cdot \frac{\mathrm{d}\eta}{\mathrm{d}t} + \frac{\partial S}{\partial \Delta}\bigg|_{\eta} \cdot \frac{\mathrm{d}\Delta}{\mathrm{d}t} \tag{3-31}$$

将式(3-26)代入式(3-31)，可得

$$\frac{\mathrm{d}\tau}{\mathrm{d}t} = \frac{\mathrm{d}P}{\mathrm{d}L} \cdot \frac{\mathrm{d}L}{\mathrm{d}t} + \frac{\partial S}{\partial \eta}\bigg|_{\Delta} \cdot \left(\frac{\mathrm{d}L}{\mathrm{d}t} + \frac{\mathrm{d}\Delta}{\mathrm{d}t}\right) + \frac{\partial S}{\partial \Delta}\bigg|_{\eta} \cdot \frac{\mathrm{d}\Delta}{\mathrm{d}t}$$

$$= \left(\frac{\mathrm{d}P}{\mathrm{d}L} + \frac{\partial S}{\partial \eta}\bigg|_{\Delta}\right)\frac{\mathrm{d}L}{\mathrm{d}t} + \left(\frac{\partial S}{\partial \eta}\bigg|_{\Delta} + \frac{\partial S}{\partial \Delta}\bigg|_{\eta}\right)\frac{\mathrm{d}\Delta}{\mathrm{d}t} \qquad (3\text{-}32)$$

多年来，Hill 模型一直主导着肌肉力学的研究。随着新的实验结果的不断涌现，人们不断对该模型进行改进，以涵盖更多的情况。例如，将串联弹性元素和并联弹性元素替换为黏弹性元素，引入时间因素来描述收缩元的 Hill 方程等。这样，所得到的本构方程逐渐变得复杂，同时也凸显了 Hill 三元素模型的基本缺点：各元素之间的力和应变分布是任意的，并且通过实验确定的各元素特性依赖于所采用的模型，即依赖于某些相当任意的假设。因此，实验所得到的参数并不是肌肉固有特性的体现，而仅仅是在某种模型中反映出的肌肉特性，而且这种模型并不是唯一确定的。

3.1.2 心肌的力学性质及模型

对于心肌收缩特性的认识，一般来自猫、兔等小动物的乳突肌(sternocleidomastoid muscle) 的研究。小动物乳突肌试样的直径小于 1mm，将其放在含有 95%O_2 和 5%CO_2 混合气体的 Krebs-Ringer 溶液内，可在 36h 内保持活性。而大动物乳突肌纤维较粗，不能通过扩散维持其活性，无法做离体实验。

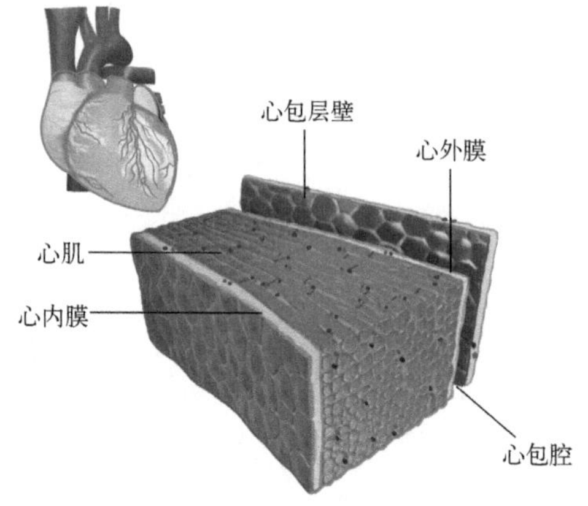

为分析心脏的动力学特性，需要知道心肌在收缩和舒张过程中的本构方程，它描述了心肌的张力、收缩速度、长度、时间的关系。下面介绍松弛状态下的心肌力学性质和激活状态下的心肌力学性质。

1. 松弛状态下的心肌力学性质

松弛状态下心肌的张力对心功能的影响颇大，因为它决定了舒张期末心室的容量，从而决定了心脏每搏输出量。

心肌也是一种横纹肌，结构与骨骼肌类似，

图 3-9 心肌层级结构

心肌层级结构如图 3-9 所示。从力学观点来看，松弛的心肌是一种非均匀、各向异性的不可压缩黏弹性材料，其性质随温度及周围环境条件而变化。Pinto 等测量了松弛心肌的应力松弛、蠕变及滞后回线，实验时先加 12mg 的载荷，以确定试样的参考长度(L_{ret})和参考直径(d_{ret})。由其结果可知，松弛心肌和其他软组织的力学性质相似，其应力-应变关系可用准线性理论给出。若用 T 来表示肌纤维内的张力，因为松弛的心肌是黏弹性体，T 随应变历史而变，是时间 t 的函数，故写成 $T(t)$。应变用伸长比 λ 来表示，它也是时间的函数 $\lambda(t)$。若伸长比以阶跃形式 λ 突加于心肌，瞬时张力为 $T^{(e)}$，$T^{(e)}$ 是 λ 的非线性函数，可写成 $T^{(e)}(\lambda)$。于是，有

$$T(t) = G(t)T^{(e)}(0) + \int_0^t T^{(e)}(t-\tau)\frac{\mathrm{d}\phi}{\mathrm{d}\tau}\mathrm{d}\tau \tag{3-33}$$

至于瞬间张力 $T^{(e)}(\lambda)$，Pinto 等的实验结果，可用式(3-34)拟合：

$$\frac{\mathrm{d}T^{(e)}}{\mathrm{d}\lambda} = \alpha(T^{(e)} + \beta) \tag{3-34}$$

设 $\lambda=\lambda^*$ 时，$T^{(e)} = T^*$，则

$$T^{(e)} = (T^* + \beta)\exp[\alpha(\lambda - \lambda^*)] - \beta \tag{3-35}$$

其中，兔乳突肌的 α、β、T^* 的值见参考文献(Pinto J G，1973)，$L_{\mathrm{ref}} = 3.65\mathrm{mm}$，$d_{\mathrm{ref}} = 1.38\mathrm{mm}$，$\lambda^* = 1.25$，$\lambda_{\max} = 1.30$，pH = 7.4，温度为 37℃。此外，实验结果表明，在 5～37℃内，$G(t)$ 与温度无关。

2. 激活状态下的心肌力学性质

人们曾一度认为，Hill 模型和描述收缩元的 Hill 方程相结合，可以确立激活状态下心肌的本构方程，只需要在 Hill 方程中引进一个表示活化状态的因子，把 T_0、v_0 和时间 t 联系起来就可以了。经实践证明，当心肌纤维的初始长度较短以至于松弛态张力可以忽略时，Hill 模型可以用于描述心肌的行为。然而，当心肌纤维较长且松弛态张力的影响不能忽视时，Hill 模型中收缩元素的性质将取决于所选择的模型，从而导致张力-速度关系变得非常复杂，激活状态也很难确定。在正常的生理条件下，恰恰是后一种情况具有意义。在此，首先讨论初始长度较短、松弛态张力可不计时，心肌纤维的收缩特性。这时，二元素模型(图 3-5)有效，可用前面所述方法确定串联弹性元的性质，然后确定收缩元的特性。

根据 Sonnenblick 等的研究，串联弹性元的性质可用下述方程确定：

$$\frac{\mathrm{d}S}{\mathrm{d}\eta} = \tilde{\alpha}(S + \tilde{\beta}) \tag{3-36}$$

对于收缩元的张力-速度关系，冯元桢提出适于心肌的 Hill 方程的修正形式如下：

$$v = \frac{B[S_0 f(t) - S]^n}{a + S} \tag{3-37}$$

式中，$f(t)$ 代表每次刺激后心肌张力的发展过程。由图 3-10 可见，它可用半波正弦函数表示，归一化后 $f(t)$ 为

$$f(t) = \sin\frac{\pi}{2}\left(\frac{t + t_0}{t_{\mathrm{m}}}\right) \bigg/ \sin\frac{\pi}{2}\left(\frac{t_{\mathrm{ip}} + t_0}{t_{\mathrm{m}}}\right) \tag{3-38}$$

式中，$\dfrac{t_0}{t_{\mathrm{m}}}$ 为活化状态起始点的相移；t_{m} 为达到峰值所需时间；t_{ip} 为等张收缩过程中达到峰值所需的时间；a 和 B 是心肌纤维长度为 L 时的等张收缩张力峰值 S_0 的函数：

$$\begin{cases} a(L) = \gamma S_0(L) \\ B(L) = \gamma v_0 S_0^{1-n}(L) \end{cases} \qquad (3\text{-}39)$$

$S_0(L)$ 由式(3-40)给出：

$$S_0(L) = k_1 L + k_2 \qquad (3\text{-}40)$$

式中，k_1、k_2 为常数；n 是修正指数，如图 3-10 所示，取 $n=0.5\sim0.6$，可获得良好近似。

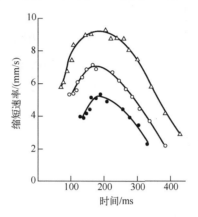

图 3-10   兔乳突肌活化状态

刺激频率为 45 次/min，温度为 29℃，在加载 0.1g 作用下肌纤维长度分别为

静态长度的 96%（△）、92%（○）、88%（●）

以上是心肌纤维初始长度较短时的情况。当纤维初始长度较长时，松弛态张力不可忽略，应采用三元素模型。

3.1.3   平滑肌的力学性质

平滑肌的收缩机制和横纹肌一样。平滑肌内的收缩蛋白也是肌浆球蛋白和肌动蛋白。图 3-11 是血管平滑肌的显微结构。由图可见，平滑肌细胞的排列不像横纹肌那样规则、平直，而是弯曲的，往往纠缠在一起。平滑肌中，肌浆球蛋白纤维的直径约 $1.45\times10^{-2}\ \mu m$，长约 $2.2\ \mu m$，约为横纹肌中肌浆球蛋白丝长度（约 $1.6\ \mu m$）的 1.4 倍，因此每根平滑肌纤维产生的张力比横纹肌高约 40%。肌动蛋白丝的直径约 $6.4\times10^{-3}\ \mu m$，其数量是肌浆

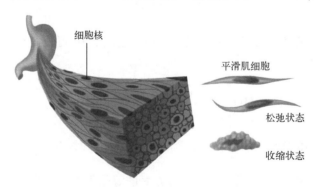

图 3-11   平滑肌层级结构

球蛋白丝的 15 倍。此外，平滑肌中不存在规则的肌纤维节，这或许是平滑肌收缩较慢的原因。

多年来，研究者通常使用 Hill 方程来描述平滑肌的收缩特性。然而，这种方法存在一些问题，其效果也存在疑问。最大的困难在于实验的难度非常大。现有的实验仅限于一些简单的组织，如输尿管和带状结肠肌，而血管和其他内脏平滑肌的性能在生理学上非常重要。然而，至今为止，还没有一种简便可行的实验方法研究血管和其他内脏平滑肌的性能。将输尿管等组织的实验结果推广到其他组织是不合适的，因为不同组织的平滑肌在结构、功能和力学性质上存在很大的差异。下面介绍一些实验结果，以说明平滑肌力学行为的若干特征。

了解平滑肌细胞的力学性质对于分析蠕动输运、淋巴流动、血流自动调节等问题至关重要。因为自发收缩是许多由平滑肌构成的器官普遍存在的现象，加深对自激发状态下平滑肌细胞的力学性质的了解，才能更好地研究这些问题。Price 等进行了一项研究，以豚鼠的带状结肠肌作为试样，观察其自发收缩过程。在体内的条件下，他们标定了试样的长度(约 10mm)。然后，他们将试样切割并放入实验箱中，保持与体内相同的长度，并将温度保持在 37℃。几分钟后，带状结肠肌开始自发、有规律地收缩。图3-12 给出了不同长度的试样，在长度保持不变时，自发收缩过程中张力随时间的变化，其中 $L_{max}=13mm$，$A_{max}=0.36mm^2$，解剖时标本生理长度 $L_{ph}=10mm$。图中所示是 $L<L_{max}$ 时的情形，L_{max} 表示活性最高时的试样长度。若 $L=L_{max}$ 及 $L>L_{max}$，则波形较复杂。波形及最大张力、最小张力均因带状结肠肌长度而异。

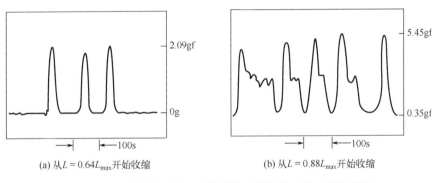

(a) 从 $L=0.64L_{max}$ 开始收缩   (b) 从 $L=0.88L_{max}$ 开始收缩

图 3-12 豚鼠带状结肠肌自发收缩过程中张力随时间的变化
(1000gf=9.81N)

如图 3-13 所示，当豚鼠的带状结肠肌在等长状态下突然改变长度时，最初呈现被动软组织的特性，张力逐渐减小，约比初始值减小 40%。经过 1s，肌肉开始自发地收缩，张力出现规律性的大幅波动。在 $t>100s$ 之后，张力可能会变为负值。随着时间的推移，张力峰值逐渐趋于稳定。在 100~1000s 时，张力变化的周期约为 112s。然而，当豚鼠的带状结肠肌处于等张状态时，长度的突然改变不会引起显著的波动，只会导致不规则且幅度较小的脉动，频率为 10~20 次/分。

上述实验表明，有些平滑肌在有利环境条件下，或在机械刺激下，会自发地、节律性地收缩，这是它异于骨骼肌和心肌的一大特色。

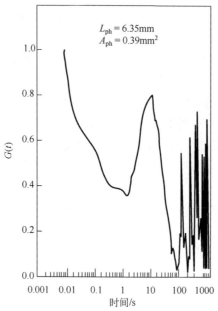

图 3-13　豚鼠带状结肠肌长度突变（$\Delta l = 0.1 L_{ph}$）时的应力响应

（参考应力为 $13.3 \mathrm{N/cm^2}$）

设自发收缩过程中，最大张力为 $T_{\max}(L)$，最小张力为 $T_{\min}(L)$，$T = T_{\min}$ 时，肌肉处于一种松弛状态。可以将任一时刻肌肉内的张力 $T(L, t)$ 与 $T_{\min}(L)$ 之差，视为肌肉的主动张力 $S(L, t)$。故 $S_{\max}(L) = T_{\max}(L) - T_{\min}(L)$。图 3-14 给出的是 $T_{\max}(L)$、$T_{\min}(L)$、$S_{\max}(L)$ 随 L 的改变（长度以 $L_{\max}$ 为参考，$L_{\max}$ 是 $S(L)$ 达到最大值时的长度）。具体试样参数为：$L_{\max} = 18\mathrm{mm}$，$A_{\max} = 0.32\mathrm{mm^2}$，$L_{ph} = 10\mathrm{mm}$。若以 $L_{\max}$ 为参考，则当 $L \leqslant L_{\max}$ 时，被动张力激增，而主动张力减小；$\dfrac{L}{L_{\max}} \approx 1.10$ 时，二者大致相当；L 进一步增大时，$S_{\max}(L) < T_{\min}(L)$，被动张力起主导作用。

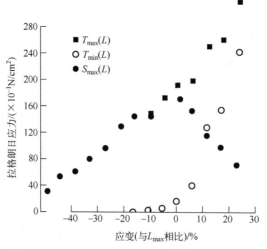

图 3-14　$T_{\max}$、$T_{\min}$、$S_{\max}$ 与肌纤维长度的关系

与此类似，图 3-15 是犬输尿管在不同伸长比下，主动张力和被动张力的比较。可见，输尿管收缩时，所产生的主动张力不高于同样条件下的被动张力。

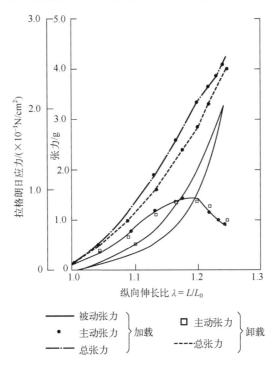

图 3-15 犬输尿管的总张力、被动张力、主动张力随伸长比的变化

综上可知，骨骼肌的被动张力与激发状态的主动张力相比，可以忽略不计；心肌的被动张力虽不可忽略，但仍比主动张力小得多。而平滑肌的被动张力可等于或大于主动张力。这是平滑肌异于骨骼肌和心肌的另一特色。

3.2 骨、软骨的力学性质

3.2.1 骨的微结构

骨骼与其他工程材料相比，最显著的特点之一是其具有生命活动。骨骼内部存在着血液循环，血液通过输送养分和排除代谢废物来滋养骨组织。图 3-16 展示了长骨的简化结构图。长骨呈杆状，两端略大，称为干骺端，中间部分呈柱状，称为骨干。骨干是一个中空管状结构，其壁由致密的骨皮质组成。在骨干的区域，骨皮质较厚，而朝两端逐渐变薄。中央空腔称为骨髓腔，内部含有骨髓。在未成年动物中，每个干骺端都被骨骺所覆盖，并通过软骨生长板(也称为骺板)连接在一起。骨骺的顶部覆盖有一层关节软骨，用作关节的滑动表面。关节软骨具有很低的干摩擦系数(最低可达 0.0026，在固体材料中是最低的)，这使得关节具有高效的运动性能。骺板是软骨逐渐骨化的地方，在停止生长时，由松质骨组成的骨骺与干骺端融合在一起。干骺端与骨骺的外壳是一层薄的皮质骨，与骨干的致密骨相连。在显微镜下观察骨骼时，可以将其视为一个复合结构。图 3-17 展示了 Ham 提出的密质骨的基本结构。这个基本单元称为哈弗斯系统或骨元(osteon)。骨元的中心是一条动脉或静脉，这些血管通过称为穿通管的连接与外部相连。在骨元的外层，胶原纤维簇按同心圆柱的方向排列。长期以来人们已经认识到应力对骨骼的改变、生长和吸收起着重要的调节作用，这对于健康和医疗非常关键。每一块骨骼都有一个最适宜的应力范围，过低或过高的应力都会导致骨骼逐渐退化。这些生物学效应在整形外科和修复手术中备受关注。例如，在骨科手术中，如果螺钉或螺栓拧得过紧导致局部应力集中，可能引发骨骼的吸收，导致固定物变得松动。许多学者致力于研究骨骼的形状、结构和应力，试图验证长期自然进化中动物骨骼结构符合优化设计原则的假设。他们的研究旨在深入理解骨骼在应力环境下的适应性和优化特性。Roux 系统地阐述了功能适应性原理，即器官对其功能的适应是经过实践进化得来的。他还提出了最小最大设计原则，指出自然进化趋向于使用最小的结构材料来承受最大的外力。Roux 假设骨骼通过生长和吸收过程本能地适应了动物的生存条件，并符合最小最大设计原则。在此背景下，他认为松质骨的最优结构应该是桁架形式。Pauwels 对这一观点进行了验证。Kummer 提出了人体股骨的三维桁架理论结构模型(图3-18)，并与实际的物理照片进行了比较(图3-19)，两者并不相似。

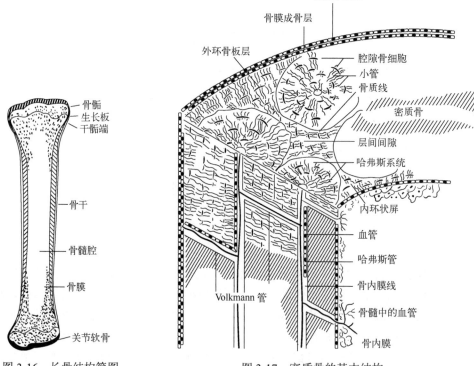

图 3-16 长骨结构简图　　　　　　图 3-17 密质骨的基本结构

为了确定骨骼在受力和不受力状态下是否发生增殖或萎缩，常用的方法是通过 X 射线检查骨骼的密度(不透明度)，它与骨骼中的无机物含量成正比。此外，还可以使用声波传播速度和振动方法对骨骼进行测量。这些方法的结果都证实了骨骼的功能适应性概念。

Wolff 最早提出了这个概念，即活体骨骼会根据所受的应力和应变而发生改变。这种改变可以表现为骨骼形状的外部重塑或表面再建，以及孔隙度、成分、X 线密度等方面的内部重塑。这两种再塑在正常的生长期和成年期都会发生。

图 3-18 股骨的三维桁架理论结构模型

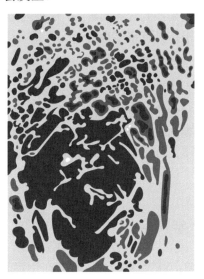

图 3-19 松质骨构造

随后，Glucksmann 和 Frost 进一步论述了控制骨生长的应力现象。Evans 综合了前人的研究，得出结论：临床和实践证明，压应力能够促进新骨的生长，对于骨折的愈合至关重要。Deitrick 等研究了运动对人体骨骼再生的影响。他们将志愿者的腰部以下部位用石膏固定 6～8 周，并对尿液、粪便和血液进行化学分析，具体分析了有机物如肌酸和无机物如钙、磷等的含量。分析结果表明，在固定期间，骨骼的钙和磷含量降低，而在正常活动能力恢复 6 周后才会恢复。Mack 等进行了针对宇航员的长期失重实验，以探究骨质流失与 X 线密度降低之间的关系。他们指出，如果宇航员进行体操等活动，使骨骼承受类似于地球上正常活动所产生的应力，那么骨钙的流失就会很小。

Kazarian 和 von Gierke 对恒河猴固定实验的研究，Wunder 等对老鼠和鸡在超重条件下骨骼变化的研究，以及 Hert 等对兔子在周期性负载下骨骼变化的研究等，都得出了一个共同的结论：低应力会导致骨骼强度下降、X 线密度降低和尺寸减小。Hert 等进一步指出：周期性应力对骨骼的功能适应性起促进作用，而压力和张力对骨骼的影响是相似的。

骨的再生原理对于矫形外科至关重要，目前已有大量实验报告支持这一观点。Woo 等和 Tonrino 等的研究指出，在犬股骨骨干处固定硬夹板会导致骨表面的减薄，而不是骨海绵组织的减少。换句话说，这主要是表面再生的过程。

表面再生过程的控制机制是什么呢？

一般认为，压电效应是骨感受应力并引发骨再生的机制。Fukada 首次发现了骨的压电效应，并确定其是由胶原纤维引起的。Becker 和 Murray 指出，电场能够激活成骨细胞中的蛋白质络合体。当电场存在于聚合中的胶原原纤维附近时，纤维将定向，并与力线垂直。钙的生化活性是另一个可能的调控途径。Justus 和 Luft 的研究证明，在经历应变的骨组织间隙液中，钙浓度增加。这是因为应力的改变导致羟基磷灰石晶体的溶解度发生变化。

骨骼是一个复杂的生物化学综合体。虽然在这里仅讨论了其力学方面，但其意义不仅限于理论层面，还在临床实践中具有重要价值。如果能够完全理解这个问题，那么就能够通过机械应力来控制骨骼的再生，这种应力可以通过运动或辅助装置施加，从而促进康复。这对于临床治疗具有重要意义。

3.2.2　骨的力学性质

骨骼具有较高的硬度，其应力-应变关系与常见的工程材料相似，因此通常可以采用工程方法来进行骨骼的应力分析。图 3-20 展示了人体股骨在单向拉伸时的应力-应变关系。由图可以观察到，相较于干燥骨骼，新鲜骨骼可以产生较大的塑性产形，韧性更好。由于应变范围较小，可以使用 Cauchy 应变来描述这一过程。

$$\varepsilon_{ij} = \frac{1}{2}\left(\frac{\partial u_i}{\partial x_j} + \frac{\partial u_j}{\partial x_i}\right) \tag{3-41}$$

式中，i, j 分别取1,2,3；x_1, x_2, x_3 为直角坐标；u_1, u_2, u_3 为位移在 x_1, x_2, x_3 上的分量；ε_{ij} 为应变分量。

根据图 3-20 的观察，可以得知在特定的应变范围内，胡克定律是适用的。在单向受载情况下，在未达到比例极限之前，应力 σ-应变 ε 的关系为

$$\sigma = E\varepsilon \tag{3-42}$$

式中，E 为杨氏模量。表 3-1 列出了一些动物和人类(20～39 岁)湿骨的力学性能。通过观察表 3-1，可以得出以下结论：所有骨骼在受压时的强度极限和极限应变均高于受拉时的值；在拉伸时，骨骼的杨氏模量高于在压缩时的杨氏模量。这些差异的原因在于骨骼结构的非均匀性。以成年人股骨(密质骨)为例，其弯曲强度极限为 160MPa，拉伸时的剪切强度为(54.1±0.6)MPa。因此，拉伸时的杨氏模量为 3.2GPa。骨骼的强度受多种因素的影响，如动物的年龄、性别、骨骼位置、加载方向、应变速率以及实验样本的湿度等，其中应变速率的影响尤为重要。应变速率越大，强度极限也越大。

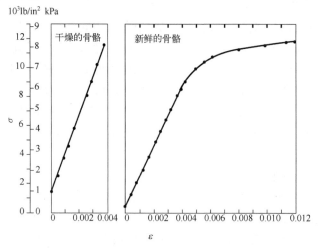

图 3-20　人体股骨单向拉伸时的应力-应变曲线
1lb=0.45359kg

表 3-1　湿的骨(密质骨)在拉伸、压缩和扭转时的力学性能

骨	马	牛	猪	人(20~39 岁)
拉伸强度极限/MPa				
股骨	121±1.8	113±2.1	88±1.5	124±1.1
胫骨	113	132±2.8	108±3.9	174±1.2
肱骨	102±1.3	101±0.7	88±7.3	125±0.8
桡骨	120	135±1.6	100±3.4	152±1.4
最大伸长百分比/%				
股骨	0.75±0.008	0.88±0.020	0.68±0.010	1.41
胫骨	0.70	0.78±0.008	0.76±0.028	1.50
肱骨	0.65±0.005	0.76±0.006	0.70±0.033	1.43
桡骨	0.71	0.79±0.009	0.73±0.032	1.50
拉伸时的杨氏模量/GPa				
股骨	25.5	25.0	14.9	17.6
胫骨	23.8	24.5	17.2	18.4
肱骨	17.8	18.3	14.6	17.5
桡骨	22.8	25.9	15.8	18.9
压缩强度极限/MPa				
股骨	145±1.6	147±1.1	100±0.7	170±4.3
胫骨	163	159±1.4	106±1.1	
肱骨	154	144±1.3	102±1.6	
桡骨	156	152±1.5	107±1.6	
最大压缩百分比/%				
股骨	2.4	1.7±0.02	1.9±0.02	1.85±0.04
胫骨	2.2	1.8±0.02	1.9±0.02	
肱骨	2.0±0.03	1.8±0.02	1.9±0.02	
桡骨	2.3	1.8±0.02	1.9±0.02	
压缩时杨氏模量/GPa				
股骨	9.4±0.47	8.7	4.9	
胫骨	8.5		5.1	
肱骨	9.0		5.0	
桡骨	8.4		5.3	
拉伸时的剪切强度/MPa				
股骨	90±1.5	91±1.6	65±1.9	54±0.6
胫骨	89±2.7	95±2.0	71±2.8	
肱骨	90±1.7	86±1.1	59±2.0	
桡骨	94±3.3	93±1.8	64±3.2	
扭转杨氏模量/GPa				
股骨	16.3	16.8	13.5	3.2
胫骨	19.1	17.1	15.7	
肱骨	23.5	14.9	15.0	
桡骨	15.8	14.3	8.4	

　　成熟的长骨(除了关节部分)表面覆盖着一层骨膜。骨膜的内层含有许多活性细胞,它们的增殖促进了骨的生长,称为骨发生层。成熟后,骨发生层主要由毛细血管网构成。在

骨膜的外层存在纤维质,它是骨膜的主要组成成分。当骨骼受到损伤时,骨膜内层的细胞将转化为骨细胞。骨骼中约有三分之二的重量或一半以上的体积由无机物组成,主要成分是羟基磷灰石[$3Ca_3(PO_4)_2 \cdot Ca(OH)_2$]。羟基磷灰石是微小的结晶体,约长 200Å,横截面面积为 $2500Å^2(50 \times 50Å^2)$。其次是胶原纤维。羟基磷灰石晶体沿着胶原纤维的长度方向排列。胶原纤维的排列方式因骨的类型而有所差异。胶原纤维通常以整齐的薄片层状存在,每一层中的纤维平行于彼此,并与相邻层近似呈直角地交错排列。在松质骨中,纤维的排列则更为杂乱。骨是一种由胶原纤维和羟基磷灰石组成的复合材料,具有出色的力学性能。羟基磷灰石在轴向上的杨氏模量约为 165GPa,与常用的金属材料相当(钢的杨氏模量为 200GPa,6061 合金铝为 70GPa)。胶原纤维虽然不完全符合胡克定律,但其切向模量约为 3.54GPa。骨的杨氏模量(人体股骨在拉伸时约为 18GPa)位于羟基磷灰石和胶原纤维之间,但其材料的力学性能优于二者。这是因为骨既能避免硬材料的脆性破坏,又能避免软材料的过早屈服。复合材料的力学性能(如杨氏模量、剪切模量、黏弹性以及在破坏时的极限应力和应变等)不仅与复合材料本身的性质有关,也与骨的结构相关。例如,复合材料的几何形状、纤维与基质的连接方式以及纤维连接点的结构等因素都会影响其性能。人们曾对骨的强度与骨的质量密度进行了实验研究。Amtmann 和 Schmitt 通过 X 光照片分析了人体股骨中钙的分布,并测定其质量密度,然后将其与钙分布进行比较。强度与密度之间的相关系数仅为 0.40~0.42。

3.2.3　软骨的微结构

软骨和骨骼都是特殊的结缔组织,由三种要素构成:细胞、嵌入细胞的基质和分布于整个组织的纤维系统。在胚胎发育早期,大部分组织是软骨,而后逐渐转化为骨组织。在成年期,软骨主要存在于关节、胸骨、喉管、气管、支气管和耳部等区域。软骨细胞的嵌入方式、基质的外观以及纤维分布的特性因组织而异。根据这些特征,软骨通常可以分为透明软骨、纤维软骨(含有大量胶原纤维)和弹性软骨(含有大量弹性纤维)。透明软骨主要存在于肋骨、气管、支气管和大部分关节软骨中。当在软骨表面进行刺激时,会留下一条明显的"分裂线"。研究发现,软骨的胶原纤维排列具有方向性,随着年龄的增长胶原纤维的数量也增多。纤维软骨常分布在椎间盘、关节盂、关节软骨盘、耻骨联合之间的联系物和关节软骨上肌腱关节囊韧带的附着部分。弹性软骨分布在外耳、喉部和会厌等区域。

这些不同位置的软骨具有不同的功能。椎间盘具有弹性,能承受作用在脊柱上的负荷,同时保持脊椎骨的稳定性。肋骨末端的软骨提供所需的活动度。连接软骨位于长骨末端,为关节提供润滑表面,其正常功能是吸收冲击和承受负荷。人类的支气管中软骨较少,但是海豹等水生动物的支气管中含有较多的软骨。当它们深潜时,软骨可以防止支气管过早闭合,以确保肺泡中的氮气排出。

软骨是一种复杂的组织,具有特定的超微纤维排列,并且具有生理反应和复杂的流变特性。接下来讨论软骨的黏弹性和摩擦问题。

3.2.4　软骨的力学性质

软骨是一种多孔的黏弹性材料,其组织间隙充满液体。在受到应力时,液体可以在组织中流动(膨胀时流入,收缩时流出),软骨的力学性能会随着液体含量的变化而改变。实际上，液体在应力下的流动似乎是这种无血管组织获取营养的主要途径。因此，研究应力-应变关系不仅对于了解软骨传递载荷的特性至关重要，而且对于了解组织的健康状况也具有重要意义。胡流源等用关节软骨平板带状试件做了实验，发现均有滞后环，应力峰值随应变率增大略有增长。如图 3-21 所示，根据单轴拉伸应力松弛实验的结果，归一化松弛函数 $G(t) = T(t) / T_0$ 的取值是在时间 t 约为 250ms 时确定的。而真正的归一化松弛函数 $T(t) / T_0$ 应在 $t = 0$ 时确定。在伸长比很小时（$\lambda = 1.05$），应力在 15min 达到松弛状态，但当伸长比较大时（$\lambda = 1.16 \sim 1.29$），应力松弛过程到 100min 以后仍在进行。可以看出，松弛函数与伸长比有关，但是否做预调制其影响不大。胡流源等采用准线性黏弹性理论来确定关节软骨的力学性能与时间之间的关系。假设松弛函数 Φ 是应变和时间的函数，可以表示为

$$\Phi = \Phi[E(t), t] = G(t) S^{(e)}[E(t)] \tag{3-43}$$

式中，$S^{(e)}$ 为弹性响应；$G(t)$ 为归一化松弛函数。应力-应变的关系取积分形式为

$$
\begin{aligned}
S(t) &= \int_{-\infty}^{t} G(t-\tau) \dot{S}^{(e)}(\tau) \mathrm{d}\tau \\
&= S^{(e)}[E(t)] - \int_{0}^{t} \frac{\partial G(t-\tau)}{\partial \tau} S^{(e)}(\tau) \mathrm{d}\tau
\end{aligned} \tag{3-44}
$$

一旦模型中力学性能函数 $G(t)$ 和 $S^{(e)}[E(t)]$ 被确定，则应力时间函数 $S(t)$ 可用已知的应变历程 $E(t)$ 确定。根据冯元桢的理论，$G(t)$ 为

$$G(t) = \{1 + C[E_1(t/\tau_2) - E_1(t/\tau_1)]\} / [1 + C\log(\tau_2/\tau_1)] \tag{3-45}$$

式中，E_1 为指数积分函数；C、τ_1、τ_2 为材料常数，用最小二乘法确定。根据 Powell 方法，得到 $\tau_1 = 0.006\,\mathrm{s}$，$\tau_2 = 8.38\,\mathrm{s}$，$C = 2.02$。

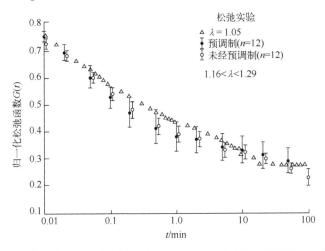

图 3-21 伸长比较小（$\lambda = 1.05$）和较大（$\lambda = 1.16 \sim 1.29$）时构造软骨的归一化松弛函数

同一试件在周期性加载-卸载过程中测得的应力数据（图 3-22）相当于一系列按一定斜度外延的锯齿波，由此可确定弹性响应 $S^e[E]$。这里假设 S^e 为一个 E 的幂级数：

$$S^{(e)} = S^{(e)}[E] = \sum_{i=1}^{n} a_i E^i \tag{3-46}$$

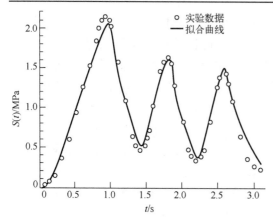

图 3-22　加载-卸载前三个循环应力响应的
实验数据与方程(3-46)的理论结果相比较

将方程(3-46)代入方程(3-44)，并把 $G(t)$ 用方程(3-45)代入，产生一线性方程组。解之得常数 a_i。用数字积分和最小二乘法求得常数 $n=2$ 时，$a_1=30$MPa，$a_2=56$MPa。图 3-22 将实验测得的 Kirchhoff 应力-时间关系与按准线性黏弹性模型计算结果做了比较。阶数 n 越大结果越接近。

当试件承受阶跃拉伸时计算的 S^e 要比在 250ms 能测得的应力水平大得多，表明在第一个 250ms 的时间内已有相当大的应力松弛。

根据周期性反复拉伸数据来求弹性响应的方法是非常有效的。关节软骨在很短时间内迅速松弛是由于组织第一次承受应力时，液体由组织中流出而造成的。

毛照宪等也发现关节软骨在受压时有类似的快速应力松弛现象，认为快速松弛是由组织中液体被挤出所致。图 3-23 是毛照宪等应用阶跃压缩过程中的应力响应以及液体运动的动态效应所做的研究（OAB 为压缩阶段，BCDE 为应力松弛阶段）。

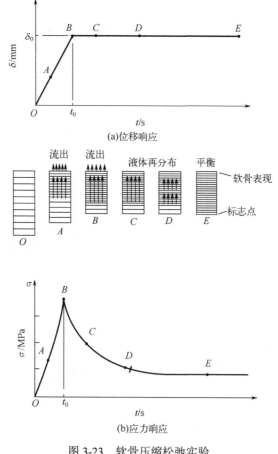

图 3-23　软骨压缩松弛实验

3.3　韧带、肌腱

3.3.1　韧带和肌腱的微结构

　　韧带和肌腱是致密的纤维状软结缔组织：韧带连接骨骼和骨骼并支撑内部器官，而肌腱连接肌肉和骨骼(图 3-24)。它们主要由嵌入水、蛋白聚糖和糖蛋白的基质中的胶原蛋白和弹性蛋白纤维组成，所有这些都是由常驻细胞产生和调控的。胶原蛋白是主要的承重成分，也是最丰富的蛋白质，占组织干重的 65%～80%。它有一个众所周知的层次组织：胶原分子堆积在一起形成胶原原纤维，胶原原纤维聚集形成胶原纤维，胶原纤维排列成明显的、平行的、波浪状的束，称为束。

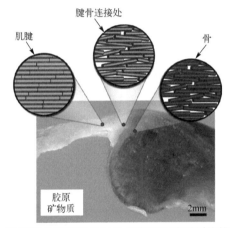

图 3-24　肌腱到骨连接部分以及相应部位胶原纤维排列示意图

　　许多胶原组织、韧带和肌腱表现出长期的黏弹性行为：它们在保持恒定位移时会松弛，而在承受恒定载荷时会蠕变。它们的长期黏弹性的起源仍然未知，但最近被归因于胶原蛋白。为了研究胶原蛋白的内在黏弹性，通常测试在鼠尾肌腱中发现的束。这是由于它们的胶原蛋白含量高：鼠尾腱束干重的 90%～95% 由胶原蛋白组成。在 Rigby 等的早期研究中，从鼠尾肌腱中分离出的束被用于确定温度对应力松弛的影响。近年来，一些工作对鼠尾肌腱进行了力学测试，以了解蛋白多糖和胶原纤维滑动在应力松弛中的作用。在这些研究中，进行了增量应力松弛测试或单一应变水平的应力松弛测试。然而，这些研究都没有表征这些束的应变依赖性应力松弛响应。

　　研究韧带和肌腱的应变依赖性应力松弛对于设计具有类似于天然组织的力学性能的替代移植物以及建立手术重建方法和术后康复方案至关重要。例如，在重建手术期间，韧带、肌腱和它们的替代移植物经常被外科医生以特别的方式拉紧，以达到所需的张力。然而，由于组织的黏弹性取决于施加的应变，这种张力会随着时间的推移而降低。张力过度降低会产生不利影响：它会导致组织松弛，使人容易受伤复发，并导致其他肌肉骨骼疾病，如骨关节炎。因此，应力松弛对韧带、肌腱及其替代移植物施加应变的依赖性必须准确表征，以建立外科手术指南并提高其效果。

3.3.2 韧带和肌腱的力学性质

用于软胶原组织的最流行的黏弹性模型是 Fung 提出的准线性黏弹性(QLV)模型。应力松弛的 QLV 模型如下:

$$\sigma(\varepsilon,t)=\int_0^t \frac{\partial R(\varepsilon,t-\tau)}{\partial \varepsilon}\frac{d\varepsilon}{d\tau}d\tau=\int_0^t G(t-\tau)\frac{d\sigma^e(\varepsilon)}{d\varepsilon}\frac{d\varepsilon}{d\tau}d\tau \qquad (3\text{-}47)$$

式中,$\sigma(\varepsilon,t)$ 为压力;ε 为应变;t 为时间;$R(\varepsilon,t-\tau)$ 为松弛函数;$G(t-\tau)$ 为归一化松弛函数;$\sigma^e=\sigma^e(\varepsilon)$ 为瞬时弹性响应。在方程式(3-47)中的 QLV 模型中,松弛函数 $R(\varepsilon,t)$ 被假设为时间和应变的可分离函数,因此采用形式 $R(\varepsilon,t)=G(t)\sigma^e(\varepsilon)$。该假设要求由 $G(t)$ 定义的时间相关弛豫行为对于任何应变都相同。QLV 模型因其易于实施而具有吸引力:单应变水平的准静态拉伸试验和应力松弛试验足以计算其参数。在过去几年中,人们已经研究了与 QLV 模型的参数和预测能力的数值确定相关的一些问题。然而,最近的实验证据表明,韧带和肌腱中的应力松弛是依赖于应变的,因此不能使用时间和应变的可分离松弛函数来建模。

这里提出了一种不可压缩的横向各向同性非线性黏弹性本构模型,用于描述胶原纤维主要沿一个生理负荷方向(如韧带和肌腱)排列的软胶原组织中的应力松弛。该模型是在 Pipkin 和 Rogers 提出的非线性黏弹性框架内制定的,该框架考虑了 Rajagopal 和 Wineman 对各向异性材料的最新理论发展。

1. 本构模型

为了描述软胶原组织的非线性黏弹性行为,考虑了 Pipkin 和 Rogers 提出的积分级数表示。正如其他研究者之前所做的那样,仅使用积分级数的第一项,它是具有非线性被积函数的单一积分。必须注意的是,这种单一积分表示对于小应变等效于用于韧带和肌腱的非线性叠加模型。

第一类 Piola-Kirchhoff 应力张量 $P(t)$ 在任何时候(t)都具有以下形式:

$$P(t)=-pF^{-T(t)}+F(t)\left\{R[C(t),0]+\int_0^t \frac{\partial R[C(\tau),t-\tau]}{\partial(t-\tau)}d\tau\right\} \qquad (3\text{-}48)$$

式中,$F(t)$ 为变形梯度张量;$C(t)=F(t)^T F(t)$ 为右 Cauchy-Green 变形张量;$R[C(\tau),t-\tau]$ 为张量松弛函数;p 为考虑不可压缩性的拉格朗日乘数。相关推导过程详见参考文献 Davis FM,2012。

2. 单轴拉伸实验

通过沿长轴加载鼠尾腱束收集的实验数据对所提出的模型进行了测试。假设束发生等容均匀轴对称变形,如图 3-25 所示,定义为

$$r=\lambda(t)^{-1/2}R, \quad \theta=\Theta, \quad z=\lambda(t)Z \qquad (3\text{-}49)$$

式中,(R,Θ,Z) 和 (r,θ,z) 分别表示参考配置和变形配置中通用点的坐标;$\lambda=\lambda(t)$ 为轴向拉伸。在参考配置和当前配置中的正交基 $\{E_R,E_\Theta,E_Z\}$ 和 $\{e_r,e_\theta,e_z\}$ 分别被定义,以使得 E_Z

和 e_z 是平行于加载方向的单位向量。此外，假设胶原纤维在参考构型中沿 E_Z 排列，因此 $m = E_Z$（图 3-25）。

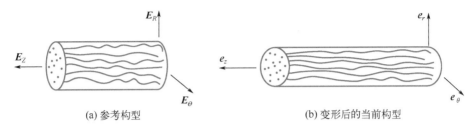

(a) 参考构型　　　　　　　　　　　　　　　　　(b) 变形后的当前构型

图 3-25　鼠尾腱束变形示意图

由此可见，变形梯度张量 $F(t)$ 和右 Cauchy-Green 变形张量 $C(t)$，由式（3-50）给出：

$$\begin{cases} F(t) = \dfrac{1}{\sqrt{\lambda(t)}} e_r \otimes E_R + \dfrac{1}{\sqrt{\lambda(t)}} e_\theta \otimes E_\Theta + \lambda(t) e_z \otimes E_Z \\ C(t) = \dfrac{1}{\sqrt{\lambda(t)}} E_R \otimes E_R + \dfrac{1}{\sqrt{\lambda(t)}} E_\Theta \otimes E_\Theta + \lambda^2(t) E_Z \otimes E_Z \end{cases} \tag{3-50}$$

定义瞬时弹性应力的第一个 Piola-Kirchhoff 应力张量可以通过代入张量松弛函数来计算。在时间 $t = \tau$ 时，将式（3-50）代入式（3-48）。假设测试束侧面上的无牵引边界条件导致式（3-48）中的 $p = 0$，那么第一个 Piola-Kirchhoff 应力张量的唯一非零分量具有以下形式：

$$P_{zz}(t) = \lambda(t) c_1 [\mathrm{e}^{c_2(\lambda^2(t)-1)} - 1] \tag{3-51}$$

应力松弛可以使用式（3-48）、式（3-50）和张量松弛函数建模。假设 $\lambda(t) = \lambda$ 是常数。然后，定义应力松弛的第一个 Piola-Kirchhoff 应力张量的唯一非零分量为

$$P_{zz}(t) = \lambda c_1 [\mathrm{e}^{c_2(\lambda^2-1)} - 1][1 - \alpha(\lambda^2) \mathrm{e}^{-t\beta(\lambda^2)} + \alpha(\lambda^2)] \tag{3-52}$$

总之，对于受到单轴等容轴对称变形的平行纤维胶原组织，需要确定两个参数（c_1 和 c_2）来表征瞬时弹性行为，而相同的参数 c_1 和 c_2 需要找到两个函数 $\alpha(\lambda^2)$ 和 $\beta(\lambda^2)$ 来表征应力松弛行为。

通过将鼠尾肌腱束沿其长轴拉伸，在应力松弛实验期间保持恒定。发现这些位移对应于低于 1.0566（$E_{zz} = 5.82\%$）的轴向拉伸值，并且获得的实验数据落在应力-应变曲线的线性区域内。图 3-26 显示了一个代表性的鼠尾肌腱束轴向应力-拉伸曲线，随后在 1.0199（$E_{zz} = 2.00\%$）的轴向拉伸下测试了应力松弛。可以清楚地看到，该肌腱束表现出典型的软胶原组织的非线性弹性应变-硬化行为。

所提出的束的瞬时弹性响应模型可以很好地拟合轴向应力-拉伸数据，并且 $0.86 < R^2 < 0.99$。图 3-27 给出了与代表性轴向应力-伸长率拟合的模型，其中，模型拟合数据 $c_1 = 20.27$MPa，$c_2 = 14.15$（$R^2 = 0.99$）。通过拟合从每个鼠尾肌腱束收集的轴向应力-拉伸数据获得的参数 c_1 和 c_2 的值与图 3-27 中的最大轴向拉伸数据作图。注意，最大轴向拉伸是在

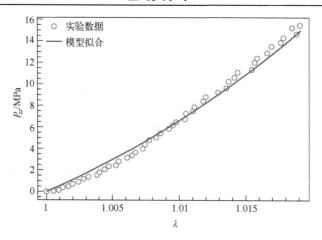

图 3-26　采集大鼠尾肌腱束的典型拉伸轴向应力-伸长率曲线

随后的应力松弛实验期间保持恒定的轴向拉伸。参数 c_1（初始弹性模量）值的范围为 $1.424\sim331\text{MPa}$，参数 c_2（应变硬化参数）值的范围为 $0.77\sim69.27\text{MPa}$。

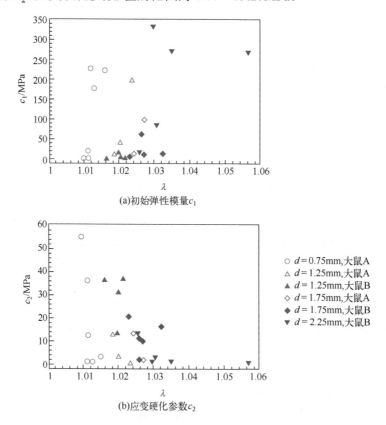

(a)初始弹性模量 c_1

○ $d=0.75\text{mm}$，大鼠A
△ $d=1.25\text{mm}$，大鼠A
▲ $d=1.25\text{mm}$，大鼠B
◇ $d=1.75\text{mm}$，大鼠A
◆ $d=1.75\text{mm}$，大鼠B
▼ $d=2.25\text{mm}$，大鼠B

(b)应变硬化参数 c_2

图 3-27　参数 c_1（初始弹性模量）和参数 c_2（应变硬化参数）与轴向拉伸的关系
（由位移 d 决定，在应力松弛实验中保持恒定）

通过使大鼠尾腱束经受 $0.75\sim2.25\text{mm}$ 的恒定位移来收集应力松弛数据。由于样本间的变异性，发现应用于不同束的相等位移会引起不同的轴向拉伸。在应力松弛实验中使用的位移在束中产生了从 1.0098（$E_{zz}=0.98\%$）到 1.0566（$E_{zz}=5.82\%$）的轴向拉伸。由初始应力值归一化的应力松弛数据如图 3-28 所示，用于五个代表性的束，其中 λ = 1.0112、1.0162、1.0204、1.0264 和 1.0349，分别对应轴向应变 E_{zz} = 1.13%、1.65%、2.06%、2.67% 和 3.55%。轴向应力 P_{zz} 由 t = 0 时的轴向应力 $P_{zz}(0)$ 归一化。从图 3-28 可以看出，应力松弛曲线的形状随着轴向拉伸（或应变）的变化而变化。这些结果表明 QLV 模型不能用于描述大鼠尾腱束的应力松弛行为。根据 QLV 模型，等式中的归一化应力松弛函数式（3-47）中的 $G(t)$ 与应变无关，因此无论考虑的应变水平如何，都应该是相同的。

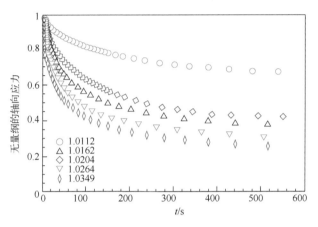

图 3-28　轴向拉伸处归一化应力松弛曲线

3.4　皮　肤　力　学

3.4.1　皮肤的组成

皮肤是由表皮层、真皮层和皮下组织三层组成的典型层状结构，如图 3-29 所示。皮肤在人体中的位置、年龄及性别等因素决定了皮肤层的厚度、结构和功能。真皮层的血液循

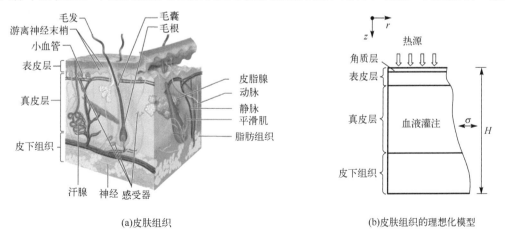

(a)皮肤组织　　　　　　　　　　　(b)皮肤组织的理想化模型

图 3-29　皮肤组织示意图

环、皮肤层的神经等使得皮肤组织的微结构进一步复杂化。图 3-30 给出了皮肤组织的大分子构成，包含真皮层的胶原、蛋白多糖(PGs)和透明质酸。

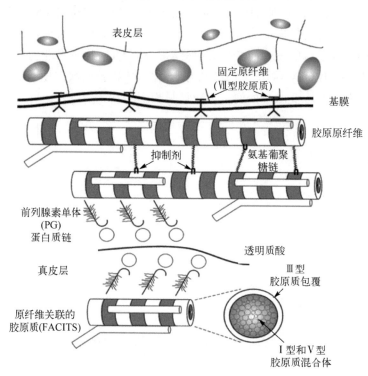

图 3-30　皮肤组织的大分子构成

皮肤的温度调节功能是通过动脉、静脉、毛细血管中的血液循环来实现的，皮肤中的血液循环及血液对皮肤组织温度的调节作用，如图 3-31 所示。皮肤中大部分的微脉管系统

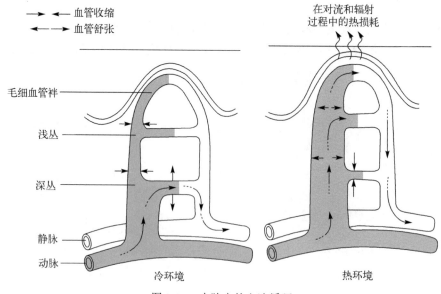

图 3-31　皮肤中的血液循环

主要集中于表皮层以下 1～2μm 的真皮层中。在真皮乳状突起层中的毛细血管的直径为 10～35μm，真皮层的中间层及深层中的毛细血管的直径为 40～50μm。身体的某些部位如肢体末端真皮层中存在动脉、静脉直接接合的动静脉吻合（arteriovenous anastomosis，AVA）支（图 3-32）。AVA 存在于深层真皮层中，与汗腺相邻。在 AVA 中，动脉血直接分流到静脉管中，因此对于温度的调节具有重要作用。

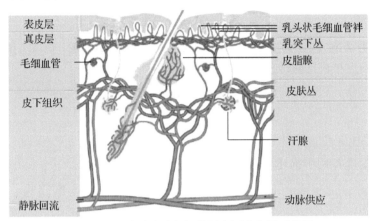

图 3-32　血液对皮肤组织的温度调节作用示意图

3.4.2　皮肤的力学性质

1. 杨氏模量、刚度和泊松比

杨氏模量是反映材料力学性能的基本参数之一，其国际单位是 N/m^2。刚度是体现材料抵抗变形的一个重要参数，其含义是物体受力时抵抗挠曲和变形的能力。杨氏模量的物理符号通常用 E 表示，它一般通过纵向应力引起相应的应变来测量，也称为弹力模量、弹性模量或拉伸模量。剪切模量的物理符号用 G 表示，反映的是横向应力与横向应变之间的关系，各向同性均匀介质中的剪切波的传播速度与剪切模量密切相关。剪切模量也称为刚度模量。体积弹性模量的物理符号用 K 表示，用于反映材料在外力作用下的体积变化。此外，各向同性均质固体介质的另一参数是泊松比，其定义为单位宽度上的横向应变与单位长度上的纵向应变之比的绝对值。这些参数分别描述如下。

杨氏模量 E 是通过纵向应力与其引起的应变之间的比值来定义的，具体数学表达式如下：

$$E = \frac{F / A_0}{\Delta L / L_0} = \frac{FL_0}{\Delta L A_0} \tag{3-53}$$

式中，F 为施加在物体上的力；A_0 为受力的初始横截面积；ΔL 为物体长度的变化量；L_0 为物体的初始长度。

刚度 k 是通过纵向外力引起的变形量来定义的，其数学表达式如下：

$$k = F / \delta \tag{3-54}$$

式中，F 为所施加的力；δ 为相应的挠度。

刚度与杨氏模量的关系为

$$k = E\frac{A_0}{L_0} \tag{3-55}$$

式中，A_0 为施加外力的面积；L_0 为材料沿外力施加方向的初始长度。

剪切模量 G 的数学表达式为

$$G = \frac{F/A}{\Delta x/h} = \frac{Fh}{\Delta xA} \tag{3-56}$$

式中，F/A 为剪切应力，A 为力 F 的作用面积；$\Delta x/h$ 为剪切应变；长度 h 的变化量为 Δx。

对于各向同性材料，剪切模量 G 和杨氏模量 E 的关系如下：

$$G = \frac{E}{2(1+\nu)} \tag{3-57}$$

式中，ν 为泊松比。

体积弹性模量 K 用于描述材料在外力作用下的体积变化：

$$K = -V\frac{\partial p}{\partial V} \tag{3-58}$$

式中，p 为压力；V 为体积；$\partial p/\partial V$ 代表压力对于体积的偏导数。体积弹性模量的倒数即为物体的压缩系数。

泊松比 ν 是各向同性均质固体的另一个力学性能参数，其数学表达式为

$$\nu = \varepsilon_{\text{trans}}/\varepsilon_{\text{axial}} \tag{3-59}$$

式中，$\varepsilon_{\text{trans}}$ 为横向应变；$\varepsilon_{\text{axial}}$ 为轴向应变。

严格来说，皮肤与均质材料的传统力学特性有很大不同。皮肤不是简单的各向同性材料，没有独特的单一杨氏模量与单一剪切模量，并且皮肤的力学性质是非线性的。上述皮肤的这些力学参数并不是材料常数，而是随着所施加的外力的变化而变化。不过，任何弹性材料，也包括皮肤的基本弹性力学行为都能够基于这些材料参数反映出来，尤其对于皮肤弹性行为的刻画，杨氏模量与泊松比是最常用到的两个力学参数。

表 3-2～表 3-5 分别总结了人类皮肤的在体杨氏模量值、离体杨氏模量值，动物皮肤的杨氏模量值，以及皮肤角质层的离体杨氏模量值。这些数据表明，杨氏模量的测量值之间存在很大的不同，皮肤的杨氏模量测量值差异可高达数千倍。主要原因在于所用的理论模型和采用的测量方式，具体包括：①用来推导力学参数的本构模型不同，在这些模型中，大部分都受外部变量（如施加的外力）的影响；②解剖结构的差异与所采用的测量技术不同；③皮肤内部初始应力未被考虑，而皮肤内部的初始应力存在很大的个体差异；④皮肤的非线性应力-应变行为产生的变形量不完全相同；⑤水化状态存在差异；⑥皮肤几何尺寸，如厚度不同；⑦实验试样的标准尺寸存在差异。此外，其他可能的原因是不同皮肤试样中弹性蛋白与胶原质的质量比有差异，这可以从它们的杨氏模量的显著差异（例如，胶原质的杨氏模量 $E=100\sim1000\text{MPa}$，而弹性蛋白的杨氏模量 $E\approx0.3\text{MPa}$）上体现。

表 3-2 人类皮肤杨氏模量的在体实验测量

皮肤试样		测量值/kPa	方法	年龄与性别
人类前臂		18000~57000	抽吸	20~70 岁
		300~1100	拉伸	
		457.8（应变 40%） 35（低应变）	拉伸 （变形测量仪）	
		14.0 ± 5.0（松弛） 58.8 ± 1.7 （手中握力 5 kg，比原始厚度 提高 26%）	压痕	
		1.51		男性
		1.09		女性
		140	抽吸	25 岁前，男性
		160		25 岁前，女性
		110	抽吸 （回波流变仪）	28.3±6.2 岁，男性
		120		27.8±8 岁，女性
人类前臂外侧		23 ～ 107	扭转	6~61 岁
		420		30 岁前
		850		30 岁后
大腿		1.99	压痕	男性
小腿	垂直于胫骨轴	4600	拉伸	
	平行于胫骨轴	20000		
前臂前部		1100~1320	扭转	65 岁后
		250	抽吸	
前额		230		60 岁后，男性
		270		60 岁后，女性
		210		28.3±6.2 岁，男性
		250		27.8±8 岁，女性
前臂掌侧		80~260	抽吸 （回波流变仪）	6 个月~90 岁
		79+（1.7×年龄）	成年男性	
		102+（1×年龄）	成年女性	
手指	表皮	180	压痕	
	真皮	18		

表 3-3 人类皮肤杨氏模量的离体实验测量

皮肤试样		测量值/kPa	方法	年龄
人类腹部		5.0	单轴拉伸	—
人类小腿	平行于胫骨轴	680	变形测量仪	—
	垂直于胫骨轴	170		—
人类尸体 手指	表皮	136	压痕	—
	真皮	80		
人类手指皮肤		2.16(0%应变) 26.5(50%应变)	单轴拉伸	—
人类乳房皮肤		100	拉伸	47~86 岁
人类癌变皮肤		51.88	-27℃压缩	—

表 3-4　动物皮肤组织杨氏模量的测量结果

皮肤试样		测量值/kPa	方法
猫皮肤，离体实验		500	单轴拉伸
老鼠皮肤	背部皮肤	4.8(低应变)	单轴拉伸
		240(高应变)	
		1182	
	腰部皮肤	240±70	单轴拉伸
	腹部皮下组织，雄性	4.77(瞬时)	单轴拉伸
		2.75(平衡)	
青蛙皮肤，离体实验	雄性	33500～38400	拉伸
	雌性	10400～12000	
兔子皮肤		60(剪切储能模量)	超声波
		32.5(损耗模量)	
		0.56(0应变)	单轴拉伸
		2.65(50%应变)	
猴子指部皮肤，在体	表皮	140	压痕
	真皮	14	

表 3-5　皮肤角质层杨氏模量的离体实验测量结果

皮肤试样	杨氏模量/MPa	相对湿度	温度/°C
猪耳皮肤	2000	30%	25
	200	75%	25
	6	100%	25
新生鼠皮肤	8900	26%	25
	2400	68%	25
	12	100%	25
	2600	32%	37
	110	32%	60
人类皮肤	210	76%	17～21
	540	85%	—
	2700～3700	—	—
猪皮肤	120	干态	—
	26	湿态	—

对于皮肤组织泊松比的测量，其测量技术难度较大。在实验测试时，对于具有不同宽度和长度的试样，宽度的变化(通常很小)对泊松比的测量结果影响显著，试样在宽度的测量中即使是产生非常小的误差，也会导致泊松比的测量结果产生相当大的差异。在很多皮肤力学性能的数值/实验和模拟计算中，泊松比通常进行各种假设：泊松比取为一系列不同的值，如 0.3、0.33、0.4、0.48、0.495 和 0.5。

在实验测试方面，母牛乳头皮肤的单轴和双轴泊松比的测试结果表明，泊松比并不是各向同性的，很大程度取决于试样的长宽比。如果应变值小于 0.1，母牛乳头皮肤的泊松比测试结果远大于 1.0。因此，力学上可将皮肤视为开放的神经纤维网，并非某种连续介质。Ankersen 等基于被动应变测量值(厚度的微小变化被忽略)计算了猪皮肤的泊松比；泊松比测量值的范围为 0.0～1.0，标准差为 0.25，均值约为 0.6。Kenedi 等也发现泊松比取决于主动应变，例如，人体腹部皮肤的泊松比在低应变下的 0.1 到高应变下的 1.1 的范围之间变化。Tilleman 等基于径向长度(即径向应变)和组织厚度(即轴向应变)计算出泊松比为 0.43。并且人们发现，猪皮肤的泊松比不是一个恒定的常数，而是取决于所施加的应变和加载速率。对于典型的生理加载水平，泊松比为 0.45～0.50，变化范围较小。

现有的皮肤泊松比数据总结如表 3-6 所示。需要注意的是，泊松比超过 0.5 的情况(表明张力作用下的体积减小)在三维连续介质中是不会出现的。表 3-6 中的泊松比数值只是可能的取值，这是由于在宏观尺度上皮肤被假设为均匀化的固体连续介质，而皮肤实际上是一种由分布在软基体中的相当硬的纤维所组成的复杂的复合层状介质。

2. 压缩系数

体积压缩系数按照力学概念可以定义为 $\Delta V/(V/P)$，其中 ΔV 是在保持温度一定、受到压力大小 ΔP 的情况下，体积 V 的变化量。

表 3-6　皮肤组织的泊松比

皮肤试样		泊松比	方法
母牛乳头皮肤		≫1.0	双轴测量，应变小于 0.1
猪腿皮肤，离体实验		0.48	压缩测量
人前臂皮肤		0.45～0.50	压痕测量
猪皮，离体实验	背部皮肤，纵向	0.00～0.51(平均值 0.28)	单轴拉伸
	背部皮肤，横向	0.18～1.00(平均值 0.55)	
	腹部皮肤，纵向	0.71～0.95(平均值 0.88)	
	腹部皮肤，横向	0.52～0.60(平均值 0.57)	
癌变皮肤		0.43±0.12	压缩测量

在压缩载荷的直接作用下，当压力达到 0.3MPa 时，皮肤将会失去超过 50%的水分。von Gierke 指出，人体软组织(包括皮肤、皮下组织及内脏组织)的体积压缩系数为 0.38m²/GN。North 和 Gilbson 在人体皮肤上得到了相近的值(0.30m²/GN)，这个结果说明人体皮肤的体积压缩性小于蒸馏水(0.46m²/GN)。这些实验结果表明，皮肤在受到约束的条件下是很难被压缩的。基于 North 和 Gilbson 的实验结果，Vossoughi 和 Vaishnav 计算了皮肤的剪切模量(泊松比被假定为 0.5)和体积弹性模量，结果表明皮肤的体积弹性模量比剪切弹性模量要高出 2～3 个数量级。因此，皮肤力学的解析和实验研究中，皮肤组织可以被作为不可压缩处理。

尽管对于拉伸加载条件而言，皮肤本构模型中软组织的压缩系数可以被忽略，但是也有人指出猪皮肤在承受压力时是可压缩的。即使在无侧限压缩状态下，猪皮肤试样的体积也会随压缩变形量的增加而变化。Wu 等发现,虽然猪皮肤的压缩系数非常小,但它的体积压缩率却随压应力的变化成非线性关系,并会随加载速率而变化。

3. 强度

强度分为抗拉强度、抗压强度和抗剪强度,它们分别反映了拉伸应力、压缩应力和剪切应力的极限状态。在这些强度指标中,抗拉强度是最常用的,其被定义为材料在破坏前所能承受的极限拉应力。

皮肤的强度是衡量康复过程的一个指标。例如,瘢痕组织的创伤康复程度与其力学强度成正比关系。Beckwith 等和 Glaser 等主张通过单轴测量最大应力、输入功、最大刚度以及最大轴向应变来确定瘢痕组织强度的标准化方法,该方法在随后的工作中成为最常用的方法。Jansen 和 Rottier 收集了大量尸体皮肤在破坏时的受力与伸长方面的实验数据,这些数据表明,不同年龄组和不同年龄组之间的破坏值差别很大。Gadd 等研究了在不同加载速率和边缘形状下皮肤的强度及其抵抗破坏的能力,发现对于用金属利刃刺穿的皮肤组织而言,主要的破坏模式是拉伸破裂,而不是剪切(切割)破坏。Veronda 和 Westmann 研究了皮肤拉伸试样收缩截面的破坏状态,发现其破坏模式是表皮的破裂和层状真皮的同时蠕变破坏。这种情况归因于真皮比表皮有更好的延伸性。

皮肤抗拉强度的范围为 2.5~16MPa。抗拉强度随皮肤位置和试样尺寸而不同,且主纤维方向的抗拉强度要大于其他方向的抗拉强度,男性皮肤的抗拉强度要高于女性。人们相信皮肤抗拉强度随着年龄的增长而增大,尽管也有相反趋势的报道。抗拉强度与应变速率几乎无关,但在不同的应变速率作用下,应变量却有显著变化。在长时间的蠕变实验中,皮肤也会在非常低的应力(只有抗拉强度的 1/5)的情况下发生破坏。

胶原质结构的交联和尺寸决定了皮肤的抗拉强度。然而,皮肤破坏时的伸长量却与胶原质交联被破坏的程度无关,这表明当皮肤在应力作用下发生形变时,载荷直接作用于胶原质纤维网络上。皮肤的破坏或许是由纤维束的断裂或滑移造成的,也可能是由两者共同造成的。研究表明,皮肤的力学强度随着年龄的增长所发生的变化与皮肤中胶原质成分的改变紧密相关。

据报道,人类腹部皮肤的横向强度值为 3~14MPa(男性)和 4~13MPa(女性),而破坏时对应的应变值范围则为 1.6~2.0(男性)和 1.5~2.3(女性)。这些值存在很大的个体差异与年龄差异,而性别差异却相对较小。结缔组织和皮肤的基本抗拉强度与胶原原纤维的统计平均直径成正相关。

现有的皮肤强度试验测量值汇总如表 3-7 所示。

表 3-7　皮肤组织的强度

皮肤试样	强度/MPa	应变/%	方法
人类前额皮肤	4.6	54	拉伸
老鼠背部皮肤	0.539	—	单轴拉伸
人类胸处、颈处皮肤	11	—	—
人类腹、背、臀、足部皮肤	9.5	—	—
人类腿、手部皮肤	7.3	—	—

续表

皮肤试样		强度/MPa	应变/%	方法
人类面、头、外生殖器处皮肤		3.7	—	—
人类女性乳房皮肤，离体实验	对照	27.1	—	拉伸
	10.50Gy	24.5		
	21.00Gy	15.3		
	35.00Gy	8.0		
	52.00Gy	9.1		
青蛙皮肤，离体实验	雄性	15～16.5	59～63	拉伸
	雌性	11.5	102～126	
猪皮肤，离体实验	背部，纵向	7～27(平均值 15.0)	42(平均值)	拉伸
	背部，横向	12～28(平均值 15.2)	37(平均值)	
	腹部，纵向	8～30(平均值 19)	31(平均值)	
	腹部，横向	5～8(平均值 6.3)	96(平均值)	
	扩展前	2.50820	83.5	—
	扩展后	1.97486	71.7	—
犬背部皮肤，离体实验	扩展前	7.1532	—	—
	扩展后	4.8184	—	—
老鼠背部皮肤，离体实验		6.58～9.52(平均值 7.83)	—	—
人类皮肤，离体实验		3±1.5	9.5±1.9(整体) 9.5±1.9(局部)	动态拉伸(应变速率为 55%/s)

4. 皮肤的韧性

韧性 R 定义为材料在破裂前能够吸收的能量多少，可以基于应力-应变曲线计算其下的面积得到。有学者利用剪刀剪切实验及裤子撕扯实验来研究皮肤的韧性和裂纹扩展行为，如图 3-33 所示。

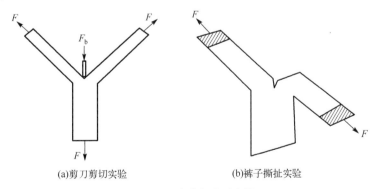

(a)剪刀剪切实验　　　　　　　(b)裤子撕扯实验

图 3-33　破裂实验示意图

对通过裤子撕扯实验所测得的非线性弹性对生物材料韧性的影响所进行的理论分析，强调了考虑试样裤腿中的能量储存的重要性，这一点得到了撕裂生物组织(包括皮肤)的实际结果的支持。裤子撕扯实验中的裤腿变形对于生物材料的意义，可以通过这项实验中用于计算 R 的解析表达式来做出评价：

$$R = (2\lambda X_f - W_0 A_0)/t \tag{3-60}$$

式中，t 代表试样厚度；λ 代表载荷 X_f 作用下试样裤腿的伸长率；W_0 代表在 X_f 处裤腿中的应变能量密度；A_0 代表整个试样的横截面面积。式(3-60)没有假设任何形式的应力-应变关系。实际上，W_0 可以通过基于材料拉伸实验(载荷逐步增加到 X_f)所得载荷-挠度曲线下的面积来确定。应当指出的是，试样裤腿中所储存的总应变能不仅取决于材料的载荷-挠度关系，还取决于所用试样的宽度。

对于裤子撕扯实验，从实验材料上剪下一块长方形试样，并将其沿着纵向长度局部撕开。如果裤腿中的能量存储和变形在可以忽略的情况下，并当裤腿中的应变较小时，可采用计算出裂口扩展过程中的破裂功作为撕开裤腿所做的功：

$$R = 2X_f/t \tag{3-61}$$

从载荷-挠度曲线图中还可以进行 R 的另一项独立的测试。相对于常数 R，实验过程中所消耗的总功 U 可以计算为

$$U = RA \tag{3-62}$$

因此，韧性 R 可以通过用由载荷-挠度曲线下的面积得到的能量除以裂纹扩展面积 A 来计算。

但是，对于软材料(如皮肤)而言，试样裤腿的应变并不满足小变形前提，因此计算韧性时必须考虑这个因素。皮肤也会表现出力学滞后，就高应变量而言，实验过程中所做的外力功等于材料中的可恢复弹性势能的假设将不再成立。

表 3-8 列出了由裤子撕扯实验和剪刀剪切实验所测量的各种生物组织的韧性。

表 3-8　皮肤的韧性和破裂后的抗力

组织		破裂抗力/(kJ/m^2)	实验方法
老鼠皮肤，离体实验，室温	延伸速率为 5mm/min	16.36(平均值)	—
	延伸速率为 50mm/min	22.55(平均值)	
	延伸速率为 500mm/min	27.81(平均值)	
老鼠皮肤，离体实验，延伸速率为 5mm/min	7°C	8.46(平均值)	—
	23°C	8.08(平均值)	
	30.5°C	12.10(平均值)	
老鼠皮肤，离体实验，颈部背部皮肤，室温，延伸速率为 50mm/min	周向	11.08±1.68	裤子撕扯实验
	纵向	16.53±1.34	
兔子皮肤		20	—
预处理人类角质层，相对湿度为 76%		3.6±0.12	—
取自人类手背部的皮肤，离体实验	周向	1.777±0.376	剪刀剪切实验
	纵向	1.719±0.674	

续表

组织		破裂抗力/(kJ/m²)	实验方法
取自人类手掌的皮肤，离体实验	平行于皮肤皱褶	2.365±0.234	—
	垂直于皮肤皱褶	2.616±0.395	—
老鼠腹部皮肤，离体实验，随机方向	—	0.588±0.152	—
人类角质层	预处理，相对湿度为85%	4.49±0.94	—
	未经预处理，相对湿度为85%	1.39±0.13	—
	预处理，相对湿度为35%	0.58±0.06	—
鸡皮肤，离体实验，沿头-尾轴线		2.323±0.399	裤子撕扯实验

5. 热膨胀系数

在传热过程中，储存于分子间的能量会发生改变。当储存的能量发生变化时，分子键的长度也会发生变化。因此，固体受热会发生膨胀，遇冷会收缩，这种对温度变化的响应可以用热膨胀系数(coefficient of thermal expansion，CTE)来表示。现有的皮肤组织的热膨胀系数测量值如表 3-9 所示。

表 3-9　组织的热膨胀系数

组织	温度范围/°C	热膨胀系数/(10^{-4}/°C)
初生老鼠的角质层	39~176，但不包括 70~86	31.8
人类脂肪	10~15	19.9
	15~37	9.2
血液，全血	15~20	2.5
	25~30	3.2
	35~40	4.0
血液，血浆	15~20	2.3
	25~30	3.1
	35~40	3.9

3.4.3　皮肤的热力学行为

随着激光、微波、放射等相关技术日趋成熟，应用热力学方法治疗皮肤损伤和其他疾病已经很普遍；这些方法主要是通过升高或降低目标区皮肤的温度，以杀死细胞或致坏死细胞变性。为了保护周围正常区域的皮肤，选择性的降温技术是必不可少的。皮肤组织热力学研究对临床医学治疗有以下贡献：①有利于热力学治疗方案的设计；②优化治疗方法以达到最佳的治疗效果，同时最大限度地减小副作用；③通过模型而非大量的试验来比较各种治疗参数指标；④通过建立模型和模拟工具来推测新的治疗手段和评价其疗效。

此外，作用于皮肤上的有害刺激(热或冷)是引起疼痛的三大原因之一。解决如何缓解疼痛的问题指明了热力学治疗手段未来的研究方向。热源性损伤是导致皮肤疼痛的主要因素(热疼痛),因此,深入了解皮肤内温度的分布、热传导过程和相关的热力学机制,将会极大地促进疼痛诱因和疼痛研究的进步。

另外,皮肤热力学的研究不仅可应用于生物医学,而且对航天和军事领域也有一定的贡献。在进行宇宙空间行走和极端温度条件下的军事行动时,需为宇航员和军事人员提供热防护服以免其受伤。

由此可见,关于皮肤热力学的研究在日常生活及其他重要领域都有着重要的实际意义。

1. 傅里叶热传导方程

经典的傅里叶热传导方程为

$$q(\boldsymbol{r},t) = -k\nabla T(\boldsymbol{r},t) \tag{3-63}$$

式中,q 为热流密度向量;k 为导热率;∇T 为温度梯度;$\boldsymbol{r}$ 为位置向量;负号表示传热方向与温度梯度方向相反。

生物组织的传热一般采用式(3-64)描述:

$$\rho c \frac{\partial T}{\partial t} = -\nabla q + \varpi_b \rho_b c_b (T_a - T) + q_{met} + q_{ext} \tag{3-64}$$

式中,ρ、c 分别为皮肤组织的密度、比热容;ρ_b、c_b 为血液的密度和比热容;ϖ_b 为充血速率;T_a 和 T 为血液和皮肤组织的温度;q_{met} 为皮肤组织中的代谢发热量;q_{ext} 为其他加热方式的热源。

综合式(3-63)和式(3-64),可得著名的 Pennes 生物热传递方程(Pennes' bioheat transfer equation,PBHTE):

$$\rho c \frac{\partial T}{\partial t} = k\nabla^2 T + \varpi_b \rho_b c_b (T_a - T) + q_{met} + q_{ext} \tag{3-65}$$

Pennes 生物热传递方程形式简单,有解析解,也可用有限元及有限差分法来解决复杂边界的温度场问题。

一旦确定了温度场,皮肤组织的热损伤可由式(3-66)获得

$$\Omega = \int_0^t A\exp\left(-\frac{E_a}{RT_n}\right)\mathrm{d}t \tag{3-66}$$

$$\mathrm{Deg}(t) = 1 - \exp(-\Omega(t)) \tag{3-67}$$

式中,Ω 为无量纲的热损伤指标;Deg 为热损伤度(Deg =0 为无损伤,Deg = 1 表示组织彻底损伤);A 为材料常数(频率指数);E_a 为活化能;R= 8.314J/(mol · K) 为通用气体常数。

2. 皮肤热疼痛机制

皮肤组织的热疼痛及相关的生物热力学是一个跨领域、多学科交叉的科学问题,涵盖了生物学、传热学、热损伤、生理神经学、力学等学科。疼痛的生理学原理已经进行了广泛研究,图 3-34 给出了皮肤热疼痛传导通路的示意图。其可以简单地表述如下。

(1)转换:当刺激信号(热、机械或化学)作用在皮肤的某一部位时,处于皮肤内的伤

害感受器将由该刺激获得的物理机械能转化为电化学能，从而产生动作电位。

（2）传导：刺激信号以电流的方式通过神经纤维从转换器传导至中枢神经的背部突触，再由突触激活相应的传导神经元。

（3）接收：刺激信号以更高级的方式（疼痛）被传送到大脑。

（4）调节：从大脑反馈到脊髓的禁止或允许指令对伤害信号的传导进行调节。

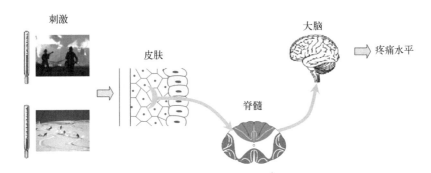

图 3-34　皮肤热疼痛传导通路的示意图

3.4.4　皮肤热疼痛的量化

伤害感受器中的离子通道开启，所诱发的电流启动触发疼痛信号的产生。在人体中，因为离子通道通常由 3 种不同的刺激源（热刺激源、机械刺激源和化学刺激源）控制，所以相应会产生 3 种不同的电流。总电流可以计算为

$$I_{st} = I_{heat} + I_{chem} + I_{mech} \tag{3-68}$$

式中，I_{heat}、I_{chem} 和 I_{mech} 分别为由于热、化学和机械门控离子通道开启所诱发的电流。

1. 热门控离子通道

假设热刺激对应的电流（I_{heat}）是伤害感受器上的温度（T_n）及其热疼痛阈值（T_t）的函数，则有

$$I_{heat} = \left\{ C_{h1} \exp\left[\frac{(T_n - T_t)/T_t}{C_{h2}} \right] + C_{h3} \right\} \times H(T_n - T_t) \tag{3-69}$$

式中，T_t 取为 43℃；C_{h1}、C_{h2} 和 C_{h3} 为物理常数；$H(x)$ 为 Heaviside 函数。结合电流输入范围，这些常数选择为 $C_{h1} = 0.382\,\mu A/cm^2$，$C_{h2} = 0.064\,\mu A/cm^2$，$C_{h3} = -0.355\,\mu A/cm^2$。

2. 化学门控通道

假设化学刺激对应的电流（I_{chem}）是皮肤组织热损伤度（Deg）的函数：

$$I_{chem} = C_c(\text{Deg}) \tag{3-70}$$

式中，假设 $C_c = 20\ \mu A/cm^2$。

3. 机械门控通道

假设机械刺激电流（I_{mech}）是伤害感受器处承受的应力（σ_n）及机械疼痛阈值（σ_t）的函数：

$$I_{mech} = C_m(\sigma_n - \sigma_t)/\sigma_t \tag{3-71}$$

式中，σ_t 设为 0.2MPa；$C_m = 20~\mu A/cm^2$。

1）频率调制子模型

当所诱发的电流超过相应的阈值时，在神经纤维内就会产生动作电位。现在人们已经知道的是：外部刺激的强度是通过这些动作电位脉冲频率（f_s）来传送的，而不是通过信号的幅值或波形传送的。动作电位脉冲频率的计算公式为

$$f_s = f_{fm}(I_{st}) \tag{3-72}$$

然而，目前尚未报道有关电流-频率关系的量化研究。所以，需要选择一种数学模型来研究动作电位的产生。尽管到目前为止还未有学者对伤害感受器动力学进行研究，但是人们已经发现所有神经元的定性表现都与 Hodgkin-Huxley(H-H) 模型所描述的情况相符合。H-H 模型是由 Hodgkin 和 Huxley 于 1952 年提出的，它能很好地描述神经刺激现象。1963年，他们因对鱿鱼神经巨型轴突的研究工作与 Eccles 一同获得了诺贝尔生理学或医学奖，其研究成果至今仍然是生物物理学领域的主要成就之一。目前人们已经开发出了各种各样的 H-H 模型来模拟人类感觉(如机械感觉和热感觉)。虽然 H-H 模型起初是为研究无髓鞘神经纤维(轴突)而建立的，但是依然可以在此用于皮肤伤害感受器，这是因为我们知道皮肤伤害感受器既可以是无髓鞘的(C 类纤维)，也可以是有髓鞘的(A 类纤维)。这样做是完全合理并可行的，因为既然 H-H 模型已经进行了各种扩展，稍加改进，是可以用于有髓鞘的神经轴突和肌肉纤维的。

在 H-H 模型中，神经纤维的膜电位行为可以用如图 3-35 所示的电路来表示。通过神经纤维的膜电流可以由对膜电容充电引发，也可以由经由与电容并联的电阻的离子通道引发。而离子电流由 3 个部分组成，包括：钠离子所携带的电流；钾离子所携带的电流；氯化物和其他离子所携带的少量"泄漏电流"。数学模型可以描述为

$$C_m \frac{dV_m}{dt} = I_{st} + I_{Na} + I_K + I_L \tag{3-73}$$

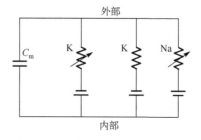

图 3-35　原始 Hodgkin-Huxley 模型

式中，V_m 为膜电位（去极化正电位）（mV）；t 为时间（ms）；C_m 为单位面积的膜电容（$\mu F/cm^2$）；I_{st} 为刺激诱发的电流密度（$\mu A/cm^2$），向外为正；I_{Na}、I_K 和 I_L 分别表示钠、钾和氯泄漏电流成分。上述 3 种离子电流的每一种都是由某个电位驱动的，而这个电位可以很容易地测定为电位差和磁导率（电导率）。离子电流的电导率由依赖于电压的激活变量和钝化变量（门控变量）来调制，可表示为

$$\frac{dx}{dt} = \frac{x_\infty(V_m) - x}{\tau_x(V_m)} \quad \text{或者} \quad \frac{dx}{dt} = \alpha_x(1-x) - \beta_x x \tag{3-74}$$

式中，x 为门控变量；$\tau_x = x_{fac}[1/(\alpha_x + \beta_x)]$，$x_\infty = \alpha_x/(\alpha_x + \beta_x)$，$\alpha_x$ 和 β_x 为速率常数（s^{-1}）；$x_\infty(V_m)$ 为与稳态电压有关的 x 的激活（钝化）函数；$\tau_x(V_m)$ 为与电压有关的时间常数。$x_\infty(V_m)$ 和 $\tau_x(V_m)$ 可按式（3-75）计算：

$$x_\infty(V_m) = 1/\{1 + \exp[(V_m - \vartheta_x)/\sigma_x]\} \tag{3-75}$$

$$\tau_x(V_m) = x_{fac}\{\tau_x/\cosh[(V_m - \vartheta_x)/(2\sigma_x)]\} \tag{3-76}$$

式中，$x_\infty(V_m)$ 为稳态值，并且是一个在 $V_m = \vartheta_x$ 处为半激活（或钝化）、斜率与 $1/\sigma_x$ 成比例的 S 形曲线函数；$\tau_x(V_m)$ 为时间常数，曲线呈钟形，最大值在 $V_m = \vartheta_x$ 处，半宽由 σ_x 所决定；x_{fac} 为比例因子。这样，每一个门控变量只由 3 个变量表示，而这些变量都是可以通过实验测量的。

而当信号被传导到脊髓背侧角和大脑时，信号被调制并感知为痛觉。利用门控理论（GCT）来描述皮肤热疼痛的调制和感知过程。

2）调制与感知模型

人们已经提出了许多理论来解释与疼痛有关的神经机制。在这些理论中，由 Melzack 和 Wall 在 1965 年提出的门控理论在解释疼痛过程的某些特征方面，比早先的其他理论更为成功，因此门控理论成为疼痛研究的转折点和大量疼痛研究成果的基础。图 3-36 所示为门控理论的示意图。一般而言，小（c, $A\delta$）纤维传导关于有害刺激的信息，而大（$A\beta$）纤维的角色则传导关于较弱的机械刺激的信息。当来自小（c, $A\delta$）纤维的信号通过脊髓胶状质（SG）被传送到中央传输（T）细胞并继续向前传送时，双重抑制（用负号表示）实际上强化了该信号，而当来自（$A\beta$）纤维的信号通过 SG 被传送时，则会使信号强度减弱。

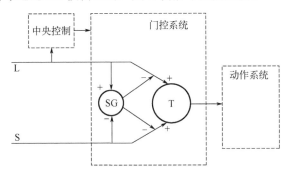

图 3-36 门控理论的示意图

门控系统可表述如下：

(1) 当无刺激时，小纤维的微小活性趋于保持门微开，而大纤维的极小活性不足以使其

关闭。

（2）当给皮肤施加微小刺激时，虽然两种类型的纤维都变得活跃，但大纤维的活性提高得更多一些，从而趋向使门关闭，导致通过的阻碍变大。

（3）当刺激增强时，小纤维和大纤维的活性等量增大，但并不改变门控状态。

（4）当使刺激维持一定时间时，L 细胞的天然适应性使得这两种纤维活性降低，从而导致门进一步开启。

（5）当刺激仍然保持但使 L 细胞保持活跃通过（振动）时，门趋向关闭。

基于 H-H 模型，可以计算出在不同热刺激下感受器所在的神经细胞膜上的电位信号（图 3-37(a)），以及据此可以得到在不同温度刺激下膜电位的频率响应与温度的函数关系（图 3-37(b)）。将图 3-37(b)所示结果代入门控理论模型（图 3-36），即可得出在不同温度下中心传输细胞上的电位水平，当该电位超过阈值-55mV 时，大脑皮层即感知为疼痛。中心传输细胞对应的电位水平越高，则疼痛等级越高（图 3-38）。

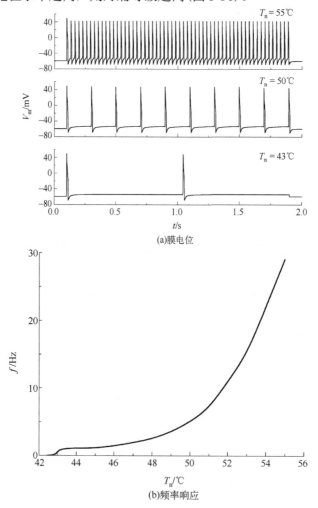

图 3-37　在不同刺激强度下修正的 H-H 模型中的膜电位与频率响应

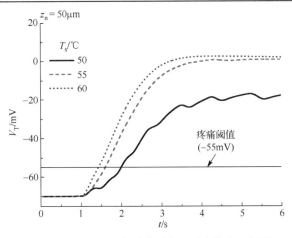

图 3-38 在不同温度刺激强度下对应的疼痛级别

3.5 牙 齿

3.5.1 牙齿的解剖结构

不同的物种,甚至是同一物种,其牙齿的外形各不相同,但是从结构上看都具有相似的层状结构:主要由牙釉质、牙本质、牙骨质与牙髓组成,如图 3-39(a)所示。牙釉质位于牙体的最外层,质地坚硬,其硬度为洛氏硬度值 300KNH,对咀嚼磨耗有较大的抵抗力;牙本质位于牙髓与牙釉质之间,富有一定的弹性,可分散牙釉质受力。牙本质分布有牙本质小管,微观结构研究结果表明,牙本质小管与牙髓腔相连通,起始于牙髓腔壁面,呈辐射状贯穿牙本质层到牙釉质与牙本质交界处附近(或牙本质和牙骨质交界处附近),如图 3-39(b)所示。牙本质小管内含流动液体称为牙本质小管液。牙髓为富含血管与神经纤维等的软组织。

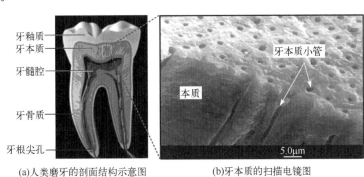

(a)人类磨牙的剖面结构示意图   (b)牙本质的扫描电镜图

图 3-39 牙齿结构

牙髓神经纤维来自三叉神经的第二支(分布在上颌牙齿)和第三支(分布在下颌牙齿),经牙根尖孔进入根管腔和牙髓腔。牙髓神经纤维可分为有髓鞘的 A 类神经纤维和无髓鞘的 C 类神经纤维。其中,A 类神经纤维是由占绝大多数的 Aδ 神经纤维和少量 Aβ 神经纤维构成的。这些神经纤维在牙髓腔内不断分叉,形成游离的神经末梢。神经末梢一部分分布于牙髓腔壁面附近,如图 3-40(a)所示,多数神经末梢可以伸入牙本质小管中并和牙本质细胞突触共存于牙本质小管中,如图 3-40(b)所示,但是绝大部分神经末梢只伸入牙本质小管 50～200μm。这些神经末梢结构是牙齿感受外界刺激(冷、热、机械力和化学)并做出响应的结构基础。

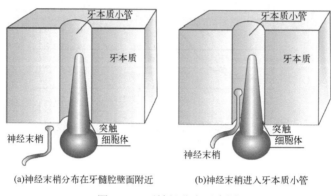

(a)神经末梢分布在牙髓腔壁面附近　　　　(b)神经末梢进入牙本质小管

图 3-40　牙神经分布示意图

3.5.2　牙组织的热力学性质

牙组织的热物理性质参数在牙组织传热学的研究和应用中扮演了十分重要的角色,是揭示牙组织材料的热传输能力和载热能力以及进一步开展牙组织传热建模研究的前提。其中重要的热物理性质参数是导热系数、比热容和热扩散系数。表 3-10 总结了文献报道的牙组织热物理性质参数。

表 3-10　牙体硬组织的热力学性质

牙热物理性质参数	牙釉质	牙本质	牙釉质-牙本质复合层
热扩散系数 $\alpha/(\times 10^7 \text{m}^2/\text{s})$	4.08($\pm$0.178)	2.01($\pm$0.050)	2.06
比热容 $c_p/(\text{J}/(\text{kg}\cdot\text{K}))$	710	1066.4	1260
密度 $\rho/(\text{kg}/\text{m}^3)$	2800	2248	2200
导热系数 $k/(\text{W}/(\text{m}\cdot\text{K}))$	0.81	0.48	0.57

3.5.3　冷热刺激下牙体组织热-力耦合行为

为了方便分析牙齿热-力耦合行为和牙齿热疼痛行为,牙齿被假设为是由牙釉质、牙本质及牙髓腔构成的一维多层结构,如图 3-41 (a)～(c)所示。研究表明,牙齿的热传导和热变形行为的基本特征几乎不会受牙齿一维多层简化的影响。并且,由于牙本质小管液的体积占整个牙本质的体积小于 3%,牙本质小管液及其受到冷热刺激后的流动对温度的影响在模拟过程可以不考虑。

采用一维傅里叶导热模型模拟牙体组织的导热过程:

$$\rho_i c_i \frac{\partial T(z,t)}{\partial t} = k_i \frac{\partial^2 T(z,t)}{\partial z^2} \tag{3-77}$$

式中，i 为 1、2、3 分别代表牙釉质、牙本质及牙髓腔；T 为温度，它是时间 t 和位置 z 的函数；k_i、c_i、ρ_i 分别为第 i 层的导热系数、比热容、质量密度。这里模拟计算采用的牙组织物理特性如表 3-11 所示。用冷、热水刺激牙釉质表面时的力学边界符合第三类边界条件，对流换热系数为 500W /(m² · K)。具体模拟条件为：在冷、热水刺激(持续时间为 5s)去除之后，牙釉质在对流换热系数为 10W /(m² · K)、环境温度为 25℃ 条件下冷却。牙釉质、牙本质及牙髓层的初始温度均为体温 37℃，牙髓层底部的温度假设始终保持为 37℃，即为第一类边界条件。

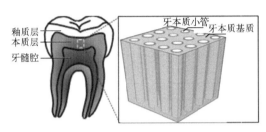

(a)牙体结构剖面图　　　(b)牙本质局部显微结构示意图

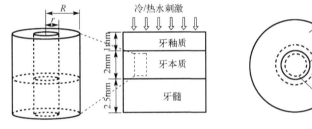

(c)柱状空心牙本质小管　　(d)一维层状模型　　　　(e)图(c)截取的截面区域

图 3-41　牙体结构及其热力学模型

表 3-11　人体牙组织的物理特性

材料参数	牙齿成分	量值
$k/(\mathrm{W/(m \cdot K)})$	釉质	0.81
	本质	0.48
	髓质	0.63
$c_{\mathrm{p}}/(\mathrm{mJ/(kg \cdot K)})$	釉质	0.71
	本质	1.59
	髓质	4.20
$\rho/(\mathrm{g/m^3})$	釉质	2.81
	本质	1.96
	髓质	1.00
E/GPa	釉质	94.00
	本质	20.00
ν	釉质	0.30
	本质	0.25
$\lambda/(10^{-5}/\mathrm{K})$	釉质	1.696
	本质	1.059
	髓质	20.80

　　对于牙髓层，由于其是液体层，只起热传导介质的作用，不会抑制牙釉质和牙本质的热变形，因此这里的一维层状模型不考虑牙髓层中的热应力。当釉质层表面作用于冷热刺激时，牙釉质外表面和牙本质内表面为自由表面，并且牙釉质与牙本质界面处位移和应力应满足连续条件。基于弹性力学的求解方法，牙釉质和牙本质层内的热应力 $\sigma(z,t)$ 可以通过数值方法求得，具体计算过程可参考相关文献(Lin, 2002)。

　　在冷刺激期间，以及冷刺激撤除后，牙釉质表面、牙釉质与牙本质交界处以及牙髓腔壁面处的温度和热应力随时间的变化关系如图 3-42 所示。在冷刺激的初始阶段，温度变化尚未进入内层(图 3-42(a))。在冷刺激作用下，牙釉质表面产生拉伸应力(用正值表示)，而在牙釉质与牙本质交界(DEJ)处产生压缩应力(用负值表示)。拉伸应力和压缩应力都

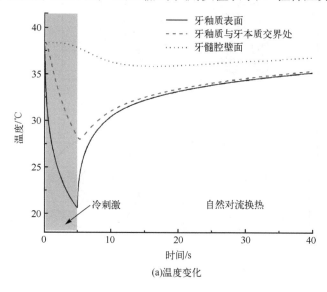

(a)温度变化

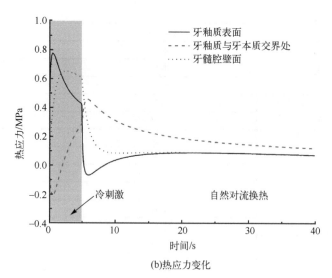

(b)热应力变化

图 3-42　5℃冷刺激下牙釉质表面、牙釉质与牙本质交界处以及牙髓腔壁面处温度和热应力随时间的变化关系

在 $t=1s$ 时达到极值，这与 Llyod 等采用二维有限元分析的结果类似。在冷刺激诱导下，外层收缩引发层状牙齿结构的弯曲变形，从而导致牙髓腔壁面延展，并快速在牙髓腔壁面上产生拉伸应力，如图 3-42(b) 所示。当温度变化传入内层时，导致该内层结构的冷收缩变形，从而抵消了初始阶段的弯曲变形，使得牙髓腔壁面的拉伸应力降低。这些变形特征与 Linsuwanont 等的实验测试结果相一致。

与冷刺激相对，在热刺激条件下，模拟结果表明牙釉质表面、牙釉质与牙本质交界处以及牙髓腔壁面处的温度和热应力随时间变化的关系与冷刺激的情形刚好相反，如图 3-43 所示。

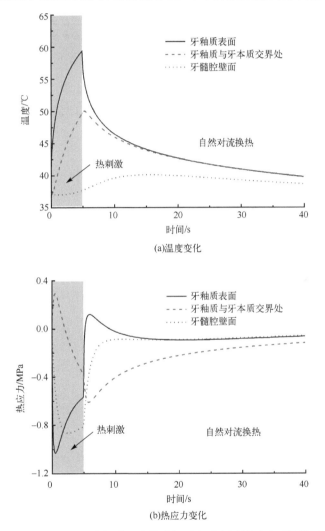

图 3-43　80℃热刺激下牙釉质表面、牙釉质与牙本质交界处以及牙髓腔壁面处温度和热应力随时间的变化关系

3.5.4　牙本质小管液流动及牙髓神经元放电机制

为了研究牙齿在温度刺激下神经元的放电机制，将牙本质小管考虑为一个空心柱状体，其内外半径分别为 r 与 R(图 3-44)。

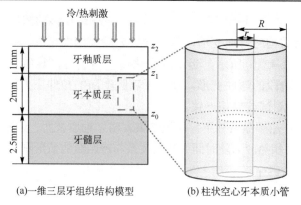

图 3-44　三层牙组织结构模型及牙本质小管示意图

正常情况下，牙本质小管垂直于牙髓腔壁面并延伸至牙釉质与牙本质的交界面，这表明层内的热应力垂直于牙本质小管的轴向方向，且沿圆周方向均匀分布。据此，假设牙本质小管的外表面在其径向受到遍及牙本质层的热应力作用。一般情况下满足 $R>3r$，牙本质小管内壁的位移可表示为

$$u_\rho \approx (2/E)(1+\nu)(1-\nu)r\sigma(z,t) \tag{3-78}$$

则牙本质小管对应的容积变化可表示为

$$V(t) = \int_{z_0}^{z_1} [\pi(u_\rho(z,t)+r)^2 - \pi r^2] \mathrm{d}z \tag{3-79}$$

由于牙本质小管的容积发生变化，因此牙本质小管液会发生流动。在牙本质小管末端(牙髓腔壁面)，流动速度可表示为

$$u_1(t) = V'(t)/(\pi r^2) \tag{3-80}$$

而由牙本质小管液自身的热胀冷缩引起的体积变化可表示为

$$\delta V(t) = -\int_{z_0}^{z_1} 3[T(z,t)-T_0)\alpha\pi r^2] \mathrm{d}z \tag{3-81}$$

与此对应的牙本质小管末端的流动速度为

$$u_2(t) = \delta V'(t)/(\pi r^2) \tag{3-82}$$

所以，在牙本质小管的热变形(容积变化)和牙本质小管液自身的热变形共同作用下，牙本质小管液在牙本质小管末端处的流动速度可表示为

$$u(t) = [V' + \delta V'(t)]/(\pi r^2) \tag{3-83}$$

根据一维层状热-力耦合模型得到牙本质层的温度 $T(z,t)$ 和热应力 $\sigma(z,t)$ 后，可分别基于式(3-80)、式(3-82)和式(3-83)分析牙本质小管热变形、牙本质小管液自身的热变形以及两者的共同作用对牙本质小管液的流向及流动速度的影响。

为了探究冷/热刺激引发牙本质小管液流动的机制，基于传热学及力学模型可以分别模拟牙本质小管热变形、牙本质小管液自身的热胀冷缩以及两者共同作用下对牙本质小管液的流向及流动速度大小的影响。模拟过程中使用的边界与 Andrew 等的实验条件保持一致，

即用 55℃热水加热 3s, 然后用 5℃冷水冷却 3s, 接下来, 牙表面在环境温度为 25℃中自然对流换热。采用双层模型模拟冷/热刺激施加于暴露的牙本质时, 得到牙本质小管液的流向及流动速度随时间的变化关系, 模拟结果如图 3-45(a) 所示。在只考虑牙本质小管热变形(虚线)的情况下, 模拟得到的牙本质小管液的流动速度变化随时间的响应明显不同于仅考虑牙本质小管液的热胀冷缩(点线)时的流动速度变化随时间的响应。在热刺激或冷刺激作用下, 前者表现为牙本质小管液向内(即流向牙髓腔方向)或向外(即远离牙髓腔方向)流动, 其流动速度快速达到峰值, 然后随着刺激时间的延长, 流动速度快速下降, 而后者的牙本质小管液流动速度则表现为缓慢地增加。在同时考虑牙本质小管变形与牙本质小管液热胀冷缩时, 模拟所得的牙本质小管液的流动方向和流动速度变化趋势与 Andrew 等的实验观测结果一致, 如图 3-45(a) 实线所示。

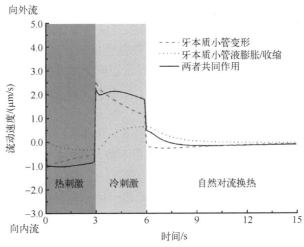

(a)刺激施加于暴露的牙本质表面

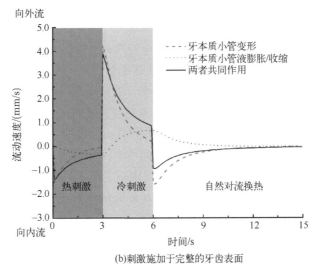

(b)刺激施加于完整的牙齿表面

图 3-45　不同刺激施加条件下牙本质小管液的流动机制

图 3-45(b) 的结果表明,牙本质小管的热变形与牙本质小管液的热胀冷缩两者共同对冷/热刺激下牙本质小管液的流动产生影响,其中,牙本质小管热变形是诱发牙本质小管液快速响应的原因。虽然牙本质小管液的流动速度大小不一样,但对比图 3-45(a) 和图 3-45(b)可以发现,当冷/热刺激作用到牙釉质表面时,引发的牙本质小管液流动速度的变化趋势与冷/热刺激作用到牙本质表面时是相同的。这种相似性表明,无论冷/热刺激作用于牙釉质表面还是牙本质表面,引发牙本质小管液流动的机制是相同的。

需要指出的是,冷/热刺激作用于牙釉质表面时引发牙本质小管液的峰值流动速度高于冷/热刺激施加于牙本质表面时的流动速度。这意味着在冷/热刺激的初始阶段,外部牙釉质层的存在会导致更为明显的牙本质层的变形(特别是在牙髓腔壁面上),这与 Linsuwanont 等的有限元分析结果类似。冷刺激作用在牙釉质表面时对应的牙本质小管液的流动速度峰值比冷刺激作用于牙本质表面的高,这一结果与临床观察结果相反,即临床上牙本质暴露的牙齿对冷刺激更敏感。这是由于这里的力学模型并没有考虑牙髓腔内液体的收缩/膨胀效应。对于冷刺激直接施加于牙本质表面而言,热量会很快传递到牙髓腔(存在大量的组织液),引起牙髓腔内组织液收缩/膨胀,并由此显著影响牙本质小管液的流动速度。也就是说,在在体情况下,与完整的牙齿相比较,对于牙本质暴露的牙齿,相同的冷刺激也许能引起更高的牙本质小管的流动速度。

在体实验结果表明,在冷刺激(0~5℃)作用下,牙髓神经响应行为表现为:短暂延迟(<1s)之后即出现高频率放电,随后放电频率有所下降,最终在 4s 内停止响应(即使此时刺激依然存在),如图 3-46(a)、(b)所示。目前,虽然人们并不清楚这种动态神经响应的潜在机制,但这明显不可能是冷刺激诱发下对温度敏感的牙髓神经的放电特征,原因在于:①第一次放电响应在冷刺激后 1s 内就记录到,此时牙髓神经末梢周围的温度尚未下降到可以激活温度敏感伤害性感受器的阈值;②当冷刺激未去除时,温度敏感伤害性感受器一经激活将不会停止响应;换言之,温度敏感伤害性感受器在激活之后,只要刺激依然存在,神经放电响应就不会中断。

基于流体动力学假说,冷/热刺激引发的牙本质小管液流动速度的改变也许可以解释实验观测到如图 3-46(a)、(b)所示的牙髓神经放电特性。在冷刺激的初始阶段(<1s),牙本质小管液向外(远离牙髓腔方向)流动,流动速度快速达到峰值,随着刺激时间延长,其流动速度迅速下降,如图 3-46(c)中虚线所示。牙本质小管液流动速度在冷刺激期间的变化很好地解释了图 3-46(a)、(b)中神经放电响应特征:冷刺激后短时间内出现的较高牙本质小管液流动速度,或许会对牙本质小管内牙髓神经末梢产生足够高的剪切力,当剪切力值超过激活力敏感伤害性感受器的阈值时,即触发神经元放电。而随着刺激时间的延长,牙本质小管液的流动速度迅速降低,对神经末梢的剪切力也随之减小,从而导致神经放电频率减小;当剪切力低于力敏感伤害性感受器的阈值时,神经元放电响应停止。经过一个长时间的延迟(30s)之后,由冷刺激引起的神经响应可能归因于温度敏感伤害性感受器的激活,冷刺激作用 30s 后,温度敏感伤害性感受器周围的温度可能已经超过阈值,从而引起放电响应;此时,有关牙齿疼痛的神经传导假说起主导作用。

与只有冷刺激过程中牙髓神经放电特征相比较,先给予热刺激,然后施加冷刺激引发的牙髓神经放电特征有着明显的不同。与只有冷刺激引发放电的特征相比,在先施加热

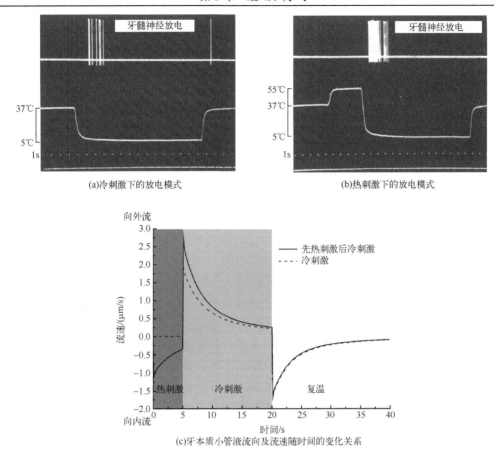

图 3-46 冷/热刺激下通过实验采集的牙髓神经放电模式和模拟的牙本质小管液流动

刺激(55℃,持续 5s)而后再施加相同的冷刺激情况下,可观测到更高的牙髓神经放电频率,如图 3-46(b)所示。图 3-46(c)所示的模拟结果(实线)可以较好地解释上述两种放电模式的显著区别。在预热之后的冷却初始阶段,牙本质小管液向外流动的流速比只有冷刺激诱发的流动速度要大 140%。这是由于先加热再冷却时,牙本质层温度变化的速率更大,由此引起结构变形速率更快便能引发更高的牙本质小管液的流速,最终触发更高的神经放电频率。

当热刺激(55℃)作用于牙本质表面时,需要经历一个相对较长的时间延迟(>10s)才能记录到牙髓神经的放电响应,如图 3-46(a)、(b)所示。尽管在此期间出现牙本质小管液向内流动的峰值,如图 3-46(c)中虚线所示,但是并不能检测到牙髓神经放电响应。这些结果并未与上述对冷刺激情况的讨论矛盾,这是由于牙髓神经对牙本质小管液向内流动的敏感性低于其向外流动时的敏感性,即在向内流动的情况下,需要一个更高的流速才可能引起牙髓神经放电响应。经过一个相对较长时间的延迟之后产生的牙髓神经放电响应可能是由于刺激温度经过长时间的热传导使得牙髓神经末梢上温度敏感伤害性感受器周围的温度升高并最终达到疼痛阈值。随后在 $t=12\text{s}$ 时,冷刺激(37℃)作用引发牙本质小管液迅速向外流动,如图 3-46(c)中虚线所示。在这个瞬间产生的神经放电可能是由于力敏感和温度敏感伤害性感受器同时被激活。

在先冷刺激(5℃，持续 12s)然后施加热刺激(55℃，持续 12s)，最后用 37℃温水复温的情况下，经过较长时间的延迟才观测到牙髓神经放电响应的机制与只采用热刺激时观测到的牙髓神经放电机制是相同的。实验观测得到的牙髓神经放电频率如图 3-46(b)所示。

值得注意的是，此时牙髓神经放电频率(图 3-46(b))要远低于只施加热刺激时的频率(图 3-46(a))。牙本质小管液的流速解释不了这种差异(图 3-46(c)中实线)。事实上，温度因素在这种差异中可能起决定性作用。在先冷刺激后热刺激的情况下，温度敏感伤害性感受器周围的温度低于只有热刺激时的温度，也许可以解释在两种刺激方式下，观测到的牙髓神经放电频率存在的显著差异。

拓展知识

1. 肿瘤组织

1)肿瘤微环境及其特性

肿瘤微环境包括肿瘤细胞、间质细胞和细胞外基质，它们紧密地与肿瘤相互作用(图 3-47)。肿瘤细胞是肿瘤微环境的主要成分，肿瘤组织由实质和间质两部分构成。肿瘤实质是肿瘤细胞的主要组成部分，具有组织来源的特异性。它决定了肿瘤的生物学特征和特殊性。通常，根据肿瘤实质的形态来识别不同类型的肿瘤，并进行分类、命名和组织学诊断。此外，根据细胞的分化程度、异型性大小来评估肿瘤的良恶性和恶性程度。肿瘤细胞具有三个显著的特征，即不死性、迁移性和失去接触抑制。

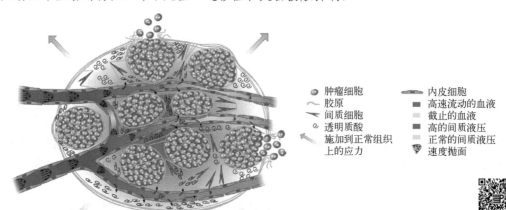

图 3-47　肿瘤微环境

间质细胞指肿瘤微环境中除肿瘤细胞以外的其他多种细胞，包括成纤维细胞(fibroblast)、血管内皮细胞、淋巴管内皮细胞、免疫细胞等。成纤维细胞是结缔组织细胞。在肿瘤中，成纤维细胞会转变成肿瘤相关成纤维细胞(tumor associated fibroblast，TAF)。肿瘤相关成纤维细胞会分泌出一种异于正常细胞外基质的间隙基质，这种基质富含 I 型胶原蛋白、ED-A 纤连蛋白和细胞黏合素 C。除了分泌间隙基质外，肿瘤相关成纤维细胞还会分泌一系列因子，如基质金属蛋白酶(MMP)、趋化因子和生长因子。这些因子会促进肿瘤生长、血管生成以及肿瘤入侵。免疫细胞(如巨噬细胞、淋巴细胞和白细胞)也会分泌多种因子。在正常情况下，这些因子会引起或维持炎症反应和免疫反应，但在肿瘤中却会促进肿瘤的发育。肿瘤细胞与免疫细胞之间的相互作用能调节免疫反应，使肿瘤免受免疫细胞的攻击。

细胞外基质又分为间隙基质和基膜(basemant membrane)。间隙基质是细胞与细胞之间缝隙中的固体成分，基膜是一种由特殊的细胞外基质蛋白构成的厚度为 50~100nm 的薄膜，通常位于单层细胞膜的底外侧，如血管的外侧。细胞外基质的主要成分包括胶原蛋白(collagen)、弹性蛋白(elastin)、蛋白聚糖(proteoglycan)以及其他特异性结构蛋白，这些蛋白多数由成纤维细胞合成。在肿瘤微环境形成的第一阶段，一个重要过程是重构细胞外基质。肿瘤相关成纤维细胞会分泌基质金属蛋白酶，它能水解蛋白质高分子，进而引发细胞外基质的重构。大量研究表明，基质金属蛋白酶在肿瘤中过度表达。由基质金属蛋白酶等引起的细胞外基质的降解会导致肿瘤细胞入侵周围宿主组织并进入循环系统，同时它也会引起内皮细胞的迁移，从而促进新血管的生成。

实体肿瘤的生长主要分为无血管期和血管期，肿瘤的入侵和转移主要发生在血管期。当肿瘤发生某些改变后，肿瘤中的一些细胞会转变为促血管生成表型(angiogenic phenotype)，这个现象称为"血管生成开关"(angiogenic switch)。促血管生成表型的细胞通过增加促血管生成因子的分泌并抑制抗血管生成因子的表达来实现其功能。促血管生成因子进入周围正常的宿主组织，与宿主组织的血管内皮细胞表面的受体结合，刺激细胞增殖。同时，肿瘤细胞还会分泌蛋白酶，以降解血管周围的基膜和细胞外基质，从而协助新生的内皮细胞从微血管中迁移出来，形成血管新生芽，最终在肿瘤中发育成新的血管。虽然血管期的肿瘤与正常组织一样存在着血管，但其血管的结构和功能往往不正常。

与正常血管内皮细胞相比，肿瘤中的血管内皮细胞缺乏内皮细胞黏附分子-1(PECAM-1)和紧密连接蛋白，这两种物质对于保持血管完整性和维持血管屏障功能至关重要。因此，在肿瘤血管内皮细胞之间会存在约 1.5μm 的间隙(图 3-48)。此外，肿瘤中的血管相对于正常血管还缺乏基膜。这些特点导致肿瘤中的血管比正常组织中的血管具有更强的通透性。

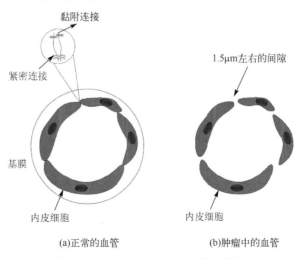

(a)正常的血管　　　　　　　(b)肿瘤中的血管

图 3-48　正常血管与肿瘤血管示意图

　　由于过度表达促血管生成因子，肿瘤血管一直处于未成熟状态，这使得肿瘤血管常常呈现曲折的特点。血管的高度曲折增加了血管阻力，导致血液流速减慢。由于血液通常是一种剪切稀释流体，血液流速减慢会增加血液的黏性阻力，进一步降低血液流速。因此，肿瘤整体的血流量(每单位体积的血液流量)通常低于正常组织，红细胞的平均速率比正常组织低一个数量级。与正常血管相比，肿瘤血管往往缺乏有序的层次结构。正常的微血管分叉时，通常分为两支，而肿瘤微血管可能分为三支，且分支直径不均匀(图 3-49)。此外，肿瘤血管内的血液流速与血管直径之间没有相关性，这与正常微血管有所不同。在肿瘤中，血液流动不均匀且随时间波动。在某些血管中，甚至可能发生血液逆流，导致某些区域的血液灌注量非常少甚至没有。虽然肿瘤内存在淋巴管，但其功能不完整。正常的淋巴管网络通过吸收组织中多余的液体来维持间质液压平衡。由于肿瘤细胞在有限的空间内快速增殖，肿瘤内部会产生应力。这些应力会压迫肿瘤内的淋巴管，导致其功能受损，因此在肿瘤中会出现液体滞留。肿瘤血管的高通透性和淋巴管功能缺失导致液体滞留，称为增强的通透性与滞留效应(EPR 效应)。EPR 效应可以被用来设计治疗肿瘤的纳米药物。

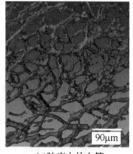 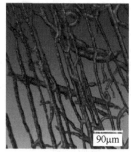

(a)肿瘤中的血管　　　　　　　　　　　　　(b)正常的血管

图 3-49　利用激光共聚焦显微镜得到的血管照片

　　在器官中，血管、淋巴管和细胞之间存在许多间隙，填充着由间质液体和间隙基质构成的液体相和固体相。这些间隙组分称为间质。肿瘤中的血管和淋巴管异常的结构和功能导致间质液压升高。一方面，由于肿瘤血管比正常血管具有更强的通透性，大分子物质如血浆蛋白可以穿过血管壁进入肿瘤间质，从而增加间质的渗透压。另一方面，由于肿瘤中的淋巴管受到周围间隙基质的压迫，无法有效输送液体和大分子物质，过多的液体无法排出，造成肿瘤内的液体滞留和间质液压升高。除了肿瘤边缘区域外，肿瘤内的间质液压普遍高于正常组织，并且在空间上均匀分布。然而，在肿瘤边缘区域，间质液压会迅速降低到正常组织中的水平。肿瘤内平均分布的高间质液压导致较低的压力梯度，使得肿瘤间质中的对流传质缓慢，从而降低了治疗药物在间质中的输送效率。

　　实体肿瘤的间隙基质主要由胶原蛋白、蛋白聚糖和葡糖胺聚糖等组成，因此其间隙基质通常具有显著的黏弹性。在肿瘤细胞非均匀增殖造成的应力下，间隙基质会被挤压成密集而曲折的网络。此外，距离肿瘤中心越近，间隙基质的密度越大。这种密集而曲折的网络会对纳米药物在肿瘤间质中的输运造成障碍。

2) 肿瘤微环境中的应力

肿瘤细胞的一个典型特征是无限繁殖，但肿瘤本身的生长空间往往有限。因此，肿瘤生长到一定阶段时就会挤压周围的组织，使周围的组织产生径向和周向的应力，同时肿瘤内部也会产生很高的应力。实验表明，生长在琼脂糖凝胶上的球状肿瘤能产生 40% 的应变和超过 10kPa 的应力。肿瘤的生长率和肿瘤周围组织的力学性质会影响肿瘤应力，同时应力也会引起肿瘤微环境的改变。

肿瘤内的应力主要由两个方面构成：一方面是由肿瘤与周围组织的相互作用所产生的应力；另一方面是在肿瘤生长过程中，由肿瘤内部细胞之间以及细胞与基质之间的相互作用所产生的应力。即使将肿瘤从活体中切离并使其不受外部负荷，这部分应力仍然存在，因此称为生长导致的残余应力。Stylianopoulos 等发现，残余应力占肿瘤总应力的比例不到 30%。这表明肿瘤与周围宿主组织的相互作用对于应力的产生更为重要。

肿瘤的生长对于肿瘤与周围组织的相互作用具有显著影响。在肿瘤的生长过程中，新的细胞和细胞外基质不断产生并积累，这些积累物会对周围组织施加挤压力，导致肿瘤和周围组织的形态变化，甚至引起血管和淋巴管的塌缩。在这一过程中，肿瘤细胞与周围间质细胞一起拉伸胶原蛋白并挤压透明质酸，它们之间的相互作用导致了肿瘤内部应力的积累。应力会挤压甚至压扁肿瘤中的血管，降低血液流速。肿瘤中的血管通常有许多缺口，导致血液穿过血管壁进入间质，从而引起间质液压的升高。血管的缺口以及对血管的挤压会降低血管的灌注率，甚至造成血液停滞。在宏观层面上，肿瘤会挤压周围的正常组织，而周围组织会阻碍肿瘤的生长。除肿瘤细胞和间质细胞外，细胞外基质也能存储和传递应力。胶原蛋白和透明质酸是细胞外基质的主要组成成分。胶原蛋白具有较大的拉伸刚度，因此它主要承受拉应力。透明质酸具有结合水分子的能力，而水是近似不可压缩的，所以它能抵抗来自肿瘤内部的压应力。Stylianopoulos 等发现降低肿瘤微环境中肿瘤细胞和间质细胞以及胶原蛋白和透明质酸的含量，能有效地降低肿瘤中的残余应力。

应力对肿瘤微环境的影响既体现在细胞层面上，也体现在组织层面上。

在细胞层面上，应力会挤压肿瘤细胞和间质细胞，改变细胞的基因表达，影响肿瘤细胞的增殖、侵袭和转移，也影响间质细胞的功能和细胞外基质的合成。Cheng 等研究了聚合物基体内的球形肿瘤的生长过程，通过改变琼脂糖的浓度来调节肿瘤所受的压应力。他们发现压应力能抑制肿瘤细胞的增殖，并通过影响线粒体导致细胞凋亡。并且，对肿瘤施加不均匀的载荷，在压应力高的区域，细胞会凋亡，而在压应力低的区域，细胞仍然可以繁殖。这表明肿瘤会倾向于沿应力低的方向生长。Tse 等发现压应力能增强肿瘤细胞的侵袭表型。Koike 等发现在小鼠的前列腺癌细胞中，应力影响细胞与细胞、细胞与细胞外基质之间的黏附以及透明质酸的合成。在肿瘤微环境中，应力除了影响肿瘤细胞以外，也会对其他一些非肿瘤细胞产生影响。例如，在诸多类型的肿瘤之中，人们都发现存在肿瘤相关成纤维细胞。研究人员怀疑这可能是由于肿瘤生长产生的应力引起了成纤维细胞的变异。随后的研究表明，拉力或压力的确能促进成纤维细胞变异成为肿瘤相关成纤维细胞。压应力对肿瘤微环境中其他类型细胞的影响尚不明确，但是有研究指出巨噬细胞可能对压应力敏感。

在组织层面上，肿瘤的生长会产生压应力，这种压应力会对间隙基质进行压缩，从而导致血管和淋巴管的塌缩。血管的塌缩一方面可能会影响营养物质、氧、代谢废物以及药物在肿瘤中的输运，导致肿瘤内形成低氧、低 pH 和低营养区域。另一方面，由于免疫细胞需要血管网络在体内不断循环，血管的塌缩能保护肿瘤细胞免受免疫系统的攻击。压应力引起的淋巴管的塌缩则会导致肿瘤内的多余液体无法排出，引起间质液压升高。此外，压应力还会把肿瘤微环境中的间隙基质压缩成为致密、曲折的网络，增大纳米药物的输运难度。

2. 仿生组织——水凝胶

1) 水凝胶及其分类

水凝胶是一种由三维聚合物网络和大量液体(如水、离子液体、有机溶剂)组成的含液多孔材料，其种类多样，性能各异。根据来源的不同，水凝胶可以分为三类：天然水凝胶、合成水凝胶和混合水凝胶。天然水凝胶是从自然界中提取的材料，如胶原、明胶、透明胶质和壳聚糖。它具有可降解性和生物相容性等优势，但存在重复性差、机械强度低以及结构和性能难以控制等缺点。合成水凝胶则是使用化石原料人工合成的聚合物，如聚乙烯醇、聚氧乙烯和聚丙烯酰胺。通过人工合成可以在一定程度上调控水凝胶的网络结构，从而控制其内部结构和性能，如图 3-50 所示。因此，合成水凝胶通常具有比天然水凝胶更好的性质，拥有更广泛的应用领域，但其生物相容性和生物可降解性不如天然水凝胶。为克服天然水凝胶与合成水凝胶的缺陷，即在保证良好的生物相容性的同时拥有可调节的力学性能，研究者已经开发出将两种原料相结合制备得到的混合水凝胶，也称为纳米复合生物材料。这种新型混合水凝胶兼具天然水凝胶和合成水凝胶的特点，因此极具应用潜力。

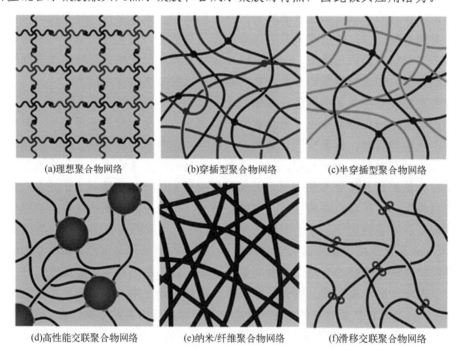

(a)理想聚合物网络   (b)穿插型聚合物网络   (c)半穿插型聚合物网络

(d)高性能交联聚合物网络   (e)纳米/纤维聚合物网络   (f)滑移交联聚合物网络

图 3-50 水凝胶中的聚合物网络结构

根据交联方式，水凝胶可分为通过化学交联或不可逆交联得到的永久性凝胶，以及通过物理交联或可逆交联得到的非永久性凝胶。根据水凝胶对外界温度、压力、光等物理性刺激以及 pH、抗原、酶等生物化学性刺激的响应情况，水凝胶还可分为温度敏感型、压力敏感型、光敏感型、pH 敏感型、抗原敏感型以及酶敏感型等。这些对外界环境刺激反应敏感的水凝胶也统称为智能水凝胶，它能根据外界刺激发生结构或性能上的改变。根据不同的分类标准，水凝胶还可按其制备过程、聚合物组成、电荷类型(离子、非离子、兼性离子)、可降解性、物理外观(微纳米离子、薄膜、基质、胶体)、构型(无定型和半晶质)等方式进行分类。

  2) 水凝胶的力学性能

  水凝胶的力学性能与共聚物单体成分、交联强度、聚合反应条件以及溶胀程度等多种因素相关，可通过测量其弹性、黏弹性、断裂韧性、抗冲击性能等方式进行表征。水凝胶的弹性可通过拉伸或压缩试验进行表征，如图 3-51(a) 所示。水凝胶的断裂韧性可通过裂纹扩展试验进行测量，材料在断裂破坏过程中，对裂纹传播扩展形成新单位面积所需的能量进行量化，如图 3-51(b) 所示。水凝胶内包含聚合物网络，因此通常表现出超弹性。对于双网络水凝胶，其弹性模量可达 0.13MPa，压缩强度可达 0.17MPa。对于聚丙烯酰胺水凝胶，其弹性模量可达 1kPa，断裂韧性可达 10^3J/m^2。

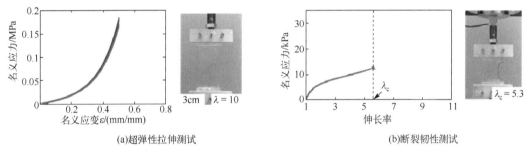

(a)超弹性拉伸测试   (b)断裂韧性测试

图 3-51 水凝胶拉伸和断裂测试

  水凝胶的黏弹性和多孔弹性可通过压痕试验进行表征，通过控制压头位移压入一定位移后保持恒定，力很快达到峰值后松弛，如图 3-52 所示。压头可以是锥形、球形、柱形等。对于藻酸盐水凝胶，测得的泊松比结果为 0.28，扩散系数为 $3.24 \times 10^{-8} \text{m}^2/\text{s}$。

  水凝胶的抗冲击性能可通过弹丸冲击实验进行表征，对材料中子弹穿行弹道能量吸收量，即单位长度所耗散的能量进行量化，如图 3-53 所示。

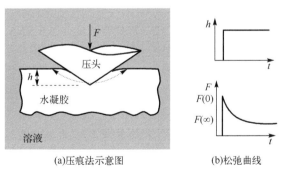

(a)压痕法示意图   (b)松弛曲线

图 3-52 水凝胶压痕测试

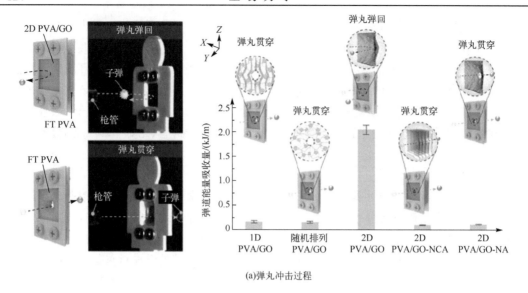

(a)弹丸冲击过程

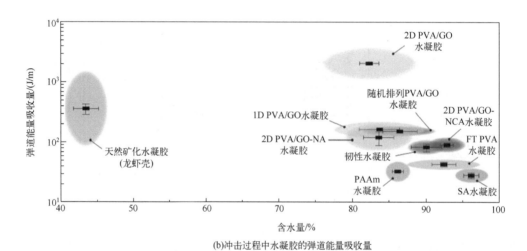

(b)冲击过程中水凝胶的弹道能量吸收量

图 3-53　水凝胶冲击动力学测试

PVA-聚乙烯醇(polyvinyl alcohol)；GO-氧化石墨烯(graphene oxide)；FT-冻融(freeze thawed)；
-NA-未经退火处理(no annealing)；-NCA-未经压缩退火处理(no compression annealing)

3)水凝胶的应用

水凝胶除了具有类似固体的力学性质外，聚合物网络孔隙中的大量液体又使得水凝胶具有良好的扩散和传输特性。这些特性使水凝胶与生物组织高度相似，因此广泛用于生物和生物医学领域，如药物运输载体、组织工程支架、细胞外基质、医疗植入物、伤口敷料以及隐形眼镜等。近年来，通过改变交联方式和网络结构，调节聚合物浓度等方法对水凝胶的力学性能进行调控，可将其拉伸性和韧性提高到天然橡胶的水平，从而大大扩展了水凝胶的应用范围。结合各类卓越性质(如高韧性、延展性、透光性和导电性等)，水凝胶领域产生了大量新应用，包括水凝胶传感器、作动器、柔性机器人、柔性电子设备、电池和超级电容器、磁性设备、光学设备、声学设备、集水器、可穿戴设备、生物黏附剂、涂层等，如图 3-54 所示。

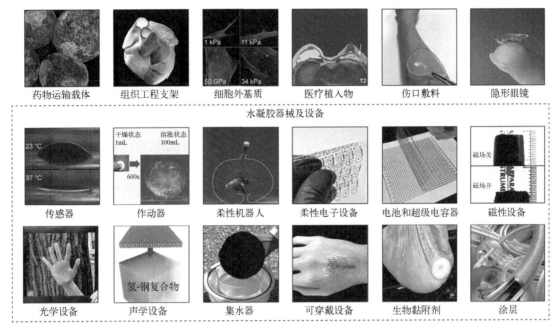

图 3-54 水凝胶的应用

思 考 题

1. 哪些组织损伤后可再生自愈？哪些组织不可再生自愈？为什么？
2. 如何实现皮肤的无痛针刺？
3. 如何实现术后皮肤的无疤痕缝合？
4. 如何设计隐形正畸牙套？

第4章 器官力学

器官主要由软组织构成，每个器官都有其独特的功能，是生命体内相对独立的部分，但各器官在功能上既有分工也有合作。器官力学旨在揭示各种器官行使其生理功能的力学机制，主要涉及应力(应变、流场)状态在实现其功能中的作用，如眼、耳对外界环境的感知，脑、肺对机械刺激的响应。本章将着重介绍脑、肺、肝、声带、耳蜗、眼力学。

4.1 脑

4.1.1 颅脑的解剖结构

人的颅脑从外到内依次为头皮、颅骨、脑膜及脑组织(图 4-1)。脑外层由三层脑膜包裹，自外向内依次为硬脑膜、蛛网膜和软脑膜，分隔脑组织与颅骨。硬脑膜是一层坚硬、纤维状的脑膜。蛛网膜在外形上类似蜘蛛网，硬脑膜下方紧贴着蛛网膜，二者之间有极小的空隙，称为硬脑膜下腔。在蛛网膜和软脑膜之间也存在空隙，称为蛛网膜下腔。这些脑膜的主要功能是保护和支撑脑组织。脑可以分为大脑、小脑及脑干，内部的腔隙为脑室。脑室和蛛网膜下腔充满脑脊液。大脑最外层覆盖有灰质(含神经元胞体)，称为大脑皮质，皮质表面形成皱褶的沟回结构，内部为白质(含神经元轴突)，称为髓质。大脑分为左右半球，左右半球通过胼胝体连接。

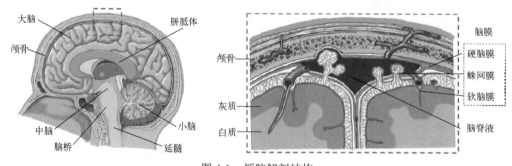

图 4-1　颅脑解剖结构

> **知识点：沟回结构的力学成因**

人类的大脑有着丰富的沟回褶皱，从演化的角度来看，大脑沟回结构具有非凡的意义。它使得人们能够在体积较小的颅腔内容纳足够大的皮层，从而提高信息传递的效率。图 4-2 显示了地鼠、刺猬、猫、猴子、人类和海豚大脑的平均表面体积关系。哺乳动物大脑表面积的增长速度比体积的增长速度要快得多。在图 4-2 中，比表面积的斜率为 0.9，这明显大于等距缩放的斜率 2/3。大型哺乳动物不仅拥有更大的大脑，而且大脑也更复杂。

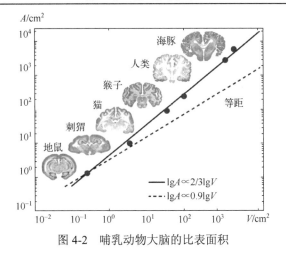

图 4-2　哺乳动物大脑的比表面积

　　将皮质折叠近似为生长压缩诱导的受限层状介质的不稳定问题，建立大脑表面形态的理论模型。采用 Föppl-von Kármán 理论，并用经典的板方程（一维）描述其横向变形 w：

$$\frac{E_c}{1-\nu_c^2}\frac{t_c^3}{12}\frac{d^4 w}{d x^4}+Pt_c\frac{d^2 w}{d x^2}=q \tag{4-1}$$

式中，E_c 为皮质杨氏模量；ν_c 为皮质泊松比；t_c 为皮质厚度；P 为皮质压力；q 为下皮层弯曲引起的横向力。

　　皮层生长到形态发育完全的过程可建立力学模型进行仿真。图 4-3 表明了表面形态波长对初始皮质厚度 t_c 和生长比 G_c/G_s 的敏感性（G_c 和 G_s 分别为皮层和下皮层的生长速率）。折叠首先在椭圆最小曲率区域开始，然后逐渐向外传播到最大曲率区域。16 个模型中，皮

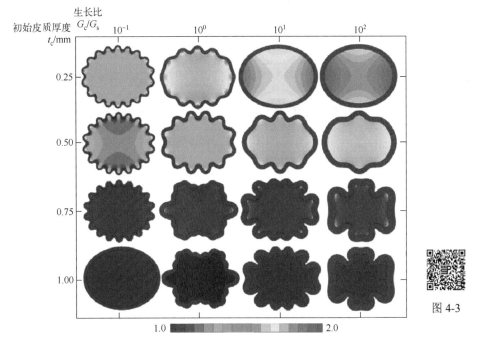

图 4-3　表面形态对初始皮质厚度和生长比的敏感性

层生长量相同,而皮层下生长在 16 个模拟中差异显著,显示明显的区域异质性。左列表明,缓慢的皮层生长速率 G_c 允许平衡的皮层和皮层下生长,保持波长均匀,并产生简单的正弦折叠模式。相比之下,皮质生长速率大,皮质下生长速率下降。这在大脑皮层产生了更大的压力,从而引发了次级褶皱的形成。在诱导屈曲之前,较短的临界波长需要较大的临界压力。在图 4-3 的左下角,增长没有产生足够的压缩来诱导折叠。如果皮层继续生长,那么这个椭圆就会比其他椭圆弯曲的波长更短。同时缓慢的生长速率和厚的皮层防止达到足够高的负荷,开始屈曲。

4.1.2 灰质和白质的力学性质

大脑灰质和白质均由细胞、血管和间质组成(图 4-4)。图 4-4 中青色和紫色分别代表神经元和胶质细胞,黑色部分为间质液,红色部分为血管。细胞由神经元细胞和胶质细胞构成,占脑总体积的 70%～80%。血管由小静脉、小动脉和毛细血管组成,占脑总体积的 3%～5%。间质由细胞外基质(ECM)和间质液构成,占脑总体积的 15%～20%。细胞外基质是由蛋白质和多糖大分子组成的网状结构,为附着的神经元细胞提供结构和生化支持。间质液是细胞的生存环境,是血液与细胞进行物质交换的媒介。

图 4-4

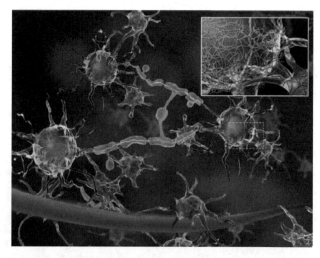

图 4-4 脑组织组成

灰质区域主要包括神经元细胞体、为神经元提供营养的原浆星形胶质细胞和作为主动免疫防御的小胶质细胞。白质区域包含轴突、包裹轴突周围分离髓鞘的少突胶质细胞、纤维性星形胶质细胞和小胶质细胞(图 4-5)。在白质(放射冠)中,有髓鞘的轴突允许快速神经冲动传导;中间少突胶质细胞连接并形成多个髓鞘。纤维性星形胶质细胞保证营养供应和突触加工。在灰质(皮层)中,神经元相互之间形成突触,并与原浆性星形胶质细胞形成突触。在白质和灰质中,小胶质细胞都有助于清除碎片和突触重塑。

脑组织既可以表现出黏弹性特性,又可表现出多孔弹性特性。在外载荷作用下,脑组织内固体基质重构,表现出黏弹性特性;脑组织内液体迁移,表现出多孔弹性特性(图 4-6)。

图 4-5　脑细胞

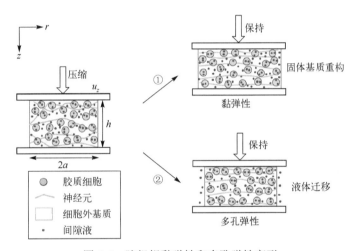

图 4-6　脑组织黏弹性和多孔弹性变形

1. 黏弹性

黏弹性行为与时间有关，具有应变率效应。广义 Maxwell 模型是一种常用的线性黏弹性模型，用 Prony 级数表示，松弛杨氏模量 $E(t)$ 为

$$E(t) = E_\infty + \sum_{i=1}^{n} E_i \exp(-t/\tau_i) \tag{4-2}$$

式中，n 为 Prony 级数的项数；τ_i 和 E_i 为各项级数对应的特征弛豫时间和松弛杨氏模量；E_∞ 为平衡模量。

通常表征脑组织的黏弹性特性 (E_∞, τ_i, E_i) 的力学测试方法有压痕、压缩、拉伸和剪切等。图 4-7 总结了牛、鼠、猪和人的脑组织的松弛杨氏模量 $E(t)$。表明松弛杨氏模量随时间逐渐减小，变化幅度较大，从千帕量级到百帕量级。

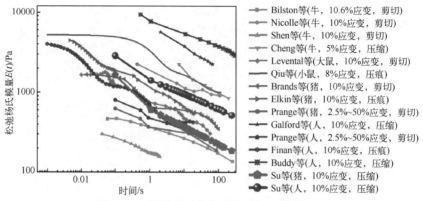

图 4-7　不同物种脑组织的松弛杨氏模量 $E(t)$

2. 多孔弹性

线性、各向同性的多孔弹性材料(如脑组织)在小变形时的应力-应变关系满足:

$$\begin{cases} \sigma_r = 2G\left[\varepsilon_r + \dfrac{\nu}{1-2\nu}(\varepsilon_r + \varepsilon_\theta + \varepsilon_z)\right] - \alpha p \\ \sigma_\theta = 2G\left[\varepsilon_\theta + \dfrac{\nu}{1-2\nu}(\varepsilon_r + \varepsilon_\theta + \varepsilon_z)\right] - \alpha p \\ \sigma_z = 2G\left[\varepsilon_z + \dfrac{\nu}{1-2\nu}(\varepsilon_r + \varepsilon_\theta + \varepsilon_z)\right] - \alpha p \end{cases} \tag{4-3}$$

式中,G 为剪切模量;ν 为排水泊松比;p 为孔隙流体压力;α 为比奥-威利斯系数,假设为 1。根据达西定律,当孔隙弹性材料中的流体流速很低时,流体流速与压力梯度成正比。流速 q 可表示为

$$q = -\kappa \nabla p \tag{4-4}$$

式中,κ 为渗透系数($\mathrm{m^4/N \cdot s}$)。

通常采用压缩或压痕方法来表征脑组织的多孔弹性特性(E, ν, κ)(表 4-1)。此外,渗透系数通过灌注和灌输的方法测量。根据现有数据,可知脑组织的渗透系数的范围为 $10^{-14}\sim 10^{-11}\mathrm{m^4/(N \cdot s)}$(表 4-2)。

表 4-1　脑组织多孔弹性参数

物种	区域	方法	多孔弹性参数		
			E/Pa	ν	$\kappa/(\mathrm{m^4/N \cdot s})$
牛	白质	非受限压缩	350	0.35	4.08×10^{-12}

表 4-2　脑组织渗透系数

物种	区域	方法	$\kappa/(\mathrm{m^4/(N \cdot s)})$
猫	白质	—	1.6×10^{-11}
猫	灰质	—	1.6×10^{-13}
人	灰质	受限压缩	2.42×10^{-14}
牛	白质	非受限压缩	4.08×10^{-12}

续表

物种	区域	方法	$\kappa/(\mathrm{m^4/(N\cdot s)})$
羔羊	灰质	灌注	1.07×10^{-13}
绵羊	白质	灌输	2×10^{-13}
猪	白质	非受限压缩	$(8.39 \pm 2.54) \times 10^{-11}$
人	白质	非受限压缩	3.43×10^{-11}

知识点：脑冲击力学响应

头颅中的脑处于脑脊液包围的悬浮状态，颅骨与脑组织密度不同导致运动速度差异引起组织之间的牵拉作用，导致产生脑部的剪切性损伤。在动态过载环境中脑组织动量剧烈变化也会使头部产生剪力和摩擦力从而导致颅脑内的血管、神经和纤维组织等的损伤，临床上将这些损伤常归为弥散性轴索损伤。头部力学损伤机制分为线性加速度损伤和旋转加速度损伤。头部在做平移运动时，脑组织的应力波传播和脑颅相对位移引起压力梯度，压力传播和压力梯度变化导致挫伤，如图 4-8 所示。脑与颅骨之间发生角度相对运动，产生高剪切应力导致脑组织损伤，同时颅骨内表面粗糙造成脑组织挫伤。

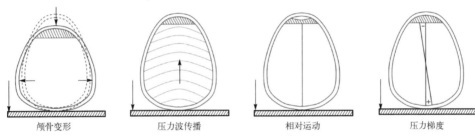

颅骨变形　　　　　压力波传播　　　　　相对运动　　　　　压力梯度

图 4-8　脑损伤机制示意图

鸡蛋具有与人脑相似的结构，即坚硬外壳包裹浸润在液体的软组织。发表于《流体物理学》的一项研究中，科学家从中获得灵感，用鸡蛋模拟冲击作用下的脑震荡。剥掉蛋壳后将蛋黄和蛋清放到一个坚硬的透明容器中，分别用平移冲击和旋转加速冲击，同时观测蛋黄的变形程度(图 4-9)。结果表明(图 4-10)，蛋黄软物质对平移冲击不敏感，但对旋转

(a)平移冲击装置　　　　　　　　　　(b)旋转加速冲击装置

图 4-9　实验装置

a-容器；b-导轨；c-锤；d-弹簧底座；e-加速度计；f-数据输入模块；g-电动机

t = 0.000s	t = 0.002s	t = 0.004s	t = 0.006s	t = 0.008s	t = 0.010s

(a)平移冲击

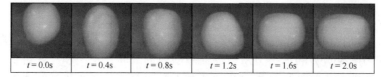

t = 0.0s	t = 0.4s	t = 0.8s	t = 1.2s	t = 1.6s	t = 2.0s

(b)旋转加速冲击

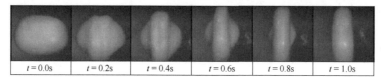

t = 0.0s	t = 0.2s	t = 0.4s	t = 0.6s	t = 0.8s	t = 1.0s

(c)旋转减速冲击

图 4-10　蛋黄在冲击下的反应

尤其对减速旋转冲击非常敏感。这一发现，揭示了膜结合的软物质(如蛋黄、细胞、脑组织等)在响应外部撞击时的运动和变形机制。

4.1.3　脑脊液循环流体动力学

大脑的三个流体网络分别为血管系统、脑脊液和间质液，如图 4-11 所示。

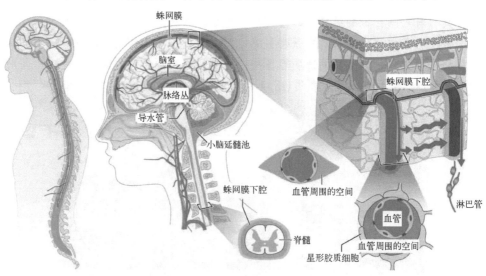

图 4-11　大脑液体交换示意图

1.　血管系统

大脑有很高的代谢需求。脑循环对确保有效的血液供应和避免缺血至关重要。大脑的血液供应是由侧支血管网络和涉及血管舒张与收缩的精确自动调节系统维持的。大脑动脉环（又称 Willis 环）是位于大脑底部的环状动脉结构。传入动脉向 Willis 环供血，而传出动脉从 Willis 环输送血液。吻合动脉连接传入动脉，当传入血液供应减少时，可以改变血液供应的路径，维持血液流向大脑。血液通过 Willis 环进入大脑，然后通过微血管系统循环进入静脉。在通过静脉系统离开大脑之前，血液和周围组织在微血管系统中进行局部的营养和氧气交换。大脑的毛细血管网络很密集，以确保足够的氧气输送到代谢高度活跃的神经元。脑微血管系统的主要特征是毛细血管周围的内皮细胞之间存在紧密连接。这一内皮层，称为血脑屏障，起着将血液与组织分离的保护层作用，阻止离子和蛋白质等物质通过血脑屏障的运输，内皮细胞通过细胞膜上的离子泵积极地控制物质通过血脑屏障的运输，这使得间质液的形成成为可能。

2. 脑脊液

脑脊液是主要由脉络丛产生的透明浆状液体，成年人产生的速率大约为 0.3mL/min，日分泌量大约为 432mL。左、右侧脑室的脉络丛产生的脑脊液通过室间孔流到第三脑室，与第三脑室脉络丛产生的脑脊液汇合，一起通过中脑水管流入第四脑室，再与第四脑室脉络丛产生的脑脊液汇合，一起通过第四脑室正中孔和两个外侧孔流入蛛网膜下腔，然后流向大脑背面，经蛛网膜粒渗透到硬脑膜窦（主要是上矢状窦）内，最后回流入血液中（图4-12）。脑脊液循环通路即左、右侧脑室脉络丛产生的脑脊液→通过室间孔→到达第三

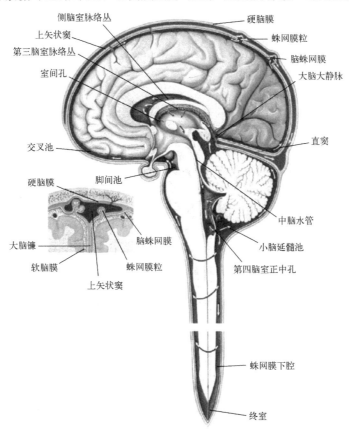

图 4-12　脑脊液循环模式

脑室，与第三脑室脉络丛产生的脑脊液一起→通过中脑水管→到达第四脑室，再汇入第四脑室脉络丛产生的脑脊液→通过第四脑室的正中孔、外侧孔→蛛网膜下隙→蛛网膜粒→上矢状窦→窦汇→左、右横窦→左、右乙状窦→颈内静脉。脑脊液有许多功能，包括：为大脑提供机械支持，为大脑各区域间的体液信息运输提供媒介，以及作为大脑的废物处理系统，发挥着与淋巴系统相似的作用。

　　脑脊液循环流速观测技术对于脑部疾病的诊断和治疗起着至关重要的作用。利用粒子跟踪测量技术，如图 4-13 所示，在小鼠颅骨背面注射了微米级荧光示踪剂颗粒(绿色荧光)并进行扫描跟踪，蓝色部分为脑脊液，红色为表面动脉周围的血管，对示踪粒子的位置和速度进行跟踪测量以获取瞬时速度和流线。图 4-13(a)为瞬时速度，图 4-13(b)、(c)两图为平均速度，实心部分为速度大于 15μm/s，小方块为速度小于 15μm/s。脑脊液流速的检测在疾病治疗中也较为常见，如图 4-14 所示，利用磁共振成像技术对患者术前、术后进行脑脊液流速测量，对比术前、术后流速差异，以指导手术和确保疗效。

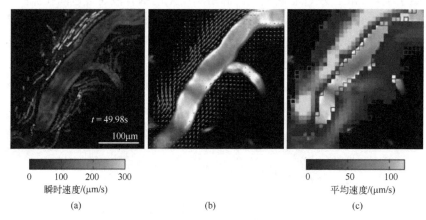

(a)　　　　　　　　　　　(b)　　　　　　　　　　　(c)　　　　图 4-13

图 4-13　示踪剂跟踪测量脑脊液流速

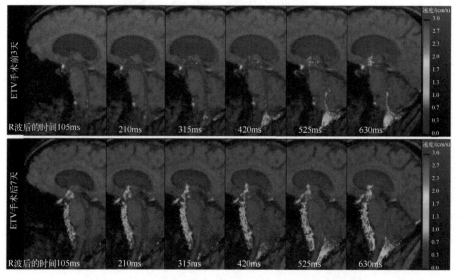

图 4-14

图 4-14　磁共振成像技术测量的术前、术后脑脊液流速

2010 年，Stadlbauer 等首次运用 4D-PC Flow 成像技术分析了人类脑室系统脑脊液流动模式。2011 年，Bunck 等采用 4D-PC Flow 成像技术获得 CMI（Chiari 畸形）患者枕颈交界处及颈椎管内脑脊液流动模式，三维动态图像显示脑脊液异常流动模式，包括喷射型、涡流型及广泛异质型（图 4-15）。

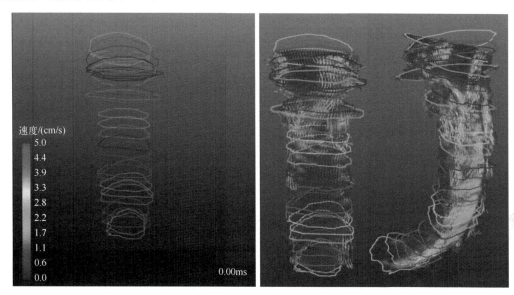

图 4-15　4D-PC Flow 成像技术获得的脑脊液循环三维动态图像

3. 间质液

间质液是一种与血浆成分相似的细胞外液。间质液填充于脑组织的间隙，浸泡细胞。在健康的大脑中，由于血脑屏障的渗透性低，只有相对少量的液体能够从血脑屏障渗漏到间质液。间质液流动有重要的意义：非突触细胞间通信、药物传递、离子稳态、免疫功能、β-淀粉样蛋白沉积的清除和细胞迁移等生理活动。

4. 三种液体网络之间的关系

图 4-16 显示了颅内流体动力学的关键特征：血管、脑脊液和间质液的相互作用以及液体交换。

（1）血液与间质液间的液体交换：人类心脏类似于一个泵，将大约 20% 的血液泵入大脑动脉，进入毛细血管。由于血脑屏障的存在，血浆蛋白在毛细血管中的浓度通常要比在间质液中高得多。因此，水分子倾向于通过渗透从间质液流入血液。通过渗透压 $\Pi=CRT$ 定量描述渗透能力，其中，C 是血液和间质液的渗透浓度（mol/L）；R 是气体常数；T 是温度。渗透压差（$\Pi_{血液} - \Pi_{间质液}$）为水从间质液进入毛细血管的驱动力。除了渗透压外，水的运动还受到静水压力的影响。毛细血管的静水压力大于组织的静水压力。静水压差（$P_{血液} - P_{间质液}$）驱动水从毛细血管进入组织。在毛细血管的动脉端，静水压差大于渗透压差，水从血液流向间质液。相反，在静脉末端，静水压差小于渗透压差，水从间质液进入血液。在正常循环下，整个毛细血管的静水压差略高于渗透压差，因此有少量的血液从毛细血管进入间质液。

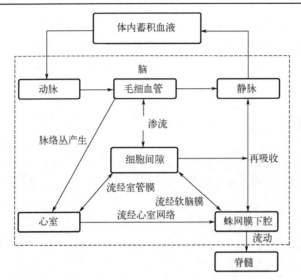

图 4-16　三种液体网络间的关系：血液、脑脊液和间质液

(2)间质液和脑脊液之间的液体交换：间质液与脑脊液交换有两条途径，如图 4-17 所示，虚线箭头表示脑脊液的流动，实线箭头表示间质液到脑脊液的流动。一种途径是通过脑室壁的室管膜，另一种途径是通过脑表面的脑膜胶质膜。在正常循环下，间质液从脑实质部分进入脑脊液，其中 10%～30%的脑脊液来自间质液。

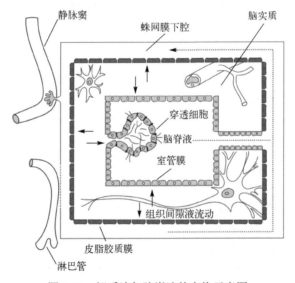

图 4-17　间质液与脑脊液的交换示意图

知识点：脑积水

脑积水是各种颅脑疾病使得脑脊液分泌过多或(和)循环、吸收障碍而导致颅内脑脊液量增加，脑室系统扩大或(和)蛛网膜下腔扩大的一种病症。脑脊液循环通路梗阻和吸收不良较为多见，而分泌过多者较为少见。

脑积水的主要病因可分为以下三大类。

(1)脑脊液循环通道受阻：如先天性脊柱裂、中脑导水管狭窄，以及颅内感染、颅内出血、颅内肿瘤等引起脑脊液通路阻塞。

(2)脑脊液分泌过多：侧脑室脉络丛增生，分泌旺盛，引起分泌功能紊乱。

(3)脑脊液吸收障碍：如胎儿期脑膜炎以及各种静脉窦受压或阻塞等所致脑脊液吸收障碍。

脑积水形成后会使颅内压升高，引起脑脊液循环通路受阻，进而导致脑组织改变，具体表现为由脑脊液积聚引起的脑室系统扩张、脑室室壁受到牵拉，室管膜随着疾病进程逐渐消失，脑室周围呈星形细胞化或胶质瘢痕形成。脑室如果继续扩大，那么颅内压力持续升高，迫使脑脊液流入周围脑组织，从而导致白质水肿。即使在这时进行脑脊液分流术，将脑室大小恢复到正常，在组织学上的脑组织改变也已不能恢复。颅内脑脊液容量增加时，脑组织的弹性将会减小，若脑积水继续发展，大脑皮层将因受压而变薄，那么可能继发脑萎缩。第三脑室的扩张可使下丘脑受压而萎缩，中脑受压则使眼球垂直运动发生障碍，出现临床所见的"落日目"征。第四脑室受阻的病例，可出现脊髓中央管扩大，脑脊液可经终池流入脊髓蛛网膜下腔。脑积水引起的颅内压增高还可使双侧横窦受压，使注入两侧颈内静脉的血流受阻，因而可出现代偿性颈外静脉系统的血液回流增加，继发头皮静脉怒张。

脑积水的治疗以手术为主，可分为病因治疗、减少脑脊液生成及脑脊液分流术三种。近年来，随着科技的发展，对脑积水的治疗出现了许多新的方法，如神经内镜造瘘技术。目前，利用神经内镜在第三脑室底造瘘术是梗阻性脑积水的首选治疗方法，其损伤小，并发症少。如图 4-18 所示，利用有限元模拟仿真技术，得到手术前后压力梯度的变化情况，以指导检验造瘘手术和促进神经内镜技术的成熟。神经内镜造瘘技术逐渐应用到更广泛的脑积水治疗，并且取得令人满意的效果。

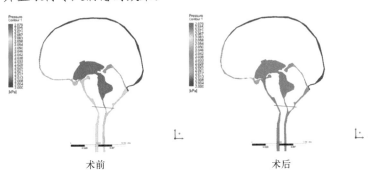

术前　　　　　　　　　　　　术后

图 4-18　脑积水手术模拟

知识点：脑水肿

脑水肿是指脑组织内水平衡紊乱，是创伤性脑损伤、出血、卒中和缺血后常见的病理现象。根据脑水肿的发生机制，脑水肿主要分为两种类型：血管源性脑水肿和细胞毒性脑水肿(图4-19)。其中，细胞毒性脑水肿本质上是一种水室移位，组织含水量或体积没有变化。相反，如果血脑屏障受损，那么血管会变得更容易渗透液体。血管中液体过多地穿过血脑屏障，导致液体积聚在脑组织内，引起肿胀，这一过程称为血管源性脑水肿。

1896 年，Starling 描述了跨毛细血管膜的液体流动和静水压、胶体渗透压之间的关系。

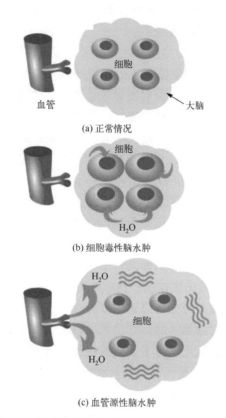

(a) 正常情况

(b) 细胞毒性脑水肿

(c) 血管源性脑水肿

图 4-19　细胞毒性脑水肿和血管源性脑水肿示意图

Starling 方程阐明了净滤过量与静水压和胶体渗透压的净差值是成比例的，即

$$F = (P_c - P_g) - \sigma(\pi_p - \pi_g) \tag{4-5}$$

式中，F 为滤过率；$P_c - P_g$ 为血管腔与组织间隙间的静水压差；$\pi_p - \pi_g$ 为血管腔与组织间隙间的胶体渗透压差；σ 为反折系数。

如图 4-20 所示，正常生理条件下，人的血浆胶体渗透压主要由血浆中的白蛋白形成，约为 3.33kPa（25mmHg），毛细血管的血压在动脉端平均为 4.0kPa（30mmHg），在静脉端平均为 1.6kPa（12mmHg），组织液胶体渗透压约为 2.0kPa（15mmHg），组织液静水压约为 1.33kPa（10mmHg）。将这些数值分别代入上述方程(4-5)，则在毛细血管动脉端的有效滤过压为 1.33kPa（10mmHg），而静脉端的有效滤过压为−1.06kPa（−8mmHg）。因此，在毛细血管动脉端，液体滤出毛细血管，而在静脉端则液体被重吸收。总的来说，在毛细血管动脉端滤出的液体，大部分（约 90%）可在静脉端被重吸收回血液，另有少量液体流向脑室，形成间隙液。

由于 Starling 机制失衡，发生血管源性水肿，多余的水进入细胞外空间。常见的失衡原因有：血栓阻塞静脉腔、肿瘤或瘢痕压迫静脉壁等引起毛细血管有效流体静压增高；血浆蛋白浓度降低、微血管壁通透性增高、组织间质液中蛋白积聚等引起有效胶体渗透压下降。

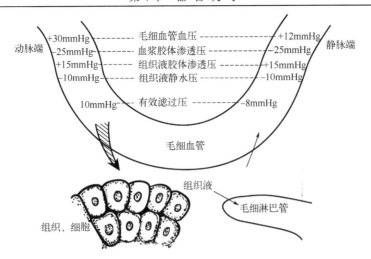

图 4-20 间隙液的生成与回流示意图
1mmHg=133.3223684Pa

在此基础上,对大脑半球建立有限元模型,模拟脑损伤后 15min 到 24h 的脑水肿扩散过程。如图 4-21 所示,在血脑屏障局部损伤 2h 后,水肿局限于损伤部位。在 2~7h,延伸到邻近的白质,直到脑室壁。24h 水肿达到最大程度,大脑含水量在病变同侧的白质内升高,但在灰质内没有明显变化。

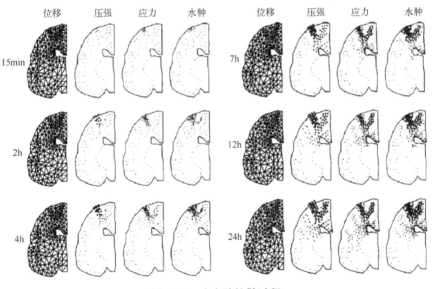

图 4-21 脑水肿扩散过程

4.2 肺

4.2.1 肺的解剖结构

人的呼吸系统已经有不少解剖学家进行过仔细的测量,人肺的解剖结构如图 4-22 所示。根据 Weibel 的测量结果，每一根支气管分为两根子支气管，而每一根子支气管又作为下一级的母管，再分为两根子管。两根子管的长度和直径可能彼此不同。Weibel 将测量的结果用两种形式表示：对称的模型(A)和非对称的模型(B)。其中，模型 A 是将每一级的气管的管径和长度取平均值作为模型气管的直径和长度，各级支气管的具体数据如表 4-3 所示。

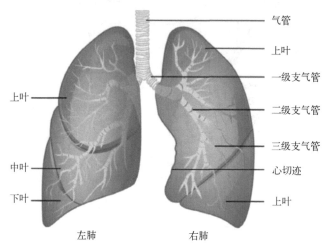

图 4-22　肺的解剖结构

表 4-3　肺各级支气管数据（按 Weibel 的模型 A）

代数	根数	直径/mm	长度/mm	总长度/mm	截面积[1]/cm²	体积/mL	总体积/mL	速率/(cm/s)	时间/ms	总时间/ms	压差[2]/μH₂O	总压差[2]/μH₂O	Re 数
气管 0	1	18	120	120.0	2.6	31	31	393	30.5	31	87	87	4350
主支气管 1	2	12.2	47.6	167.6	2.3	11	427	42	11.1	41	82	169	3210
主支气管 2	4	8.3	19	186.6	2.2	4	46	462	4.11	45	76	246	2390
主支气管 3	8	5.6	7.6	194.2	2.0	1	47	507	1.50	47	73	320	1720
主支气管 4	16	4.5	12.7	206.2	2.6	3	51	392	3.23	50	147	467	1110
主支气管 5	32	3.5	10.7	217.6	3.1	3	54	325	3.29	53	170	638	690
支气管壁 6	64	2.8	9.0	226.6	4.0	4	57	254	3.55	57	174	812	434
上有软骨 7	128	2.3	7.6	234.2	5.3	4	61	188	4.04	61	162	974	277
上有软骨 8	256	1.86	6.4	240.6	7.0	4	66	144	4.45	65	160	1134	164
上有软骨 9	512	1.54	5.4	246.0	9.6	5	71	105	5.15	80	143	1277	99
上有软骨 10	1.02k	1.30	4.6	250.6	14	6	77	73.6	6.25	77	120	1397	60
上有软骨 11	2.05k	1.09	3.9	254.5	19	7	85	52.3	7.45	85	103	1500	34
细支气管壁 12	4.10k	0.95	3.3	257.8	29	10	94	34.4	9.58	94	75	1576	20
有平滑肌 13	8.19k	0.82	2.7	260.5	43	12	106	23.1	11.7	106	55	16:2	11
有平滑肌 14	16.4k	0.74	2.3	262.8	72	16	122	14.1	16.2	122	35	1667	6.5
有平滑肌 15	32.8k	0.66	2.0	264.8	112	22	144	8.92	22.4	144	24	1692	3.6
末梢细支气管 16	65.5k	0.60	1.65	266.5	185	36	175*	5.40	30.6	175	14	1707	2.1
呼吸道细支气管 17	131k	0.54	1.41	267.9	300	42	217	3.33	42.3	217	10	1716	1.1
呼吸道细支气管 18	262k	0.50	1.17	269.0	514	60	278	1.91	60.2	277	5	1722	0.57

续表

代数	根数	直径/mm	长度/mm	总长度/mm	截面积[①]/cm²	体积/mL	总体积/mL	速率/(cm/s)	时间/ms	总时间/ms	压差[②]/μH₂O	总压差[②]/μH₂O	Re 数
呼吸道细支气管 19	524k	0.47	0.99	270.0	909	90	367	1.10	90.0	368	3	1725	0.31
肺泡管 20	1.05M	0.45	0.83	270.9	1.7k	138	506	0.60	138	506	1.4	1726	0.17
肺泡管 21	2.10M	0.43	0.70	271.6	3.0k	213	719	0.32	223	719	0.74	1727	0.08
肺泡囊 22	4.19M	0.41	0.59	272.1	5.5k	326	1045	0.18	326	1017	0.37	1727	0.04
肺泡 23	8.39M	0.41	0.50	272.6	11k	553	1599	0.09	553	1602	0.16	1728	—

注：①总面积；②层流时相对于口腔处的压力差；k=10³，M=10⁶，死腔总体积为175mL。

模型 A 中各级的编号是以气管为零级，主支气管为第一级，依次编号。从第零级至第十六级的气管总称为呼吸道，第十六级支气管称为末梢细支气管。此后就在气管壁上出现肺泡。这个区域称为呼吸区，它包括第十七级至第二十三级。每一级支气管的总截面积随各级的编号数而递增很快。与此相应，流速也减小很快。气流的雷诺数(按管径和平均速度计算)和压力降见表 4-3。由于这些数值是按 Weibel 的简化模型 A 算出的，并且假设是充分发展的圆管层流，因此它们并不太准确。将它们列出来，主要是说明它们的数量级。

4.2.2　气体在肺内的流动、混合和扩散

1.　气体在气管中的流动

由于气管系有许多分支和弯曲，管截面有一定的椭圆度，所以其中的流动不同于直长圆管中的层流流动，管截面内速度分布的情形不会是抛物面状的。此外，管道的曲率会导致流体在弯曲部位产生二次流。离心力的作用使得流体在轴向流动的同时呈现横向运动，形成旋转或螺旋状的流动模式。同时，当管道截面的变化过于剧烈时，也会引起流动的分离现象。流体在面对截面突然变化时，无法适应这种变化，导致部分流体从管道壁面脱离，形成流动速度较慢或逆向的区域。总的来说，在有的区段可能是层流，也可能是湍流，流态很复杂。

在复杂的流动中，压力和流速是逐点变化的。正常情况下，从口、鼻至肺泡的总压降不过几毫米水柱，每一段的支气管或小支气管的压降就更小了(表 4-3)，轴向平均压降和横向压力变化差不多，所以测量压降很困难。

而测量流速相对容易，因此 Pedley 等提出了一个压降与流速分布的关系，借以间接讨论压降。这个方法基于能量守恒定律，即在管内任何两处"1"和"2"(图 4-23)，总存在着下列关系：在"2"处动能获得率减在"1"处动能损失率等于压力在"1"处的做功率，减压力在"2"处的做功率，再减掉整个"1""2"之间因黏性损耗的功率。

流体每单位体积所具有的动能为 $1/2pq^2$，这里 q 为流体元的速率。若垂直于面积元 $\mathrm{d}A$ 的速度为 u，则单位时间内流过 $\mathrm{d}A$ 的动能为 $1/2pq^2u\mathrm{d}A$。因此单位时间内流过"1"处截面的总动能为

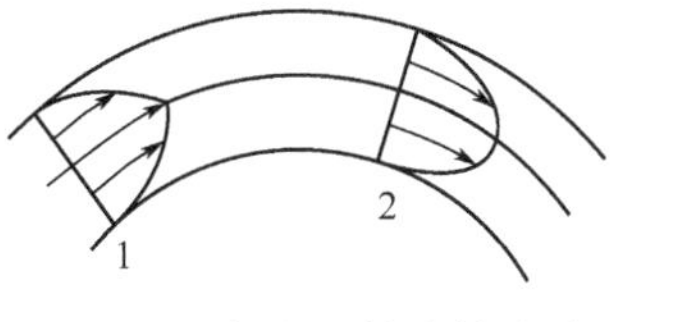

图 4-23　弯曲圆管内的流动

$$\int_{A_1} \frac{1}{2}\rho q^2 u \mathrm{d}A \tag{4-6}$$

在同一处，压力在单位时间内对流过的流体所做的功为

$$\int_{A_1} pu \mathrm{d}A \tag{4-7}$$

故在"1"和"2"处的能量平衡关系可写成：

$$\int_{A_1} pu \mathrm{d}A - \int_{A_2} pu \mathrm{d}A = \int_{A_2} \frac{1}{2}\rho q^2 u \mathrm{d}A - \int_{A_1} \frac{1}{2}\rho q^2 u \mathrm{d}A + \wp \tag{4-8}$$

式中，$\wp$ 为"1"和"2"之间黏性引起的机械能损失率，称为能量耗散率。若用式(4-9)来作"有效"压力和"有效"速度平方的定义：

$$\hat{p} = \frac{1}{\dot{V}}\int_A pu \mathrm{d}A, \quad \hat{q}^2 = \frac{1}{\dot{V}}\int_A q^2 u \mathrm{d}A \tag{4-9}$$

式中，$\dot{V}$ 为管的流量，即

$$\dot{V} = \int_A u \mathrm{d}A \tag{4-10}$$

则式(4-8)可以写成：

$$\hat{p}_1 - \hat{p}_2 = \frac{1}{2}\rho q_2^2 - \frac{1}{2}\rho q_1^2 + \frac{\wp}{\dot{V}} \tag{4-11}$$

应该注意到：$\hat{p}_1$ 不是管截面的平均压力 $\bar{p}$，$\hat{q}_2^2$ 也不是平均速度 $\bar{u}$ 的平方，因为

$$\bar{p} = \frac{1}{A}\int p \mathrm{d}A, \quad \bar{u} = \frac{1}{A}\int u \mathrm{d}A \tag{4-12}$$

若 $\wp$ 为零，式(4-11)就成为 Bernoulli 方程。

当流量 $\dot{V}$ 超过某一临界值时，层流就会发展成湍流。由于时间平均压力在截面上是均匀的，平均动能在管内各处无变化，因此式(4-11)可写为

$$\Delta p = \frac{\wp}{\dot{V}} \tag{4-13}$$

当 Re 小于 10^5 范围内时，Δp 可表示为

$$\frac{\Delta p}{L} = \frac{\rho \bar{u}^2}{2d} \times 0.32 Re^{-1/4} \tag{4-14}$$

2. 气流与扩散的相互作用

在每次呼吸时，从同一呼吸道吸入新的空气，呼出陈的肺气。新空气和陈肺气是如何混合的？当然新空气不可能直达肺泡，因为呼吸道有一定的死腔。肺中的陈气也不可能完全排空。实际上，气体在这个腔中像长江口的潮水一样运动，新空气与陈肺气的交界面由于扩散和流动而混了起来。交界面的运动情况是很值得研究的，因为这与换气的效率有关。用简化的情形加以说明，考虑图 4-24 所示的直长槽中的定常流，它具有抛物形速度分布。假设某时刻在 x_0 截面左侧引入可在气体 A 中扩散的物质 B，并设在引入物质 B 时，A、

B 交界面是平面。由于中心的物质以两倍于平均速度的速度运动,而与边壁接触的流体是不动的,因此物质 B 与 A 的交界面就渐变为抛物面。若 A 与 B 间无扩散,那么在继续流动的过程中,由于交界面逐渐延伸,因此在每个截面上物质 B 的平均浓度将随截面的位置 x 而变,这里平均浓度的定义为

$$\overline{c} = \frac{1}{h}\int_0^h c\,\mathrm{d}z \tag{4-15}$$

式中,h 为槽宽。

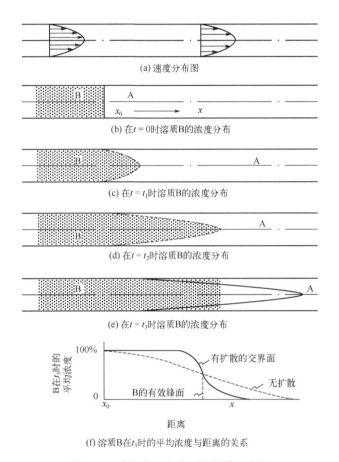

(a) 速度分布图

(b) 在 $t = 0$ 时溶质B的浓度分布

(c) 在 $t = t_1$ 时溶质B的浓度分布

(d) 在 $t = t_2$ 时溶质B的浓度分布

(e) 在 $t = t_3$ 时溶质B的浓度分布

(f) 溶质B在 t_3 时的平均浓度与距离的关系

图 4-24 支气管内气体迁移扩散示意图

实际上,分子扩散作用会改变交界面。如图 4-24 所示,在时刻 t_1,B 的浓度梯度在纵向仍然很大;在时刻 t_2,沿交界面处,B 的浓度梯度在横向变大了,沿横向发生了扩散。在时刻 t_3,B 在槽中的平均浓度分布如图 4-24 中实心区域所示。Taylor 指出:对于充分发展的层流,总的纵向混合可以作为纯扩散来描述。具体来说,在注入物质 B 且经过足够长的时间以后,其运动状态相当于其平均浓度在以平均速度运动的动坐标系内做纯分子扩散运动,但这种"表观扩散"系数 D_{app} 比真正的分子扩散系数 D 大得多:

$$D_{\mathrm{app}} = \frac{(uh)^2}{210D} \tag{4-16}$$

从式(4-16)中可以看出：这样的扩散率因分子扩散率 D 的减小而增大。这是由于分子扩散率小的时候，在横向混合也慢，于是纵向浓度变化也慢，仿佛 D_{app} 变大了似的。

这些结论对湍流也成立，因为湍流的混合也大致类似于分子扩散。若将这些概念用于呼吸道中的流动，则在吸气过程中，新空气和陈肺气交界处，O_2 和 CO_2 的浓度逐渐变化，当这种浓度变化的气体进入越来越小的气管时，由于 u 和 d 都迅速减小，D_{app} 也变得很小，这种类型的运动也就停止了。此后，也就是在末梢细支气管以下，气流的影响可略去不计，而分子扩散就成为 O_2 和 CO_2 与血液交换的主要机制了。

这个问题可分两步考虑。①考虑当气体 A 在直槽中做定常流动时，突然在 $x=0$ 截面处将溶质 B 注入，即在 $t=0$ 时，B 集中在 $x=0$ 截面上(图 4-25)。②求出这个问题的解以后，相应于溶质 B 以阶跃函数方式注入的解就可以通过卷积形式的积分求得。

图 4-25 气管内溶质扩散模型示意图

首先推导溶质 B 的基本运动方程。设 c 为溶质 B 的浓度，D 为溶质 B 在溶液 A 中的扩散系数，∇ 为梯度向量，$\boldsymbol{u}$ 为速度向量，则溶质的通量(质量流量)是分子扩散和迁移流的和，即

$$通量 = -D\nabla c + \boldsymbol{u}c \tag{4-17}$$

溶质流动的平衡方程(质量守恒)可以根据流入和流出控制体的质量，再加上控制体中溶质的变化推导出来，即

$$-\frac{\partial c}{\partial t} = \nabla \cdot (-D\nabla c + \boldsymbol{u}c) \tag{4-18}$$

如果设流体是不可压缩的，那么有

$$\nabla \cdot \boldsymbol{u} = 0 \tag{4-19}$$

当扩散系数 D 与浓度和位置无关，为一常量时，式(4-18)可写成：

$$\frac{\partial c}{\partial t} + \boldsymbol{u} \cdot \nabla c = D\nabla^2 c \tag{4-20}$$

这些方程必须加上适当的边界条件来求解。对于图 4-25 所示的槽(二维情形)，若设槽壁对于溶质和溶剂都是不容透过的，且取槽中心线为 x 轴，与 x 轴垂直的另一线为 z 轴，速度 $\boldsymbol{u}$ 的分量为 u 和 w，则式(4-20)可写成：

$$\frac{\partial c}{\partial t} + u\frac{\partial c}{\partial x} + w\frac{\partial c}{\partial z} = D\left(\frac{\partial^2 c}{\partial x^2} + \frac{\partial^2 c}{\partial z^2}\right) \tag{4-21}$$

图 4-24 中所示的情形是：溶质 B 在 $t=0$、$x=0$ 处突然注入，溶质在 $x=0$ 截面上的分布是均匀的，此外还假设流动是定常的，但溶质的扩散运动非定常。现在求在足够长时间过后溶质浓度分布的渐近解。在渐近的情形中，速度可以表示为不变平均速度 $\bar{U}$ 和摄动量 $u'(z)$

的和，后者只是 z 的函数，横向速度 w 则为零。溶质 B 必定在槽内蔓延到相当大的范围。

由于槽长而窄，纵向浓度变化率比横向的小得多，所以 $\dfrac{\partial^2 c}{\partial x^2}$ 相对于 $\dfrac{\partial^2 c}{\partial z^2}$ 可以忽略不计，因此式(4-21)可写成：

$$\frac{\partial c}{\partial t} + [\bar{U} + u(z)]\frac{\partial c}{\partial x} = D\frac{\partial^2 c}{\partial z^2} \tag{4-22}$$

为了去掉式(4-22)中的 $\bar{U}$，令

$$x = \xi + \bar{U}t \tag{4-23}$$

则式(4-22)变为

$$\frac{\partial c}{\partial t} + u'(z)\frac{\partial c}{\partial \xi} = D\frac{\partial^2 c}{\partial z^2} \tag{4-24}$$

设在 $z=0$ 各截面上的浓度平均值为 $\bar{c}(\xi,t)$（显然这个量不再是 z 的函数了），实际浓度 $c(\xi,z,t)$ 与 $\bar{c}(\xi,t)$ 的差用 c' 表示，且设 c' 与 ξ 无关，即

$$c(\xi,z,t) = \bar{c}(\xi,t) + c'(z,t) \tag{4-25}$$

在渐近情形，这些量与时间 t 无关，故式(4-24)可写为

$$u'(z)\frac{\partial \bar{c}}{\partial \xi} = D\frac{\partial^2 c'}{\partial z^2} \tag{4-26}$$

在导出式(4-26)时用了下面的假设：

$$\frac{\partial c'}{\partial \xi} = \frac{\partial \bar{c}}{\partial \xi} \tag{4-27}$$

$$\frac{\partial \bar{c'}}{\partial t} = D\frac{\partial^2 c'}{\partial z^2}, \quad \frac{\partial c'}{\partial t} = D\frac{\partial^2 c'}{\partial z^2} \tag{4-28}$$

边界条件则取 $z=0$ 时 $c'=0$（这是原来 c' 的定义），以及 c 在槽壁上为零。故第一次积分为

$$\frac{\partial c'}{\partial z} = \int_{-\frac{h}{2}}^{z} \frac{1}{D}\frac{\partial \bar{c}}{\partial \xi'}u'(z')\mathrm{d}z' \tag{4-29}$$

它满足 $z = -\dfrac{h}{2}$ 的边界条件。第二次积分为

$$c' = f(z)\frac{\partial \bar{c}}{\partial \xi} \tag{4-30}$$

式中

$$f(z) = \int_0^x \left(\int_{-\frac{h}{2}}^{z'} \frac{1}{D}u'(z')\mathrm{d}z' \right)\mathrm{d}z'' \tag{4-31}$$

若截面以平均流速运动，则流过该截面的质量流量为

$$\dot{M} = A\overline{u'c} = A\overline{u'c'} \tag{4-32}$$

式中，A 为截面积，字母上的横画线表示对截面的平均。将式(4-30)代入式(4-32)，则有

$$\dot{M} = A\overline{u'f}\frac{\partial \overline{c}}{\partial \xi} \tag{4-33}$$

若令

$$D_{app} = -\overline{u'f} \tag{4-34}$$

则式(4-33)可写成：

$$\dot{M} = -AD_{app}\frac{\partial \overline{c}}{\partial \xi} \tag{4-35}$$

这就与菲克扩散定律的形式相类似。现在考虑控制体中的质量平衡，一方面单位时间内的净流入量为

$$\frac{\partial \dot{M}}{\partial \xi}\mathrm{d}\xi \tag{4-36}$$

这应与控制体内的溶质变化率 $\dfrac{\partial c}{\partial t}A\mathrm{d}\xi$ 相等，利用式(4-35)，故有

$$\frac{\partial \overline{c}}{\partial t} = D_{app}\frac{\partial^2 \overline{c}}{\partial \xi^2} \tag{4-37}$$

或是

$$\frac{\partial \overline{c}}{\partial t} + \overline{U}\frac{\partial \overline{c}}{\partial x} = D_{app}\frac{\partial^2 \overline{c}}{\partial x^2} \tag{4-38}$$

众所周知，它的解为

$$\overline{c} = I(x,t) = \frac{1}{2}\frac{1}{h\sqrt{\pi D_{app}t}}\exp\left[-\frac{(x-\overline{U}t)^2}{4D_{app}t}\right] \tag{4-39}$$

其中，假设注入的溶质是一个单位的质量，而

$$D_{app} = \frac{h^2\overline{U}^2}{210D} \tag{4-40}$$

若注入溶质的总量为 m，则浓度为 $mI(x,t)$。由于方程是线性的，故可以叠加。例如，若在单位长度内注入的速率为 $f(x,t)$，则在时间间隔 τ 与 $t+\mathrm{d}\tau$，槽中 ξ 与 $\xi+\mathrm{d}\xi$ 间，溶质 $f(\xi,\tau)\mathrm{d}\xi\mathrm{d}\tau$ 可认为是突然注入的，故浓度分布应为

$$\overline{c}(x,t) = f(\xi,\tau)\mathrm{d}\xi\mathrm{d}\tau I(x-\xi,t-\tau) \tag{4-41}$$

当溶质在 $(-\infty,X)$ 和 $(-\infty,T)$ 之间以 $f(\xi,\tau)$ 的规律注入后，其浓度分布应为

$$\overline{c}(x,t) = \int_{-\infty}^{T}\mathrm{d}\tau\int_{-\infty}^{x}\mathrm{d}\xi f(\xi,\tau)I(x-\xi,t-\tau) \tag{4-42}$$

D_{app} 则可由式(4-39)和式(4-22)算出。对于二维槽的情形，当速度分布是抛物面的，宽度为 h 时，离中心线为 z 处的速度为

$$u = u_0\left(1-\frac{4z^2}{h^2}\right) \tag{4-43}$$

式中，u 为中心线处的速度，也就是最大速度。因此平均速度和偏量 u' 分别为

$$\bar{U} = \frac{2}{3}u_0, \quad u' = \frac{1}{2}\bar{U}\left(1 - \frac{12z^2}{h^2}\right) \tag{4-44}$$

根据式(4-22)、式(4-39)，即可求得

$$D_{app} = \frac{h^2 \bar{U} \bar{J}^2}{210D} \text{(平面槽)} \tag{4-45}$$

对于直圆管而言，速度分布关系为

$$u = u_c\left(1 - \frac{r^2}{a^2}\right), \quad \bar{U} = \frac{1}{2}u_0 \tag{4-46}$$

而 D_{app} 则可同样算得，为

$$D_{app} = \frac{a^2 \bar{U}^2}{48D} = \frac{d^2 \bar{U}^2}{192D} \quad \text{(直圆管)} \tag{4-47}$$

突然注入单位溶质的解为 $I(x,t)$，也就是式(4-39)。

上述结果是问题的渐近解，因此它只能适用于远离注入源和经过足够长的时间的情形。Taylor 还将这些分析推广到粗糙和光滑、直的和弯的管中的湍流的情形。在生理学中，注入溶质来确定血液的流量和到达的时间虽然是 Stewart 首创的，但正确地加以说明这个问题无疑应归功于 Taylor。

3. 肺泡中的扩散

现在讨论呼吸气流和扩散在细支气管、肺泡管和肺泡这个呼吸区的情况。在这个气体与血液进行交换的区域中，流动速度很小，Re 小于 1，实际上可以忽视惯性，流动已不起作用，O_2、CO_2 和 N_2 在肺泡中主要以分子扩散的方式运动。

在末梢细支气管与肺泡管的终端之间，虽然总长为 0.12cm，但是气体所充盈的空间随分级数成指数增加。末梢细支气管处为 175cm³，而到肺泡管处，则急速增大到 4800cm³。这段区域内由于体积的变化，O_2 和 CO_2 的浓度一定也有很大的变化。在肺泡壁处，由于在薄膜的两侧 O_2 和 CO_2 存在的浓度差，所以气体与血液在此迅速地进行交换。图 4-26 标明了吸气时的情况。因此在呼吸过程中，O_2 和 CO_2 在肺泡壁处的浓度时刻在变化，这就是说，气体在肺泡管和肺泡中的边界条件随时间和位置而变。

这里问题为：在这个区域中，O_2 和 CO_2 的扩散过程快到什么程度？在肺泡管中 O_2 和 CO_2 的浓度是不是均匀的？它们的浓度在管内有没有明显的差异？有些人认为，由于气体扩散很快，因此在这个区域中任何时候都可以视为均匀分布；另外有些人则认为，应该考虑浓度的差异，因为它影响气血的交换。下面通过一个例题的解来加以说明。

图 4-27 中所表明的是张信刚等对理想化的肺泡管

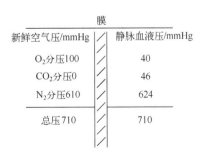

膜		
新鲜空气压/mmHg		静脉血液压/mmHg
O_2分压100		40
CO_2分压0		46
N_2分压610		624
总压710		710

图 4-26　吸气过程中的气体浓度分布

问题的解。肺泡管左边加了一节管子用以模拟非呼吸区的末梢细支气管。令 c 为 O_2 或 CO_2 的浓度，当略去迁移项时，扩散方程(4-18)就变为

$$\frac{\partial c}{\partial t} = -D\nabla^2 c \qquad (4\text{-}48)$$

这个方程应按下列边界条件和初始条件求解。

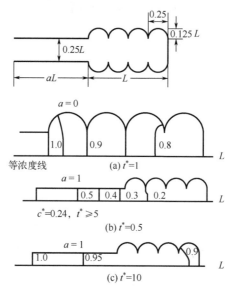

图 4-27　理想肺泡问题的解

（1）在与血液接触的肺泡壁上，气体的浓度随时间和位置而变，其值与气体的传输和在血液中的反应有关：

$$c = c_{肺泡}\,(x,t) \qquad (4\text{-}49)$$

（2）在与末梢细支气管相接的肺泡管口处，其浓度值由 4.2.2 节分析呼吸道的结果来确定：

$$c = c_{末梢细支气管}\,(x,t) \qquad (4\text{-}50)$$

（3）末梢细支气管和与血流不相接触的那些肺泡壁没有气体交换，因此 c 对管壁的法向导数应为零，即

$$\frac{\partial c}{\partial n} = 0 \qquad (4\text{-}51)$$

（4）在时刻 t_0，整个区域中的初始值必须给定：

$$c = c(x,\ 0) \qquad (4\text{-}52)$$

这些方程可用有限元方法求出数值解。张信刚等求解的部分结果表示在图 4-27 中，这里 t^* 是一个无因次量，定义为

$$t^* = \frac{D}{L^2} t \qquad (4\text{-}53)$$

图 4-27(a)和(b)的解，其对应的初始条件和边界条件为 $t=0$ 时 $c(x,0)=0$；在所有的边

壁上，包括肺泡壁上，$\partial c / \partial n = 0$；在肺泡管口处，$c = c_{末梢细支气管}(0,t) = c_0$(常量)。图中算出了某一定时刻的等浓度线。应该注意到：在任何位置 $t^*=0$ 时都有 $c=0$；当 $t^* \to \infty$ 时 $c=c_0$。图 4-27(a)画出的是在 $t^*=1$、$\alpha=0$(αL 是加在左边管的长度，即末梢细支气管的长度)时 $c^*=c/c_0$ 的等值线。图 4-27(b)中所标出的则是 $t^*=0.5$、$\alpha=1$ 的情形。图 4-27(c)是对应于另一组初始边界条件：在 $t=0$ 时，肺泡管中 $c(x,0)=0$，但是在末梢细支气管中有 $c=c_0$。在所有的边界上，包括末梢细支气管的左端，$\partial c / \partial n = 0$，因此整个区域是"封闭的"。图中标出的是在 $t^*=10$、$\alpha=1$ 时的等浓度线。将无因次量 t^* 换回到实际时间量 t，若取 $L=0.12$cm、$D=0.25$cm^2/s，则 $t^*=1.75$ 就相当于实际的时间 $t=0.10$s。这些例子表明对呼吸区中扩散过程做较详细的研究是有实用价值的。

4.2.3　肺的弹性和稳定性

肺组织分为肺实质和肺间质两部分，其中肺实质主要是由包含大量肺泡的肺泡囊组成的，如图 4-28 所示。若想用应力、应变的分布来描述肺实质的受力和变形的状态，则与应力、应变相关联的面积和体积应远大于单个肺泡的尺寸，这样才能使应力、应变的平均值具有稳定的数值；同时为凸显分布特点，其尺寸应远小于整个讨论对象。

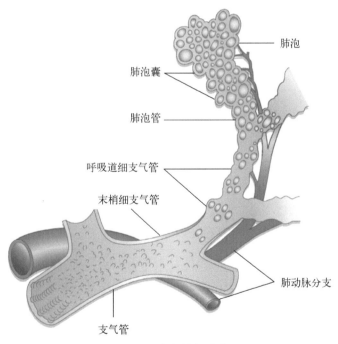

图 4-28　支气管与肺泡

1. 应变与肺泡隔膜的几何关系

肺实质的应变不仅与每一个肺泡的变形有关，而且与相邻的肺泡间的几何结构有关，问题相当复杂，因为尽管肺泡隔膜两边的压差甚小，可以将肺实质看成多面体的集合，但这些多面体并没有一致的规则形状。在讨论肺实质变形时宏观应力和应变与每一个肺泡及肺泡隔膜本身的变形与张力的关系之前，举两个简单的例子说明问题。最简单的空间结构莫过于正六面体和球体，假设肺泡可近似视为六面体或球体，以求宏观的应变与每一个肺泡隔膜的变形的关系。

1）正六面体模型

若肺泡模型在初始状态时为正六面体，边长为 Δ，且其棱边平行于应变主轴，则变形后成为长方体，其边长分别为 $\lambda_1\Delta$、$\lambda_2\Delta$、$\lambda_3\Delta$（图 4-29）。根据 Green 定义下的应变与肺泡隔膜的变形关系，则有

$$E_{11}=\frac{1}{2}(\lambda_1^2-1),\quad E_{22}=\frac{1}{2}(\lambda_2^2-1),\quad E_{33}=\frac{1}{2}(\lambda_3^2-1)\qquad(4\text{-}54)$$

2）球状体模型

若肺泡模型在初始状态时为单位球，即半径为 1 的球，则变形后即成为椭球，如图 4-30 所示。

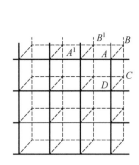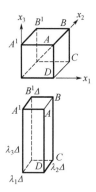

$\lambda_3=\sqrt{1+2E_{33}},\ \lambda_2=\sqrt{1+2E_{22}},\ \lambda_1=\sqrt{1+2E_{11}}$

图 4-29　正六面体肺泡模型

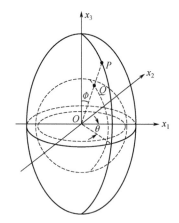

图 4-30　球状体肺泡模型

取定直角坐标系 x_1、x_2、x_3，使之分别对应于应变主轴，即椭球的轴。则三个主应变 E_{11}、E_{22}、E_{33} 与椭球主轴 λ_1、λ_2 和 λ_3 存在以下关系：

$$\lambda_1=\sqrt{1+2E_{11}},\quad \lambda_2=\sqrt{1+2E_{22}},\quad \lambda_3=\sqrt{1+2E_{33}}\qquad(4\text{-}55)$$

对于球面上，球坐标为 (ϕ,θ) 的任一点 Q，变形后移动到椭球面上的一点 P，若其坐标为

$$x_1=\lambda_1\sin\phi\cos\theta,\quad x_2=\lambda_2\sin\phi\sin\theta,\quad x_3=\lambda_3\cos\phi\qquad(4\text{-}56)$$

因椭球的公式为

$$(x_1/\lambda_1)^2+(x_2/\lambda_2)^2+(x_3/\lambda_3)^2=1\qquad(4\text{-}57)$$

故由微分几何关系可知在椭球面上有

$$\begin{aligned}ds^2=dx_1^2+dx_2^2+dx_3^2&=(\lambda_1^2\sin^2\theta+\lambda_2^2\cos^2\theta)\sin^2\phi d\theta^2\\&+(\lambda_2^2\cos^2\phi\cos^2\theta+\lambda_2^2\cos^2\phi\sin^2\phi+\lambda_3^2\sin^2\phi)d\phi^2\\&+\frac{1}{4}(\lambda_2^2-\lambda_1^2)\sin2\phi\cos2\phi d\theta d\phi\end{aligned}\qquad(4\text{-}58)$$

变形前，在单位球面上的弧长公式为

$$ds_0^2 = \sin^2\phi d\theta^2 + d\phi^2 \qquad\qquad (4-59)$$

因球半径为 1，可得

$$ds^2 - ds_0^2 = 2E_{14}d\phi^2 + 2E_{22}d\theta^2 + 2(E_{12} + E_{21})d\phi d\theta \qquad\qquad (4-60)$$

所以

$$\begin{cases} E_{11} = \dfrac{1}{2}(\lambda_1^2\cos^2\phi\cos^2\theta + \lambda_2^2\cos^2\phi\sin^2\theta + \lambda_3^2\sin^2\phi - 1) \\[2mm] E_{22} = \dfrac{1}{2}(\lambda_1^2\sin^2\theta + \lambda_2\cos^2\theta - 1)\sin\phi \\[2mm] E_{12} = E_{21} = \dfrac{1}{16}(\lambda_2^2 - \lambda_1^2)\sin 2\phi\cos 2\theta \end{cases} \qquad\qquad (4-61)$$

2. 应力与肺泡隔膜的几何关系

若有一假想平面，其法向为 v，切割肺实质再来考虑该截面上的某一面元(图 4-31)。

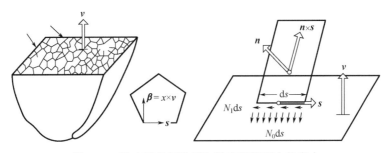

图 4-31　肺实质几何关系与肺实质断面上的应力

该面元处与截面 v 相截的肺泡隔膜的垂直方向(法向)设为 n，切痕长为 ds，切痕的单位向量为 s，v 及 n 也均为单位向量。切痕处的张力可分为两个分量：垂直于 s 的分量 N_n 和沿 s 方向的分量 N_t。这里 N_n 和 N_t 的单位是力/长度，因此在 ds 切口上张力合力的两个分量分别为 $N_n ds$ 和 $N_t ds$，其方向分别为 $n \times s$ 和 s。这两个分力在 v 方向的分力为 $N_n ds (n \times s) \cdot v$。若考虑截面的单位面积，则该面中有许多肺泡隔膜的切痕，其法向总张力应是所有这些切痕上的总和，即

$$\int N_n (n \times s) \cdot v ds \qquad\qquad (4-62)$$

式中，积分域应为该单位面中肺泡隔膜的切痕全体。用 β 记单位向量 $s \times v$，则式 (4-62) 可写成：

$$\int N_n \beta \cdot n ds \qquad\qquad (4-63)$$

由于 N_n 是张力，故作用在 v 平面的正应力应该是正的，即应有 $\beta \cdot n > 0$，这就确定了 β、s 的方向。

张力合力 $\int N_n (n \times s) ds$ 在 v 平面上的分力，即剪力，应为

$$\int N_{\mathrm{n}}(\boldsymbol{n} \times \boldsymbol{s}) \mathrm{d}s - \left(\int N_{\mathrm{n}}\boldsymbol{\beta} \cdot \boldsymbol{n}\mathrm{d}s\right)\boldsymbol{v} \tag{4-64}$$

再加上由 N_{t} 引起的部分：

$$\int N_{\mathrm{t}}\boldsymbol{s}\mathrm{d}s \tag{4-65}$$

就得到总的剪力。

现在令 $\boldsymbol{x}_1$、$\boldsymbol{x}_2$ 和 $\boldsymbol{x}_3$ 为三个互相垂直的单位向量，并确定一个直角坐标系。取 $\boldsymbol{x}_1$ 与 $\boldsymbol{v}$ 一致，则有

$$\begin{cases} \sigma_{11} = \int N_{\mathrm{n}_1}\boldsymbol{\beta}_{\mathrm{n}_i} \cdot \boldsymbol{n}\mathrm{d}s \\ \sigma_{22} = \int N_{\mathrm{n}_2}\boldsymbol{\beta}_{\mathrm{n}_2} \cdot \boldsymbol{n}\mathrm{d}s \\ \sigma_{12} = \int N_{\mathrm{n}_1}(\boldsymbol{n},\boldsymbol{x},\boldsymbol{x}_2)\mathrm{d}s + \int N_{\mathrm{t}_1}\boldsymbol{s} \cdot \boldsymbol{x}_2\mathrm{d}s \\ \sigma_{23} = \int N_{\mathrm{n}_2}(\boldsymbol{n},\boldsymbol{x},\boldsymbol{x}_3)\mathrm{d}s + \int N_{\mathrm{t}_2}\boldsymbol{s} \cdot \boldsymbol{x}_3\mathrm{d}s \end{cases} \tag{4-66}$$

……

N_{n} 和 N_{t} 的附标 1、2、3 表示作用于过原点的平面 $\boldsymbol{x}_1$、$\boldsymbol{x}_2$ 和 $\boldsymbol{x}_3$。而 $\boldsymbol{\beta}_1$、$\boldsymbol{\beta}_2$ 和 $\boldsymbol{\beta}_3$ 则是分别位于过原点的平面 $\boldsymbol{x}_1$、$\boldsymbol{x}_2$ 和 $\boldsymbol{x}_3$ 的向量。

3. 肺实质的本构关系

肺实质应力由两部分组成：由肺泡隔膜的弹性引起的以及由空气和肺泡隔膜交界面上的表面张力引起的。所以本构关系也相应地分为两部分来讨论。

1) 弹性部分

虽然肺组织不是弹性的，但在预调后加载和卸载过程都各存在一个确定的应力应变关系。在此做一个基本假设，即肺泡隔膜的本构关系与某些软组织，如肠系膜、皮肤等相类似。差别只在于本构关系中所包含的物理常数值不同。这就是说，在二向受力状态中，可用应变能函数来描述，即

$$\rho_0 W^{(\mathrm{e})} = \frac{1}{2}c\exp(a_1 E_1^2 + a_2 E_2^2 + 2a_4 E_1 E_2) \tag{4-67}$$

式中，c、a_1、a_2、a_4 均为常数；E_1 和 E_2 为主应变；ρ_0 为参考状态时的肺密度；$\rho_0 W^{(\mathrm{e})}$ 为参考状态时每单位体积肺组织的应变能。由于这个式子是用主应变来表示的，因此通常不够方便，需要进行相应改写。为了简化，假设在参考状态时肺泡隔膜是各向同性的，这样就有 $a_1=a_2$，故式 (4-67) 可写成：

$$\rho_0 W^{(\mathrm{e})} = \frac{c}{2}\exp[a_1(E_1 + E_2)^2 + 2(a_4 - a_1)E_1 E_2] \tag{4-68}$$

应变关系有不变式：

$$E_1 + E_2 = E_{11} + E_{22}, \quad E_1 E_2 = E_{11}E_{22} - E_{12}^2 \tag{4-69}$$

式中，E_{11}、E_{22}、E_{12} 是普通的应变分量。以上的二向情形可直接用于正方形模型。对于直

径为 Δ 的球状模型而言，单位体积应变能为

$$\rho_0 W^{(e)} = \frac{6}{\Delta} \int_0^\pi \int_0^{2\pi} f(\lambda_1, \lambda_2, \lambda_3) \sin\phi \mathrm{d}\phi \mathrm{d}\theta_0 \tag{4-70}$$

$$\begin{aligned} f(\lambda_1, \lambda_2, \lambda_3) = \frac{c}{2} \exp\Big\{ & \frac{a_1}{4} [\lambda_1^2 (\cos^2\phi \cos^2\theta + \sin^2\phi \sin^2\theta) \\ & + \lambda_2^2 (\cos^2\phi \sin^2\theta + \sin^2\phi \cos^2\theta) + \lambda_3^2 \sin^2\phi - \sin^2\phi - 1]^2 + \cdots \Big\} \end{aligned} \tag{4-71}$$

利用均值定理，式(4-71)可写成：

$$\rho_0 W^{(e)} = \frac{6c\pi^2}{\Delta} \exp\{[c_1(\lambda_1^2-1) + c_2(\lambda_2^2-1) + c_3(\lambda_3^2-1)]^2 + c_4\lambda_1^4 + c_5\lambda_1^2\lambda_2^2 + \cdots\} \tag{4-72}$$

也可写成：

$$\rho_0 W^{(e)} = \frac{c}{2\Delta} \exp\{\alpha I_1^2 + \beta I_2\} \tag{4-73}$$

或

$$\begin{aligned} \rho_0 W^{(e)} = \frac{c}{2\Delta} \exp[& \alpha(E_{11}^2 + E_{22}^2 + E_{33}^2) \\ & + (\beta + 2\alpha)(E_{11}E_{22} + E_{22}E_{33} + E_{33}E_{11}) - \beta(E_{12}^2 + E_{23}^2 + E_{31}^2)] \end{aligned} \tag{4-74}$$

式中

$$\begin{cases} I_1 = E_1 + E_2 + E_3 = \frac{1}{2}[(\lambda_1^2-1) + (\lambda_2^2-1) + (\lambda_3^2-1)] = E_{11} + E_{22} + E_{33} \\ I_2 = E_1E_2 + E_2E_3 + E_3E_1 = E_{11}E_{22} + E_{22}E_{33} + E_{35}E_{11} - E_{12}^2 - E_{23}^2 - E_{31}^2 \end{cases} \tag{4-75}$$

实验表明：若适当地选择应变能式子中的常数值，其吻合的程度是令人满意的，若是不采用各向同性的假设，则理论和实验结果就更为接近。

2) 表面张力部分

众所周知，表面张力 γ (力/长度)的值不仅与表面积有关，而且与表面积的变化幅度和变化频率有关。但变化频率的影响较小，若是不考虑这个因素，则可将表面张力写成：

$$\begin{aligned} & \gamma = F_1(A, A_{\max}, A_{\min}) \quad (\text{增大面积过程}) \\ & \gamma = F_2(A, A_{\max}, A_{\min}) \quad (\text{减小面积过程}) \end{aligned} \tag{4-76}$$

式中，A 为表面积；$A_{\max}$ 和 $A_{\min}$ 分别为表面积变化的幅值。其具体关系如图 4-32 所示。

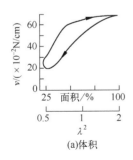 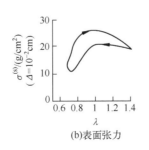 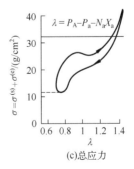

(a) 体积　　　　　　　(b) 表面张力　　　　　　　(c) 总应力

图 4-32　表面张力与变形的关系

　　然而，由实验得到的面积变化值与肺泡在呼吸过程中的表面积变化值之间还没有明确的关系式，只能针对简单的模型来讨论，例如，对于正立方体模型，单位体积的应变能有

$$
\begin{aligned}
\rho_0 W^{(\mathrm{s})} = \frac{2}{\Delta}(\gamma_{12\max} - \gamma_{12\min}) & \left\{ \frac{\gamma_{12\min}}{\gamma_{12\max} - \gamma_{12\min}} \lambda_1 \lambda_2 \right. \\
& + \frac{1}{(\lambda_1\lambda_2)_{\max} - (\lambda_1\lambda_2)_{\min}} \left[\frac{\lambda_1^2 \lambda_2^2}{2} - (\lambda_1\lambda_2)_{\min}\lambda_1\lambda_2 \right] \\
& \left. - \sum_{n=1}^{\infty} c_n \frac{(\lambda_1\lambda_2)_{\max} - (\lambda_1\lambda_2)_{\min}}{n\pi} \cdot \cos\frac{n\pi[\lambda_1\lambda_2 - (\lambda_1\lambda_2)_{\min}]}{(\lambda_1\lambda_2)_{\max} - (\lambda_1\lambda_2)_{\min}} \right\} \\
& + \cdots
\end{aligned} \tag{4-77}
$$

由于应变能是由两部分组成的，故总和为

$$
\begin{aligned}
\rho_0 W = \rho_0 W^{(\mathrm{t})} + \rho_0 W^{(\mathrm{e})} = \frac{2}{\Delta}(\gamma_{12\max} - \gamma_{12\min}) \times & \left\{ \frac{r_{12\min}}{\gamma_{12\max} - \gamma_{12\min}} \lambda_1\lambda_2 + \frac{1}{(\lambda_1\lambda_2)_{\max} - (\lambda_1\lambda_2)_{\min}} \right. \\
\times & \left[\frac{\lambda_1^2\lambda_2}{2} - (\lambda_1\lambda_2)_{\min}\lambda_1\lambda_2 \right] - \sum_{n=1}^{\infty} c_n \frac{(\lambda_1\lambda_2)_{\max} - (\lambda_1\lambda_2)_{\min}}{n\pi} \cdot \cos\frac{n\pi[\lambda_1\lambda_2 - (\lambda_1\lambda_2)_{\min}]}{(\lambda_1\lambda_2)_{\max} - (\lambda_1\lambda_2)_{\min}} \right\} \\
& + c\exp(a_1 E_1^2 + a_2 E_2^2 + 2a_4 E_1 E_2) + \text{轮换附标得到的对称项}
\end{aligned} \tag{4-78}
$$

　　轮换附标得到的对称项是指将 λ、γ、E 中的附标 1 和 2 分别用 2 和 3 及 3 和 1 代换得到的项。

　　4. 稳定性

　　肺实质作为肺泡隔膜的一种格状空间结构，其稳定性问题的含义是：当肺实质处于一种平衡状态时，若以任意方式给以小的扰动，则该平衡状态是否会在扰动不存在后仍能恢复到原来的状态。如果是肯定的，那么就称结构所处的这种平衡状态是稳定的。

　　考虑一个充气的肺，其平衡状态的伸长率为 λ_{10}、λ_{20}、λ_{30}。当给定一扰动时，其伸长率分别为 $\lambda_1 = \lambda_{10} + \delta\lambda_1$，$\lambda_2 = \lambda_{20} + \delta\lambda_2$，$\lambda_3 = \lambda_{30} + \delta\lambda_3$，这里 $\delta\lambda$ 值是任意的，但为满足相容条件的无穷小量。相应的应变能则由 $\rho_0 W$ 变为 $\rho_0 W_0 + \delta(\rho_0 W)$。由此计算出势能，这是因为势能是 $\rho_0 W$ 的积分减去外力所做的功。令势能的一次变分为零即可得到平衡方程和边界条件，因此，λ_{i0} 使势能的一次变分为零。势能的二次变分则可用来判别稳定性。由于外力所做的功是 λ_i 的线性函数，所以它的二次变分等于零，因此判别的因素就是应变能的二次变分 $\delta^2\rho_0 W$ 了。若 $\delta^2\rho_0 W \geqslant 0$，则系统是稳定的，否则系统就是不稳定的。

　　将 $\lambda_i = \lambda_{i0} + \delta\lambda_i$ 代入方程 (4-78) 中，并且只保留二次项，于是有

$$
\delta^2\rho_0 W = \sum_{i,j=1}^{3} k_{ij}\delta\lambda_i\delta\lambda_j \tag{4-79}
$$

式中，k_{ij} 是应变能的二阶导数在 $\lambda_i = \lambda_{i0}$ 的值。式 (4-79) 的右边是一个二次式。若系统是稳定的，则对于任意的 $\delta\lambda_i$ 和 $\delta\lambda_j$，二次式必须为正，当 $\delta\lambda_i = \delta\lambda_j = 0$ 时，二次式才为零。二次式正定的条件为

$$
\begin{cases}
k_{11} + k_{22} + k_{33} > 0 \\
\begin{vmatrix} k_{11} & k_{12} \\ k_{21} & k_{22} \end{vmatrix} + \begin{vmatrix} k_{21} & k_{23} \\ k_{32} & k_{33} \end{vmatrix} + \begin{vmatrix} k_{33} & k_{31} \\ k_{13} & k_{11} \end{vmatrix} > 0 \\
\begin{vmatrix} k_{11} & k_{12} & k_{13} \\ k_{21} & k_{22} & k_{23} \\ k_{31} & k_{32} & k_{33} \end{vmatrix} > 0
\end{cases}
\tag{4-80}
$$

由式(4-80)可算出:

$$
\begin{aligned}
k_{11} &= b_{12}\lambda_2^2 + \sum_{\nu=1} H_{n12}\alpha_{n12}\lambda_2^2 \cos\alpha_{\alpha_{12}}(\lambda_1\lambda_2 - \beta_{12}) \\
&\quad + 2c[(a_1E_1 + a_4E_2) + a_1\lambda_1^2 + 2\lambda_1^2(a_1E_1 + a_4E_2)^2] \times \exp(a_1E_1^2 + a_2E_2^2 + 2a_4E_1E_2) + 2|3
\end{aligned}
\tag{4-81}
$$

$$
\begin{aligned}
k_{12} &= a_{12} + 2b_{12}\lambda_1\lambda_2 + \sum_n H_{n12}[\sin\alpha_{n12}(\lambda_1\lambda_2 - \beta_{12}) \\
&\quad + \lambda_1\alpha_{n12}(\lambda_1\lambda_2 - \beta_{12})] + 2c[a_4\lambda_1\lambda_2 + 2(a_1E_1 + a_4E_2) \times (a_2E_2 + a_4E_1)\lambda_1\lambda_2] \\
&\quad \times \exp(a_1E_1^2 + a_2E_2^2 + 2a_4E_1E_2)
\end{aligned}
\tag{4-82}
$$

式中,$a_{12} = 2\gamma_{12\min}/\Delta - b_{12}\beta_{12}$;$b_{12} = 2(\gamma_{12\max} - \gamma_{12\min})\Delta^{-1}[(\lambda_1\lambda_2)_{\max} - (\lambda_1\lambda_2)_{\min}]^{-1}$;$\beta_{12} = (\lambda_1\lambda_2)_{\min}$;$H_{n12} = 2c_n(\gamma_{12\max} - \gamma_{12\min})/\Delta$;$\alpha_{n12} = n\pi/[(\lambda_1\lambda_2)_{\max} - (\lambda_1\lambda_2)_{\min}]$;$2|3$ 表示上述各项中将附标 2 换成 3 而得到的各项和。其他的系数 k_{ij} 可以通过置换附标来得到。综上所述,稳定性可以通过这些参数来描述。

均匀充气的肺的稳定性:由边界条件有 $\sigma_{11} = p_A - p_{pl} - N_{pl}\kappa_{pl}$,这里 p_A 为肺泡中的空气压力,p_{pl} 为肺膜压力,N_{pl} 为肺膜中的张力,κ_{pl} 为边界面,即肺膜的主曲率和。由于 σ_n 在边界上为一常量,故解得

$$
\sigma_{11} = \sigma_{22} = \sigma_{33} = p_A - p_{pl} - N_{pl}\kappa_{pl}
\tag{4-83}
$$

而 $\lambda_1 = \lambda_2 = \lambda_3 = \lambda_0$(常量)。

由实验可知,σ 值必须大于某一临界值时才有意义。假设应力的值在临界值以上,且 $\lambda_{\max}$、$\lambda_{\min}$、$\gamma_{\max}$、$\gamma_{\min}$ 对于附标 1、2、3 是一样的,故条件(4-80)化为

$$
\begin{cases}
k_{11} > 0 \\
k_{11}^2 - k_{12}^2 > 0 \\
k_{11}^3 + 2k_{12}^3 - 3k_{11}k_{12}^2 > 0
\end{cases}
\tag{4-84}
$$

通过具体取值可验证上面的正定条件是否满足,从而可判断状态是否稳定。

可以证明,所有处于临界充气压力之上的平衡状态都是稳定的。但是,在一些呼吸生理的书刊中,有时提到肺实质的结构时,肺泡作为肺实质的组成部分,是不稳定的。因为根据拉普拉斯公式,当两个气泡连通时,小气泡中的空气必然排入大气泡中,终至小气泡会萎缩而大气泡变得更大。由此可知,肺实质应该由萎缩的肺泡和过度充气的肺泡组成。这是一个在解剖上和优化原则方面都没有获得证实的论点。问题的症结在于模型的不合理。实际上它不是葡萄串那样的模型,而是一些独立的小球状泡彼此由小管相连通。合理的模

型是由若干隔膜构成的格状空间，隔膜的两边均暴露在空气中，隔膜两边的压力差小到可以忽略不计(几微米水柱)。

除了上述的平衡状态，还存在着其他形式的平衡状态，如肺张不全。现在从力学的角度来考虑三种形式存在的可能性。

1) 平面型肺张不全

如图 4-33 所示，设有一充气的肺，应力为 $(\sigma_{ij})_0$，应变为 $(\lambda_i)_0$，$i, j = 1, 2, 3$。若有一扰动作用于它，则其效果是使某些层肺泡萎缩，形成平面，且令这个平面为 x_1 平面。

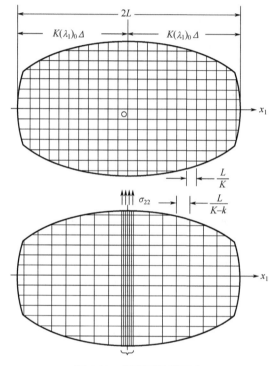

图 4-33　平面型肺张不全

此时原肺实质中一点 (x_1, x_2, x_3) 经扰动就移向新位置 $(x_1+u_1, x_2+u_2, x_3+u_3)$。假定 u_1 只是 x 的函数，而 $u_2 = u_3 = 0$。新的平衡状态中的应力也应满足与 u_1 有关的平衡方程。显然，一个可能的解是

$$\begin{cases} u_1 = -x_1 + \varepsilon, & -k\Delta \leqslant x \leqslant k\Delta \\ u_1 = k\Delta, & x_1 < -k\Delta \\ u_1 = -k\Delta, & x_1 > k\Delta \end{cases} \tag{4-85}$$

这个解代表有 $2k$ 层肺泡合成一平面 $x_1=0$。Δ 是一个小量，代表肺泡萎缩区的厚度。注意：在萎缩区外弹性组织是受张力作用的，这是由于 $(\lambda_i)_0 > 1$。而在萎缩区中，由于 $\lambda_i \to 0$，故应力消失了。肺实质的应力 σ_{11} 必须经由萎缩区传递才能平衡。当萎缩区是某种固态连续体或是其中夹有液体的固态层时，这种情况是可能的。

若肺的外边界保持固定，则垂直于肺张不全方向的应力 σ_{11} 会增大。这是因萎缩区外的肺泡部分的尺寸从 L/K 增大到 $L/(K-k)$。这里 $2L$ 表示肺长度，$2K$ 是 $2L$ 中总的肺泡层数

目，$2k$ 是萎缩肺泡层的数目。伸长率 $(\lambda_1)_0 = L/K\Delta$ 增大 $K/(K-k)$ 倍，因而 σ_{11} 也增大了。

另外，若边界应力 $p_A - p_{pl} - N_{pl}\kappa_{pl}$ 不变，则肺长度 $2L$ 将减小 $2k(\lambda_1)_0\Delta$。

2) 轴型肺张不全

如图 4-34 所示，考虑一组肺泡向轴 x_1 萎缩的可能性。此时，位移场为

$$u_1 = 0, \quad u_2 = u_r\cos\theta, \quad u_3 = u_r\sin\theta \tag{4-86}$$

式中，u_r 为轴的径向距离 r 的函数；θ 为辐角。

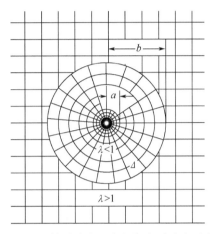

图 4-34　轴型肺张不全和焦点型肺张不全

平衡方程在极坐标系中的形式为

$$\begin{cases} \dfrac{\partial \sigma_r}{\partial r} + \dfrac{\sigma_r - \sigma_\theta}{r} = 0 \\[2mm] \dfrac{\partial \sigma_{11}}{\partial x_1} = 0, \quad \dfrac{\partial \sigma_{\theta\theta}}{\partial \theta} = 0 \end{cases} \tag{4-87}$$

对于均匀充气的状态，径向应变和周向应变分别为

$$\lambda_r' - 1 \equiv \varepsilon_r = \frac{\partial u_r}{\partial r}, \quad \lambda_\theta' - 1 \equiv \varepsilon_\theta = \frac{u_r}{r} \tag{4-88}$$

萎缩区对肺部的邻近区影响较大，而对较远的部分则影响较小。因此分三个区域来讨论。对于中心部分，即 $r < a$，这个区域充满液体和组织。对于 $r > b$ 的区域则趋于正常情况。至于 $a < r < b$，其中肺泡尺寸比原来参考状态小，因此弹性组织应力消失了，只存在表面张力的作用。用极坐标表示，其应力应变关系为

$$\begin{cases} \sigma_r^{(s)} = \dfrac{2\gamma}{\lambda_0\Delta}\left(\dfrac{1}{\lambda_\theta'} + \dfrac{1}{\lambda_x'}\right) \\[3mm] \sigma_\theta^{(j)} = \dfrac{2\gamma}{\lambda_0\Delta}\left(\dfrac{1}{\lambda_r'} + \dfrac{1}{\lambda_x'}\right) \end{cases} \tag{4-89}$$

式中，λ_0 为均匀充气状态的伸长率（相对于参考状态）。充气时的肺泡尺寸即为 $\lambda_0\Delta$。

若设 γ 为一常量，则将式(4-89)代入式(4-87)，即有

$$\frac{1}{\left(1+\dfrac{u_r}{r}\right)^2}\frac{\partial}{\partial r}\left(\frac{u_r}{r}\right)+\frac{1}{r}\left(\frac{1}{1+\dfrac{u_r}{r}}-\frac{1}{1+\dfrac{\partial u_r}{\partial r}}\right)=0 \tag{4-90}$$

它的解是

$$u_r = 常量 \cdot r \tag{4-91}$$

积分常数由内边界 $r=a$ 处的条件来确定。这里假设半径为 $k\lambda_0\,\Delta$ 的区域内，所有肺泡萎缩成半径为 a 的圆柱状体。积分常数就等于 $1-a/(k\lambda_0\,\Delta)$，故在区域 $a<r<b$ 处，位移为

$$u_r = -[1-a/(k\lambda_0\Delta)]r \tag{4-92}$$

在边界 $r=b$ 处，肺泡尺寸则应为 Δ，而 $\lambda_r\lambda_r'=\lambda_0\lambda_\theta'=1$。但根据式(4-88)和式(4-91)可以看出，$\lambda_r'$ 和 λ_θ' 均为常值，由此可见半径 b 的值不可能在肺内存在。

3) 焦点型肺张不全

如图 4-34 所示，取焦点为原点，其球坐标中的平衡方程为

$$\begin{cases}\dfrac{\partial \sigma_r}{\partial r}+\dfrac{1}{r}(2\sigma_r-\sigma_\theta-\sigma_\phi)=0 \\ \sigma_\theta = \sigma_\phi\end{cases} \tag{4-93}$$

这里假设有一径向位移 u_r，且只是 r 的函数。

对应于均匀充气的情形，应变为

$$\varepsilon_r = \frac{\partial u_r}{\partial r},\quad \varepsilon_\theta = \varepsilon_\phi = \frac{u_r}{r} \tag{4-94}$$

这个问题的数学形式，除了在式(4-93)中最后一项相差一个数值因子 2 外，其余全部与轴向型的相同，因此就不需要重复讨论了。

4.2.4　肺的冲击损伤

爆炸过程会产生爆炸冲击波，引起原发性冲击伤，对人体内的空气-组织界面，如肺、胃肠和听觉系统等造成损伤。通过讨论肺的冲击损伤，可以看到生物力学处理这类问题的基本思路和方法，以及其对损伤防护的指导作用。

1. 肺的波传播特性

假设肺等生物组织为弹性，由胡克定律可知：

$$\sigma = E\varepsilon = E\frac{\partial u}{\partial x} \tag{4-95}$$

式中，E 为杨氏模量。另外，由牛顿第二定律得

$$\rho\frac{\partial^2 u}{\partial t^2} = \frac{\partial \sigma}{\partial x} \tag{4-96}$$

将式(4-95)代入式(4-96)可得一维波动方程：

$$\frac{\partial^2 u}{\partial x^2} - \frac{1}{c^2}\frac{\partial^2 u}{\partial t^2} = 0 \tag{4-97}$$

波速 c 为

$$c = \sqrt{\frac{E}{\rho}} \tag{4-98}$$

式(4-98)解的一般形式为

$$u = f(x - ct) + g(x + ct) \tag{4-99}$$

无论 f、g 取什么形式，都有如下关系：

$$\frac{\partial u}{\partial x} = \pm\frac{1}{c}\frac{\partial u}{\partial t} = \pm\frac{v}{c} \tag{4-100}$$

将式(4-100)代入式(4-95)可得

$$\sigma = \pm\frac{E}{c}v = \pm\rho c v \tag{4-101}$$

这里对于沿正方向传播的波取负号，而对于沿负方向传播的波取正号。

由式(4-101)可知，任何组织受到冲击作用时，组织内任一点上的应力都与(材料)波速、质点运动速度和组织材料的密度成正比。因此，冲击损伤和组织内的波传播是紧密联系在一起的。波在不同边界上的反射引起弹性波的聚焦，因此，导致的应力集中是生物组织损伤的基本机制。

在有界弹性体里面，波系的情形更加复杂。最为重要的是，波系的收敛将会导致"聚焦"，它将使波动强度急剧地增大。一般来说，生物软组织的应力-应变关系都是非线性的，它们的弹性模量随着应变增大而增大，即是"应变刚化"型的介质。在这种介质里，波传播的一个根本特点是激波的存在。形成这种激波的根本原因是：高应变区(应力波作用后的区域)中的波速高于低应变区(应力波传入区)。因此，后面的波有可能赶上前面的波而引起阶跃。波系的聚焦使得应变能集中于某些局部区域。如果冲击能量集中于物体的某一区域，那么这个区域可能首先发生损伤。例如，在压力波的冲击下，人体内含有气体的那些器官如肺、耳、肠等可能首先受到损伤。

在论及肺冲击损伤时必须注意以下基本事实。

(1)对于平面行波来说，应力=组织速度×组织波速×组织密度。

(2)冲击波速度很高，故它引起的肺组织局部运动速度可能很高。

(3)在人体各个组织、器官里面，肺的声速出奇地低。

据颜荣次等的测量结果，兔、犬和人的肺声速在 16.5～46.8m/s。表 4-4 列出了在一些人的器官中的声速，包括肺里的几种声速。由表 4-4 可见，皮质骨的声速为 3500m/s，它与钢、铝、铜等的声速 4800m/s 在一个数量级。弹性波在肺中的速度为 30～45m/s。肺的结构复杂，力可以沿很多气道传送，因此有多种声波和声速。测量是在可与空气爆炸的冲击波相比的冲击压力和速度下进行的，其肺组织的声速数值取决于肺跨壁压力和动物种类。Rice 给出的声速是用话筒听电火花发出的声音而测得的。Dunn 和 Fry 给出的声速是用超声波测得的。超声波与颜荣次等及 Rice 用于测量的波速数值有明显不同。注意,肺里的声速比气体和组织中的声速低得多,类似地,含气泡的水中声速比在纯水和只是气体中的声速慢得多。

表 4-4　肺的物性参数

种类	密度/(g/cm³)	p_t^*/kPa	声速/(m/s) ($\bar{x} \pm s$)
肌肉	1	—	1580
脂肪	1	—	1450
骨	2.0	—	3500
坍塌的肺	0.4	—	650
坍塌的肺,肺炎	0.8	—	320
马肺	0.6	—	25
	0.125	—	70
小牛肺	—	—	24～30
山羊肺	—	0	31.4±0.4
		0.5	33.9±2.3
		1.0	36.1±1.9
		1.5	46.8±1.8
		2.0	64.7±3.9
兔肺	—	0	16.5±2.4
		0.4	28.9±3.3
		0.8	35.3±0.8
		1.6	36.9±1.7
空气	—	—	340
蒸馏水(0℃)	—	—	1407
气泡(45%体积)在甘油和水中	—	—	20

*p_t=跨肺压差=气道压力–胸腔压力。1kPa=10^3N/m²～10.2cm H$_2$O。

(4)由于(2)和(3),在肺内某些区域中局部组织的运动速度与局部声速之比可能达到1,甚至超过1,因此可能形成激波,在波后必有一能量集中区。

(5)当局部应变或应力超过临界值时,组织将被损伤。

(6)高速冲击损伤必然是局部化的。

(7)波阵面弯曲引起的波聚焦可能导致进一步的集中损伤。实际损伤情形表明,肺血肿通常集中在肺接近于脊柱、心脏、肋骨等的区域。这说明,应力波的传播特性确实在肺损伤中起着主导作用。

2. 肺损伤

软组织具有良好的耐压强度,为什么压缩波会引起肺组织损伤呢?冯元桢等提出了如下假说:造成肺组织损伤的是压缩回弹时在肺泡壁内引起的张应力和剪应力。在动力学过程中,最大主应力(张应力)和最大剪应力可能超过某一临界值,从而使得内皮层和外皮层

(肺泡隔膜)的通透性大大提高。进而，小支气管可能在压缩波的作用下而被压瘪，并把一部分空气封闭在肺泡内，造成创伤性肺张不全。当压缩波通过以后，被压瘪的小支气管在更高的张应力作用下重新被打开。在此过程中，原来被封闭在肺泡内的空气膨胀，这将在肺泡壁内产生附加张应力。

为了验证这一假说，冯元桢等用离体兔肺灌注实验来观测肺泡壁充气拉伸引起的肺水肿进展结果，如图 4-35 所示。可见，当肺泡壁的张应力超过某一临界值时，肺确实因损伤而发生水肿。

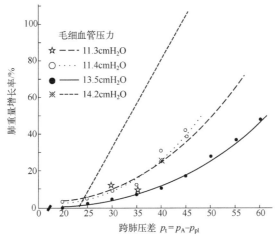

图 4-35　兔肺因肺泡壁过度伸展引起肺水肿时肺重量增长率与跨肺压差 $p_t = p_A - p_{pl}$ 的关系
（等重力条件为当 $p_t = 10 \text{cmH}_2\text{O}$ 时）

肺在压缩载荷作用下的整体力学性质（陶祖莱和冯元桢，1987），如图 4-36 所示测得的 p-V 曲线。可见，当 $p_t = p_A - p_{pl}$ 减小时，确实有一个临界压力 p_{cr}。当 $p_t < p_{cr}$ 时，$V \to V_m$（极限肺容积），此时肺的力学行为服从玻意耳定律。当 p_t 增大时，只有满足 $p_t > p_{re-op}$，肺泡才能重新打开。这

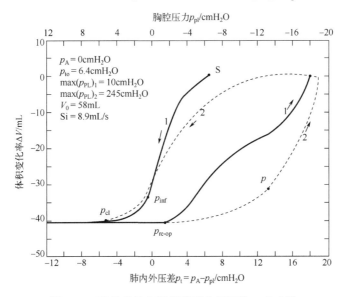

图 4-36　离体兔肺在压缩载荷作用下的 p-V 曲线

个实验证明，在压缩载荷作用下，小支气管确实被压瘪，并把一部分空气闭锁在肺泡内。而被压瘪的小支气管重新打开时所需的张应力比压瘪时的压应力大得多。

由上述实验结果来看，冯元桢等关于肺冲击损伤而引起水肿的机制的假说是有道理的。而根据这一假说，对于因冲击损伤而造成肺张不全的患者的治疗方法需要注意，立即充气使肺张开不一定是一种好办法，因为它可能会引起很高的局部张应力而损伤肺组织，加重肺水肿。

4.3 肝

肝是脊椎动物的中枢代谢器官。首先，肝最重要的功能是使众多等离子化合物如氨基酸、脂肪酸、核苷、血浆蛋白的浓度在不同生理条件下(如饥饿或体育锻炼)保持在一定的浓度范围内，确保非肝组织的一个几乎恒定的代谢环境。这个平衡功能包括碳水化合物肝的暂态存储(糖原)和血脂(甘油三酯)。其次，肝胆生产是肠道血脂的有效的消化需要和作为代谢废物的排泄途径(如胆红素、许多外源性化学物质、胆固醇)。然后，内源性化合物和外源性化合物的解毒，包括治疗药物，在很大程度上是由肝来完成的；最后，肝在清除病原体(如细菌)方面起着关键的作用。

4.3.1 肝的微结构

肝通过门静脉(PV)和肝动脉(HA)的双重供血系统为每个肝小叶输送血液，肝小叶是肝结构和功能的基本单位，其呈多面棱柱状。在肝小叶的中央位置，有一条纵向的中央静脉。肝细胞以中央静脉为中心，向四周略呈放射状排列，形成了肝板(肝小叶内的结构)。肝板之间则是肝血窦，它是一种特化的毛细血管，其内皮细胞(LSECs)上布满大量的窗孔(100～200nm)，相邻的肝血窦内皮细胞之间有许多窦间隙(400～500nm)，这使得肝血窦具有高度通透性。肝血窦内还有大量的库普弗细胞，这种细胞具有吞噬降解功能。相邻两肝细胞之间有胆小管。胆小管可将肝细胞分泌的胆汁汇集至肝小叶周边的小叶间胆管内(图 4-37 和图 4-38)。

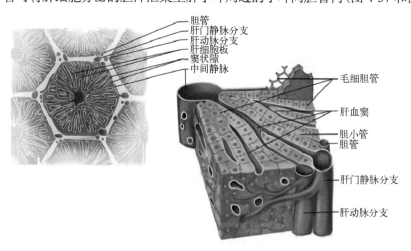

图 4-37 肝小叶结构示意图

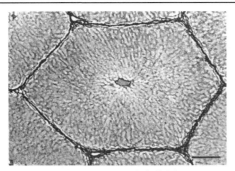

图 4-38　肝小叶实物图

4.3.2　肝的力学性质

1) 肝组织刚度

肝组织刚度是体内力学微环境的一个主要特征，常用杨氏模量 E 或剪切模量 G 表示，分别定义为

$$E = \sigma / \varepsilon \tag{4-102}$$

$$G = \tau / \gamma \tag{4-103}$$

临床上常用超声瞬态弹性成像(ultrasound transient elastography, UTE)和磁共振弹性成像(magnetic resonance elastography, MRE)两种无创技术测量肝组织刚度，分别为弹性模量 E 和剪切模量 G。当泊松比为 0.5 时，两个模量之间的关系为

$$E = 3G \tag{4-104}$$

尽管存在一些差异，但通常正常肝的弹性模量 E 小于 6kPa，轻度或中度肝纤维化(根据 METAVIR 评分系统为 F1~F2)为 6~8kPa，严重肝纤维化(F3)为 8~12.5kPa，肝硬化为大于 12.5kPa。肝组织硬度可作为诊断晚期纤维化和肝硬化(F3~F4)的高精度物理生物标志物，其效果优于常用的血清纤维化算法。

2) 流体剪切应力

在肝中，剪切应力被定义为血液或间质液在肝细胞表面流动所施加的摩擦力。血流剪切应力(τ)通常根据 Hagen-Poiseuille 公式计算：

$$\tau = 4\mu Q / (\pi r^3) \tag{4-105}$$

式中，Q 为血容量流速；μ 为血液动态黏度；r 为血管半径。式(4-105)是基于稳态泊肃叶流的抛物线速度剖面得到，其中血液被认为是恒定动态黏度的牛顿流体。由于这些假设在肝微循环中并不总是成立的，因此，使用式(4-105)估计的剪切应力只是近似的，特别是在肝窦中。到目前为止，由于肝窦非常狭窄，在体内对肝内微循环进行无创测量尚不可能。早期研究估计肝正弦血管内的剪切应力为 0.1~0.5dyn/cm^2。

整个肝小叶的整体血流动力学分布是连接宏观和微观血流的核心，由于其复杂的结构，在实验和理论上都难以量化。各种数学和计算方法被用于在肝小叶水平预测肝血流和相关肝功能。例如，虚拟小叶是基于图形方法构建的，使用形态学参数引出肝小叶中门静脉到小叶中心的血流、质量转移和细胞水平的化学分布。多孔介质理论被用于构建三维活小叶模型，解读生理和病理状态下的血液和间质流动动态、葡萄糖代谢和胆汁产生。同时，基于医学图像的血流模拟提供了详尽的肝脏微循环信息。血管腐蚀铸造后，应用高分辨率(2.6lm)显微计算机断层扫描(CT)和计算流体动力学(CFD)模拟构建三维数值微循环模型，用于探索正常肝和肝硬化肝的微灌注与渗透性。为了提高成像深度，还可利用组织清除和高分辨率共聚焦成像技术，构建肝小叶微循环网络的原位模型，并使用微尺度粒子跟踪测速仪定量分析小叶内的整体速度分布(图 4-39)。

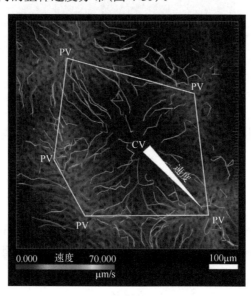

图 4-39　流体切应力示意图

3)液体静压力

在肝中，液体静压力为液体在重力作用下，对毛细血管壁或周围组织施加的压力，包括窦性压力和间质性液体压力(IFP)。两者都可以通过门静脉压力来评估，门静脉高压是肝硬化患者常见的临床综合征。门静脉高压是由于肝内阻力增加，门静脉和下腔静脉之间的压力梯度增加(高于 5mmHg)。肝静脉压力梯度(HVPG)是用楔形导管或球囊导管计算的楔形肝静脉压力(WHVP)与游离肝静脉压力(FHVP)之间的差值，是估计肝病门静脉高压程度的标准方法。

知识点：肝硬化

肝硬化是一种临床上常见的慢性进行性肝病，由一种或多种病因长期或反复作用引起的弥漫性肝损害所致，主要包括病毒性肝炎肝硬化、酒精性肝硬化、代谢性肝硬化、胆汁淤积性肝硬化、肝静脉回流受阻性肝硬化、自身免疫性肝硬化、毒物和药物性肝硬化、营养不良性肝硬化、隐源性肝硬化等。病理组织学方面表现为广泛的肝细胞坏死、结节性肝细胞再生、结缔组织增生以及纤维隔形成，导致肝小叶结构受损和假小叶形成。这些变化使得肝脏逐渐变形、变硬，进而发展成为肝硬化(图 4-40)。在肝硬化过程中，肝组织的刚度发生变化，与此同时，肝细胞及微环境的力学性能也发生改变(表 4-5 和表 4-6)。

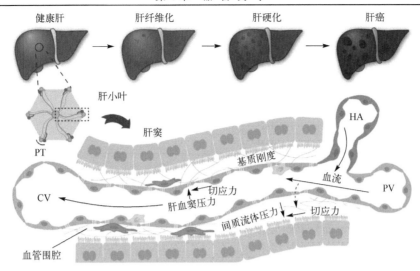

图 4-40 健康肝-肝纤维化-肝硬化-肝癌发展过程

表 4-5 肝细胞在不同阶段孔隙率和弹性模量

参数	正常细胞	纤维化细胞	肝硬化细胞
孔隙率	0.143	0.143	0.246
弹性模量/kPa	<6	中度纤维化：6~8 重度纤维化：8~12.5	>12.5

表 4-6 肝纤维化、肝硬化和肝细胞肝癌力学微环境的改变

力学微环境	健康肝细胞	肝纤维细胞(非肝硬化细胞)	肝硬化细胞	肝癌细胞	测量方法
肝组织刚度（弹性模量）	<6kPa	6~12.5kPa	>12.5kPa	>12kPa	超声瞬态弹性成像
	2kPa(90Hz)		5kPa(90Hz)		磁共振弹性成像
			(6.1 ± 2.3) kPa (60Hz)	12kPa(肝癌细胞) (6.2 ± 2.1) kPa(肝癌细胞附近正常组织)	
正弦剪应力	$2.8\sim4.2$ dyn/cm²		$0.21\sim2.2$ dyn/cm²		血管腐蚀铸造，显微 CT 成像和 CFD 建模
正弦剪应力	$13.19\sim8.32$ dyn/cm²		(18.34 ± 8.82) dyn/cm²	(49 ± 24) mmHg	
(23 ± 15) mmHg（未封装）	血管腐蚀铸造，显微 CT 成像和 CFD 建模				

4.3.3 肝小叶物质运输

肝是人体最大的消化腺体，不仅具有分泌胆汁的作用，而且具有储存、代谢和解毒等复杂而广泛的功能。

肝内血流在肝功能中起着关键作用，血流动力学异常与肝疾病密切相关（表4-7）。由于肝小叶结构复杂，具有径向分布的微管，以及几何约束带来的技术困难，肝小叶的流场还难以在人体实验中确定。

表4-7 不同状态下肝小叶的血流速度及血压情况

参数		正常肝细胞	肝纤维化	肝硬化
流速/（m³/s）		8.80×10^{-13}	2.62×10^{-12}	6.78×10^{-11}
血压/Pa	动脉（进口/出口）	823.7/690.4	988.4/828.0	1210.8/1014.9
	静脉（进口/出口）	679.0/563.0	871.3/704.7	781.0/631.0

肝的血流动力学不同于常规的微循环，因为肝有来自门静脉和肝动脉的双重血液供应。同时，可透性肝窦内皮的存在使血流绕过主流进入内皮下的窦周隙（又称迪塞（Disse）间隙）。这些独特的血流特征支配着肝的特有功能。在肝中，肝血窦是血液流动最细微部位，在肝血窦和肝细胞之间的是窦周间隙或 Disse 间隙，它们均具有管径微小、比面积大的特点，属于典型的生物多孔介质。

高尚平等研究了肝等脏器的多孔介质特征和血液、胆汁等生物流体在其中的流动规律，认为肝内的微细管道系统可以作为多孔介质处理，生物流体在脏器内的流动规律可以用线性或非线性的达西定律描述，并且率先引入了多重介质的概念，初步建立了肝的四重介质渗流模型。CharlesY.C.Lee 等将多孔介质理论应用于肝血窦内的血液流动问题，并研究了肝腺泡内溶质向肝细胞的传质过程。

知识点：人工肝

20 世纪 50 年代开始逐渐发展的是体外肝功能支持技术，即人工肝技术。该技术通过使用体外机械、化学或生物装置，清除各种有害物质、补充必需物质和改善内环境，以暂时替代衰竭肝的部分功能。这为肝细胞的再生和肝功能的恢复创造了条件或等待机会进行肝移植。随着材料学、细胞工程学和临床医学的不断发展，人工肝技术已成为肝衰竭治疗不可缺少的治疗手段。

目前，根据组成和性质方面的差异，人工肝技术主要分为三种类型，分别是非生物型人工肝、生物型人工肝和混合型人工肝。①非生物型人工肝主要利用机械、理化装置来清除毒素，并部分具备补充人体内重要物质和调节内环境的功能。②生物型人工肝利用肝细胞和特殊装置组成的人工肝支持系统，通过体外培养的肝细胞来替代受损肝的功能，发挥生物转化、代谢及合成等功能，是未来人工肝技术发展的方向。但目前仍处于动物实验或临床试验阶段。③混合型人工肝是将生物型人工肝和非生物型人工肝相结合构成的复合型人工肝支持系统。由于受限于生物型人工肝技术的发展，目前混合型人工肝的临床应用仍处于初期阶段。非生物型人工肝包括血浆置换（plasma exchange，PE）、胆红素吸附（bilirubin adsorption，BA）、连续血液净化（continuous blood purification，CBP）、血浆透析滤过（plasma dialysis filtration，PDF）、反复通过白蛋白透析、分子吸附再循环系统（molecular adsorbent recirculating system，MARS）、Prometheus 系统等。在临床应用中，应根据不同患者病情及所需清除的毒素种类选用不同的人工肝技术。同时，非生物型人工肝技术也可以联合应用，取长补短，以达到更好的治疗效果。图 4-41 所示为非生物型人工肝系统。

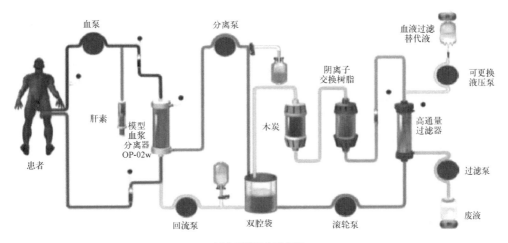

(a)人工肝系统示意图

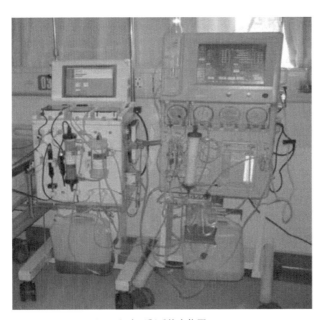

(b)人工肝系统实物图

图 4-41 非生物型人工肝系统

4.4 鼻 咽 喉

由于上呼吸道的几何形状非常复杂，喉和气管中的流动就更复杂了。人们也许会奇怪，为什么要使气道长得如此复杂？其实它是为适应多种功能：空气调节、湿化和净化空气、嗅觉等。它的复杂形状从气动力学的观点来看是不经济的，它有许多隆起处会引起分离并使阻力增大；喉部收缩处为上呼吸道最窄处，产生较大的黏性阻力。吸气时，流动在喉部分离，并在气管中形成一股湍流射流。呼气时分离再次出现，在口和鼻中出现湍流。

喉部狭窄处具有弹性，其开口的大小会随着肺的容积、气流量和呼吸频率的变化而调节。当肺容积增大时，开口也会变大，从而减小了气流的阻力。在气喘或呼吸加快时，喉部开口也会扩大，以减小阻力。上呼吸道的其他部分也具有弹性，其阻力也会受到压力和气流量的影响。一些研究表明，在吸气时，通过喉部狭窄处的气流的雷诺数大约为 500；而在呼气时，这个数值会更高，约为 1500。

4.4.1　鼻腔、咽喉腔的解剖结构

鼻由外鼻、鼻腔和鼻窦 3 部分构成。

(1)外鼻，形似一基底向下的三棱锥体，上端位于双侧眼眶之间，称为鼻根，下端最突起处称为鼻尖，两者之间为鼻梁，鼻梁两侧中上部分为鼻背，下部半圆形膨隆部分称为鼻翼，锥底称为鼻底，包括两个前鼻孔，两者借中间的鼻小柱分隔。

(2)鼻腔，前起自前鼻孔，后止于后鼻孔并通鼻咽部，其顶窄底宽，前后径大于左右径，结构狭长且不规则，鼻中隔将鼻腔分为左、右两侧，鼻内孔(鼻阈)为鼻腔最狭窄部位，前鼻孔至鼻内孔部分称为鼻前庭，鼻内孔至后鼻孔部分称为固有鼻腔。

(3)鼻旁窦，又称副鼻窦或鼻窦，为鼻腔周围颅骨(额骨、蝶骨、上颌骨、筛骨)内的含气空腔的总称，均有窦口与鼻腔相通，对发音起共鸣作用。鼻窦左右成对，共四对，分别称为额窦、上颌窦、蝶窦和筛窦。

咽为一个漏斗状的肌性管腔，前后扁平，位于第 1～6 颈椎的前方，是呼吸道、消化道共有的通道。成人的咽长约 12cm，上起自颅底，向下在环状软骨下缘与食管入口相连向前分别与鼻腔、口腔、喉腔相通。咽分为 3 部分：颅底至软游离缘为鼻咽，软腭至会厌上缘平面之间为口咽，会厌上缘平面至食管入口为喉咽。

(1)鼻咽前壁以后鼻孔为界，与鼻腔相通，顶壁是蝶骨体、枕骨底部，后壁相当于 1～2 颈椎，前下方为软腭，与口咽相通。

(2)口咽，顶为软腭，下界是会厌上缘，前方通过咽峡与口腔相通。咽峡，即指悬雍垂、软腭游离缘、舌根、两侧腭舌弓及腭咽弓围成的环状狭窄部分。口咽侧壁由软腭向下分出的两个腭弓组成；前者延展至舌根为腭舌弓，内有腭舌肌；后者延展至咽侧壁下方为腭咽弓，内有腭咽肌。两个腭弓之间的三角凹陷为扁桃体窝，内含腭扁桃体。舌根、舌根扁桃体及两侧会厌谷构成了不完整的口咽前壁。会厌谷位于会厌前方，左右各 1 个，在舌会厌外侧壁和舌会厌正中之间。

(3)喉咽，上界为会厌上缘，下界为环状软骨下缘，向下连接食管，向前经喉与口咽相通。咽为呼吸、消化的共同通道，除呼吸、吞咽功能外，还具有保护、协助构语及咽淋巴环的免疫等重要功能。

随着医学影像技术的进步，人们利用 CT 或 MRI 等扫描技术构建放大比例的鼻腔实体模型，以深入研究人体生理状态下鼻腔内气流流场的详细情况。通过基于 MRI 图像建立成年人鼻腔的放大模型，测量了鼻腔内的气流场特性，并发现鼻前庭和鼻瓣区域的压强变化最为显著。计算结果显示，鼻瓣区域产生的阻力几乎占据了整个鼻腔气流阻力的一半，而

鼻瓣区域的压强变化则明显减小。大部分气流通过鼻腔的中部和下部通道，而嗅裂区的气流速度较慢、流量较少。同时发现，鼻瓣区域的气流速度最快，并且其气流形态随着通气量的变化而明显改变。图 4-42 展示了基于健康鼻腔的 MRI 图像所建立的实体模型和重新生成的三个鼻腔模型。

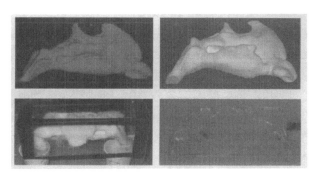

图 4-42   Kim 制作的鼻腔实体模型

4.4.2   鼻腔、咽喉腔的力学模型

1. 流体动力学模型

喉部模型可以简化为三个部分：声门下腔(入口段)、声门腔和声门上腔(出口段)。声门下腔位于声门以下，呈现类似正弦曲线的形状，从声门下腔向声门处逐渐收缩。声门上腔位于声门以上，也呈现类似正弦曲线的形状，但下降率更为陡峭，形成了声门上腔的壁面，如图 4-43 所示。认为流过此模型的气流均质、无重力，且其流动为定常、不可压缩，故采用 Navier-Stokes 标准方程可表达为

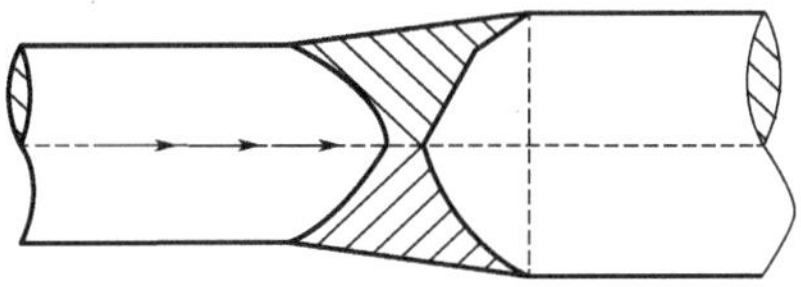

图 4-43   喉部简化模型

$$\begin{cases}\dfrac{\partial v_x}{\partial t}+v_x\dfrac{\partial v_x}{\partial x}+v_y\dfrac{\partial v_x}{\partial y}+v_z\dfrac{\partial v_x}{\partial z}+\dfrac{1}{\rho}\dfrac{\partial p}{\partial x}-\dfrac{\mu}{\rho}\left(\dfrac{\partial^2 v_x}{\partial x^2}+\dfrac{\partial^2 v_x}{\partial y^2}+\dfrac{\partial^2 v_x}{\partial z^2}\right)=0\\[2mm]\dfrac{\partial v_y}{\partial t}+v_x\dfrac{\partial v_y}{\partial x}+v_y\dfrac{\partial v_y}{\partial y}+v_z\dfrac{\partial v_y}{\partial z}+\dfrac{1}{\rho}\dfrac{\partial p}{\partial y}-\dfrac{\mu}{\rho}\left(\dfrac{\partial^2 v_y}{\partial x^2}+\dfrac{\partial^2 v_y}{\partial y^2}+\dfrac{\partial^2 v_y}{\partial z^2}\right)=0\\[2mm]\dfrac{\partial v_z}{\partial t}+v_x\dfrac{\partial v_z}{\partial x}+v_y\dfrac{\partial v_z}{\partial y}+v_z\dfrac{\partial v_z}{\partial z}+\dfrac{1}{\rho}\dfrac{\partial p}{\partial z}-\dfrac{\mu}{\rho}\left(\dfrac{\partial^2 v_z}{\partial x^2}+\dfrac{\partial^2 v_z}{\partial y^2}+\dfrac{\partial^2 v_z}{\partial z^2}\right)=0\\[2mm]\dfrac{\partial v_x}{\partial x}+\dfrac{\partial v_y}{\partial y}+\dfrac{\partial v_z}{\partial z}=0\end{cases}\tag{4-106}$$

式中，v_x、v_y、v_z 分别为 x、y 和 z 方向的速度分量；ρ 为空气密度；p 为空气压力；μ 为空气的分子黏性系数。

该模型通过获取声门腔及其上下游区域的声带表面压力值和声门腔中心线上的速度

值，以研究作用于声带表面的驱动力和声门腔内气流场的特性。

2. 颗粒传输多相流动模型

颗粒传输的研究不仅可以帮助我们了解鼻腔的嗅觉功能和对灰尘的过滤功能，还有助于研究有毒鼻腔黏膜受损的规律以及鼻炎类喷洒治疗药物的研发。研究表明，在浓度保持不变的情况下，嗅觉与气流速度和物质的可溶性相关。吸气速度越大，经过嗅觉区域的味道分子越多，嗅觉反应也更容易产生；而物质的可溶性越高，嗅觉区域中停留的气味分子就越多，嗅觉强度也越高。相反，如果吸气速度较慢或物质的可溶性较低，那么嗅觉反应相对较弱。颗粒在气固两相流场中受到很多力的作用，如阻力、重力、浮力、压力梯度力、虚拟质量力、巴塞特(Basset)力、马格纳斯(Magnus)升力、萨夫曼(Saffman)升力、热泳力等。颗粒以笕科花粉为例，其粒径分布从 $21\mu m$ 到 $35\mu m$，平均粒径为 $27\mu m$，密度为 $1218kg/m^3$，不考虑固相之间的碰撞，单个颗粒在流场中运动时，只考虑颗粒受到的斯托克斯(Stokes)阻力、重力和 Saffman 升力对颗粒轨迹的影响。单个颗粒的运动方程如下：

$$m_p \frac{dv_i}{dt} = \frac{\pi d_p^2}{8} C_D \rho |\bar{u}_i - v_i|(\boldsymbol{u} - \boldsymbol{v}) + m_p g_i + \boldsymbol{F_s} \tag{4-107}$$

式中，m_p 为颗粒的质量；d_p 为颗粒直径；$\boldsymbol{u}$ 和 $\boldsymbol{v}$ 分别为气体和颗粒的速度矢量；C_D 为颗粒的阻力系数；方程右侧最后一项为 Saffman 升力，由于人体鼻腔内部结构的特殊性，颗粒所受的雷诺数变化范围大，故采用方程(4-108)计算阻力系数：

$$C_D = \begin{cases} \dfrac{3}{16} + \dfrac{24}{Re}, & Re < 0.01 \\ \dfrac{24}{Re}(1 + 0.1315 \times Re^{0.82-0.05\lg Re}), & 0.01 \leqslant Re < 20 \\ \dfrac{24}{Re}(1 + 0.1935 Re^{0.6305}), & 20 \leqslant Re < 260 \end{cases} \tag{4-108}$$

在设置边界条件时，采用三维模型的下端面作为速度入口，忽略空气的可压缩性，采用正弦波速度分布入口条件计算正常呼吸条件下 4 个周期的单相气流流动，第 4 个周期结束后，进入非正常呼吸条件，同时从最下端喷入花粉，计算喷入花粉后 1s 内人体上呼吸道内的气流流动和颗粒运动及分布情况。正常呼吸时气流率为 87L/min，呼吸频率为 17 次/min，为 1 个周期，非正常呼吸条件下喷嚏条件气流率为 250L/min。

鼻腔的结构较为对称，但是气管与鼻腔衔接的不对称性，导致了左右鼻腔的颗粒和气流分布的不对称；在非正常呼吸条件下，左右鼻腔出口的气流速度相差达 48.9%，颗粒浓度差异达 137.7%，存在严重的分布非对称性；在非正常呼吸条件下，当左右鼻腔出口的气流分布不均匀时，其污染区域将大于假设左右鼻腔出口气流分布均匀的情况。

仿真模型做了几个假设：①颗粒相处于稀相状态，颗粒之间的相互碰撞忽略，颗粒运动也不会影响气相流场；②颗粒不会在呼吸道内发生分裂或破碎；③颗粒相密度远大于气相流密度；④计算区域内的颗粒有完全相同的直径，形状均为规则的球体；⑤单个颗粒在流场中运动时，只考虑颗粒所受重力、Stokes 阻力和 Saffman 升力，颗粒不受热泳力影响，也不会发生布朗运动。

　　通过将颗粒传输的多相流动模型应用于咽喉部、气管以及部分支气管，可以模拟不同气流中具有不同密度的颗粒在呼吸道中的沉积现象，如图 4-44 所示。颗粒主要沉积在鼻腔中，而颗粒的沉积主要与气流流速有关，而与颗粒的大小和重量的关系并不明显。随着气流流速的增加，颗粒在上气道中的沉积量也随之增加，尤其在鼻腔中的沉积量增加更为显著。通气量增加时，颗粒主要沉积于鼻前庭，这是因为气流流量增大，颗粒在气流中具有较大的惯性，容易与鼻腔碰撞并沉积下来。同时，气流在鼻腔通道中呈流线型，但在鼻前庭和鼻咽部由于形状的剧烈改变，会形成漩涡，导致颗粒沉积。此外，鼻咽部气道呈直角走势，使其更容易受到空气中有毒物质的侵害，从而增加了癌变的风险。鼻腔气道复杂和多变结构对于鼻腔的过滤功能也起着重要的作用。此外，一些研究者认为颗粒的沉积率不仅取决于流速，还与颗粒的惯性大小有关。

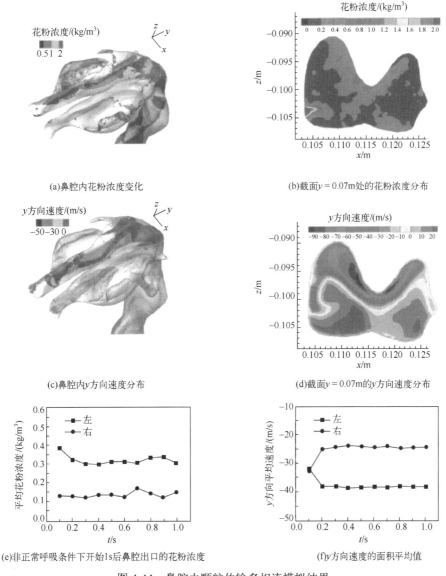

图 4-44　鼻腔内颗粒传输多相流模拟结果

3. 传热传质模型

维持鼻腔正常的呼吸功能对于维护肺部内在环境非常重要，因为它能够使气流达到鼻咽部时的条件与肺泡内的条件相平衡。因此，一些学者对上气道对经过气流的加热和加湿效果进行了研究。气道内气流的能量守恒以及组分质量守恒方程如下：

$$\frac{\partial}{\partial x_j}(\rho u_j t) = \frac{\partial}{\partial x_j}\left(\frac{k}{c_p}\frac{\partial u_i}{\partial x_j} - \rho\overline{u'_j t'}\right) + S_T$$

$$\frac{\partial}{\partial x_j}(\rho u_j C) = \frac{\partial}{\partial x_j}\left(D\frac{\partial u_i}{\partial x_j} - \rho\overline{u'_j C'}\right) + S_C$$

$$(4\text{-}109)$$

式中，ρ 为流体密度；T 为温度；u_i、u_j 为速度分量；k 为流体黏度；c_p 为流体定压比热；S_T 为黏性耗散项；C 为体积浓度；D 为物质扩散系数；S_C 为内部生成项。

研究结果表明，正常人的鼻腔内有足够的时间将吸入的空气加热和加湿，使得周围空气的条件与肺泡内的条件一致。外界环境对于鼻腔调节气流温度和湿度的功能影响并不大，即使在极端环境下，正常的鼻腔也能够保持这种功能。然而，气流量对于鼻腔调节功能的影响是明显的。但是，当鼻腔发生病变时，如充血或黏液产生增加，将会影响整个过程的效果。GarCia 等研究发现，患有萎缩性鼻炎的人相比正常鼻腔的人，鼻腔对改变气流的调节功能较差。此外，萎缩性鼻炎导致鼻腔黏膜面积减小，单位面积需要提供更多的水分和热量，这可能是导致患者鼻腔黏膜干燥结痂的原因。为了避免鼻腔结构个体差异对研究结果的影响，研究人员使用了标准鼻腔模型进行了健康成年人的加热和加湿功能研究。研究结果显示，鼻腔前端是加热和加湿的主要区域，气流在鼻腔前端迅速增加温度和湿度。而在鼻腔的后半段，温度和湿度与鼻腔壁之间的差别已经不大，加热和加湿效果逐渐下降。

知识点

1. 喷嚏/咳嗽的流体动力学

高速成像技术使研究人员能够直接观察打喷嚏和咳嗽过程中液滴形成的机制。一项研究揭示了呼吸道在猛烈喷出液体后，液滴在呼吸道之外形成的复杂过程，它们先从薄片状变成袋状，然后破裂成带状，最终形成液滴。在喷出的物质中不仅包含气体，还伴随着直径在 100μm 以下的液滴(气溶胶)。这些液滴是由气体喷射过程中携带出来的肺部、支气管和气管中的黏液形成的。成千上万个小液滴喷散而出，如图 4-45 所示。

这项研究具有重要意义，可以帮助控制疾病的传播。同时，它也推翻了以往认为呼吸道飞沫在打喷嚏和咳嗽之前就已经形成的观点。

先前的观点认为液滴在口腔中就已经完全形成，但实际上液滴是在流体从口腔喷出后逐步形成的。通过将摄像头靠近实验者的嘴部，拍摄了时长为 150ms 的打喷嚏过程。从侧面和顶部以 8000 帧/s 的速度进行拍摄的视频显示，液体的分解过程就像是好莱坞慢动作大片一样：液体以片状形式从口中流出，然后被气流切割并形成环状。环状结构断裂后留下细丝，细丝上形成小液滴，这些液滴逐渐拉长并破裂，最终形成液滴。如图 4-46 所示，在打喷嚏后，较大的液滴(绿色)从口中喷出，下落速度相对较快，传播距离较短。而雾状的液滴"云"(红色)的传播距离可达 8m。这些具有潜在传染性的液滴的传播距离比人们预想的要远得多。

图 4-45　每秒 1000 帧的高速摄影显示打喷嚏发生 0.25s 后唾液和黏液的喷射状态

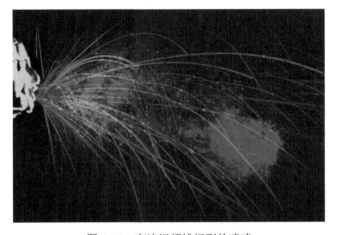

图 4-46

图 4-46　高速视频捕捉到的喷嚏

　　由于人体呼吸道存在多个截面面积的突变，并且研究的是非正常呼吸条件，因此需要考虑计算区域内的湍流效应。相关研究表明，在打喷嚏时，人可能会喷出粒径为 100μm 的细小液滴，数量可达一百万个，其影响范围的半径约为 3m，鼻孔气流喷射速度可达 50m/s。

　　此外，湍流模拟可用于对喷嚏过程进行仿真分析。由于人体呼吸道的结构复杂，为了考虑其中可能发生的湍流流动并描述近壁面效应，需要生成约 93 万个网格。基于 FLUENT6.3 平台，采用 RNG 湍流模型结合增强型壁面函数对模型内的湍流流动进行求解，同时使用通用光盘格式(UDF)编写正弦分布的入口速度分布和颗粒的 Stokes 阻力系数，并将其嵌入主程序进行计算。湍动能方程也被考虑在内：

$$\frac{\partial(\rho k)}{\partial t}+\frac{\partial(\rho k u_i)}{\partial x_i}=\frac{\partial}{\partial x_j}\left(\alpha_k \mu_{\text{eff}}\frac{\partial k}{\partial x_j}\right)+G_k+\rho\varepsilon \tag{4-110}$$

湍流耗散方程:

$$\begin{cases} \dfrac{\partial(\rho\varepsilon)}{\partial t} + \dfrac{\partial(\rho\varepsilon u_i)}{\partial x_i} = \dfrac{\partial}{\partial x_j}\left(\alpha_\varepsilon \mu_{\text{eff}} \dfrac{\partial\varepsilon}{\partial x_j}\right) + \dfrac{C_{1\varepsilon}^*\varepsilon}{k}G_k - C_{2\varepsilon}\rho\dfrac{\varepsilon^2}{k} \\[2mm] \mu_{\text{eff}} = \mu + \mu_t \\[2mm] \mu_t = \rho C_\mu \dfrac{k^2}{\varepsilon} \\[2mm] C_{1\varepsilon}^* = C_{1\varepsilon} - \dfrac{\eta(1-\eta/\eta_0)}{1+\beta\eta^3} \\[2mm] \eta = (2E_{ij}\cdot E_{ij})^{1/2}\dfrac{k}{\varepsilon} \\[2mm] E_{ij} = \dfrac{1}{2}\left(\dfrac{\partial u_i}{\partial x_j} + \dfrac{\partial u_j}{\partial x_i}\right) \end{cases} \tag{4-111}$$

式中, $i,j=$1, 2, 3; ρ 为流体的密度; $\boldsymbol{u}$ 为流体的速度矢量; μ 为流体的动力黏性系数, η 为湍流黏性系数; k 为湍动能; ε 为耗散率; G_k 为由平均速度梯度引起的湍动能 k 的产生项; α_k 和 α_ε 分别为湍动能 k 和耗散率 ε 对应的 Prandtl 数; β 为热膨胀系数; E_{ij} 为时均应变率; C_μ、α_k、α_ε、$C_{1\varepsilon}$、$C_{2\varepsilon}$、η_0、ρ 均为常量。

2. 打鼾的流-固耦合力学

阻塞型睡眠呼吸暂停低通气综合征(OSAS, 俗称打鼾)是一种睡眠期间由于上呼吸道反复塌陷导致呼吸暂停的疾病。上呼吸道的解剖异常和相关病变是该疾病发生的关键因素之一。许多国内外研究团队通过研究上呼吸道的解剖结构,结合医学影像和生物力学方法,深入分析和研究该病的各种机制,以探索有效的治疗方法。OSAS 是 Guilleminault 于 1976 年首次命名的一种睡眠呼吸疾病(图 4-47)。该疾病是由于睡眠中上呼吸道的完全或部分阻塞而导致频繁的呼吸暂停或通气量减少,伴随着一系列并发症,如低氧血症和高碳酸血症。临床症状包括打鼾、频繁呼吸暂停、呼吸浅慢、低氧血症、睡眠中断和白天嗜睡等。呼吸暂停的诊断标准是口鼻呼吸气流停止持续 10s 以上,而低通气是指通气量低于正常的 50% 以上,并伴有动脉血氧饱和度下降超过 4%。在每晚 7h 的睡眠中,呼吸暂停和低通气次数

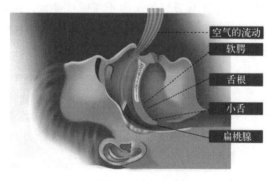
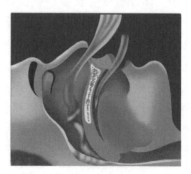

空气的流动
软腭
舌根
小舌
扁桃腺

(a) 正常状态下的上呼吸道　　　　　　　　　　(b) 睡眠闭塞的上呼吸道

图 4-47　上呼吸道闭塞示意图

≥5 次/h 可被诊断为 OSAS。长期患有 OSAS 会导致缺氧和睡眠结构紊乱，增加动脉粥样硬化发生和发展的风险，并可能损害呼吸中枢和呼吸相关的外周神经，引发中枢性睡眠呼吸暂停，形成混合型睡眠呼吸暂停低通气综合征。OSAS 患者中多数有打鼾史，约 50% 的患者有高血压病史或在就诊时被发现有高血压，或伴有其他心脑血管疾病，男性(男女比例为 8∶1)和肥胖者更容易患病。此外，该病也具有家族遗传特性。

4.4.3　声带结构及力学模型

人类的发声系统主要由三部分组成，即动力器官——呼吸系统，振动器官——声带，共鸣器官——胸腔、咽腔、口腔、鼻腔及鼻窦。

1. 声带的解剖结构

声带(又称声壁)是发声系统的重要组成部分，位于喉腔中部。它由声带肌肉、声带韧带和黏膜三部分组成，左右对称。声带的固有膜是一种致密结缔组织，边缘具有强韧的弹性纤维和横纹肌，具有很高的弹性。两个声带之间的间隙称为声门裂。当呼气空气通过声门时，声带振动产生声音。声门裂的大小和声带的振动频率决定了声音的音调，其具体结构如图 4-48 所示。

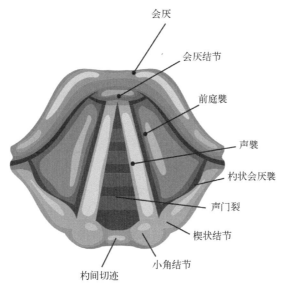

图 4-48　声带的解剖结构

声带表面有由一层致密的鳞状上皮细胞组成的黏膜，而在声带内部是异性蛋白质、碳水化合物、油脂、胶原纤维、弹力纤维等固态弹性物质构成声带组织松散的框架，液体充斥在固体结构之间。由此可见，声带组织是由液体和弹性固体共同组成的一种复合材料，其固体、液体以及两者之间的相互作用共同决定了声带组织振动的动力学特性。

在发声时，声带起着关键作用。当我们发声时，声带会拉紧、声门裂会变窄甚至闭合。从气管和肺部冲出的气流不断冲击声带，声带开始振动并发出声音。在喉部肌肉的协调下，声门裂受到有规律的控制。声带的长度、紧拉程度以及声门裂的大小都会影响声音的音调。

成年男性的声带通常比较长且宽，而成年女性的声带则较短且窄，因此成年女性的声音相对较高。这些因素共同决定了个体的声音特征和音调高低。

2. 声带的振动力学模型

目前声带振动研究的基本模型是一个双质量块非线性振动系统，如图 4-49 所示，该系统被认为是一种基本发音过程的力学描述。在该模型中，假设两个声带相同，并以相对声门中线对称地运动。当声门开放时，声带运动的控制方程可写为

$$\begin{cases} m_1\ddot{x}_1 + b_1(x_1,\dot{x}_1) + s_1(x_1) + k_c(x_1 - x_2) = f_1 \\ m_2\ddot{x}_2 + b_2(x_2,\dot{x}_2) + s_2(x_2) + k_c(x_2 - x_1) = f_2 \end{cases} \tag{4-112}$$

式中，x_i 为从静止位置 $x_0 > 0$ 测量的位移。在模型中引入生物组织弹性力的立方特点

$$\begin{cases} f_1 = d_1 l_g P_s, \quad x_1 \leqslant -x_0 \quad 或 \quad x_2 \leqslant -x_0 \\ f_2 = \begin{cases} d_2 l_g P_s, & x_1 > -x_0, \quad x_2 \leqslant -x_0 \\ 0, & x_1 \leqslant -x_0 \end{cases} \\ s_i(x_i) = k_i x_i(1 + 100 x_i^2), \quad i = 1,2 \end{cases} \tag{4-113}$$

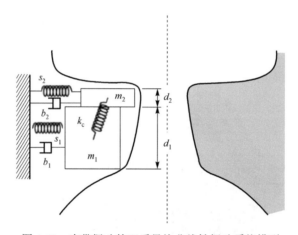

图 4-49　声带振动的双质量块非线性振动系统模型

由驱动力方程可以看出，通常假设空气流分离位置是在最小区域点，其中即时压强降为零。它会导致驱动力 f_2 变为 0，式 (4-113) 可以表示为

$$f_1 = L d_1 P_1 \tag{4-114}$$

P_s 为根据伯努利定律得出的压力：

$$P_s = \frac{\rho}{2}\left(\frac{U}{a_{\min}}\right)^2 = P_1 + \frac{\rho}{2}\left(\frac{U}{a_1}\right)^2 \tag{4-115}$$

式中，$a_{\min}$ 为声门下截面最小面积；a_1 为声门上部截面面积；U 为声门的体积流量：

$$U = \sqrt{\frac{2P_s}{\rho}} a_{\min} \theta(a_{\min}) \tag{4-116}$$

声门上部压力 P_1 为

$$P_1 = P_s \left[1 - \theta(a_{\min}) \left(\frac{a_{\min}}{a_1} \right)^2 \right] \theta(a_1) \tag{4-117}$$

式中，$\theta(x) = \begin{cases} \tanh(50x / a_{01}), & x > 0 \\ 0, & x \leqslant 0 \end{cases}$，$a_{01}$ 为声门上部剩余面积。

　　由于声带边缘振动位移的本质是呼气流下的一种被动运动，即声门间的气流迫使声带振动。通过理论方法分析声带边缘的位移函数，并在此基础上应用空气动力学建立声带受迫振动模型，以期研究出气流通过声门的平均气流密度对声门关闭类型的影响。另外，与电声门图、光声门图、喉动态镜等技术结合，来反映声带振动与嗓音源特性，这对发声生理学、物理学的基础研究有重要价值。

4.5　耳　蜗

4.5.1　耳蜗的结构

　　耳蜗是听觉系统的核心，是一个螺旋形的骨管，骨管绕耳蜗的中轴即蜗轴旋转 2.5～2.75 圈到蜗顶。从骨螺旋板的外缘到耳蜗的外壁，有薄膜连接，这就是基膜。基膜从蜗轴底部盘旋上升，直达蜗顶，总长约 33mm；靠近底端最窄，宽约 0.1mm，对应听阈上限 20000Hz；顶端最宽，宽约 0.5mm，对应听阈下限 20Hz。基膜约由 29 000 根横行纤维所构成。耳蜗的整体结构及基膜的频散特性如图 4-50 所示。

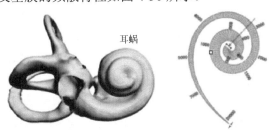

(a)耳蜗的整体结构　　　　　(b)基膜的频散特性

图 4-50　耳蜗的整体结构及基膜的频散特性

　　对于耳蜗的听觉功能来说，科尔蒂（Corti）器是其核心功能部件，决定耳蜗频散功能的基膜、构成听觉感受器的外毛细胞、构成听觉效应器的内毛细胞、与外毛细胞纤毛发生接触后产生非线性电活动的盖膜等都位于 Corti 器内。Corti 器的结构及构成，如图 4-51 所示。

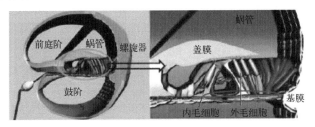

图 4-51　Corti 器的结构及构成

声音从外耳道传入后使鼓膜发生振动，鼓膜振动会推动听骨链的运动。听骨链的终端以镫骨底板与耳蜗相连，镫骨底板的振动会推动前庭阶内淋巴液的运动。在蜗顶处，通过蜗孔，使鼓阶和前庭阶的淋巴液流通，前庭阶流入的淋巴液会通过蜗孔从鼓阶回流。中间以柔性基膜分隔，基膜两边淋巴液的反向剪切运动使基膜发生振动。

4.5.2　耳蜗的工作原理

耳蜗力学机制的发展经历了从位置学说到行波学说，再到耳蜗放大器学说的发展过程。起初的研究中，认为耳蜗是被动的共振器，最著名的就是亥姆霍兹(Helmholtz)的共振理论。该理论认为，基膜的横向纤维像张力琴弦一样做出响应，蜗底处的短弦对应高频响应，蜗顶处的长弦对应低频响应。1960年，贝克西(Bekesy)在对新鲜尸体、动物耳蜗进行实验观察时，发现了耳蜗内沿基膜底部向顶部传播的行波，行波的最大振幅位置是确定的，与Helmholtz位置学说一致，Bekesy因此获得了1961年的诺贝尔生理或医学奖。位置学说和行波学说能较好地描述基膜的特征频率与频率分析功能，主要是以被动的频率分析器来考虑的。所以，对后来心理声学中发现的掩蔽效应、临界带和等响度曲线，以及蜗顶部对音调的非线性延迟响应，纤毛与盖膜相互作用的压电转换行为、耳声发射现象等都难以解释。后来，发展了流-固耦合、电-力耦合等复杂的非线性耳蜗力学模型，并不断出现了主动反馈的耳蜗非线性听觉模型。由于耳蜗真实的频率分辨率比行波学说和位置学说中基膜的力学响应分辨率要高很多，所以一些学者认为神经系统起到"第2滤波器"的作用。直至20世纪80年代，人们才对耳蜗力学有了一个更清晰的认识，认为耳声发射等伴随神经行为的主动反馈是耳蜗微观力学和电化学伴随神经交互作用的过程，是这个过程进一步完成了耳蜗的精确频率分析，而不是神经系统的"第2滤波器"的作用。2006年，Dallos等发现了马达蛋白质能使外毛细胞产生自主放电，很好地支持了早在1948年Gold提出的"耳蜗放大器"理论，认为这一发现是耳蜗放大器能量来源的依据。2007年，Ren等提出了"耳蜗转换器"的概念，比"耳蜗放大器"更能准确地描述耳蜗的功能。

下面以耳蜗行波学说为例进行介绍。耳蜗是一个三维螺旋状截面接近圆形的管道，管道内充满淋巴液，基膜将其分隔成上下两个对称的腔：前庭阶和鼓阶。基膜振动方向沿膜的法线方向，所以可以忽略其他几何因素影响，仅考虑其轴线方向上的螺旋结构，R_m为耳蜗导管中线到耳蜗螺旋转轴的距离，设$R_m(\varphi) = e^{\alpha\varphi}$，$\varphi$为从蜗底开始绕蜗管中线旋转走过的角度，$\alpha$为耳蜗导管曲率半径变化系数，$\alpha$越大$R_m$增加越快。为了简化建模和方便计算，将前庭阶和鼓阶截面简化为以基膜为对称轴的两个面积相等的矩形，如图4-52所示。采用柱坐标系，原点O固结在耳蜗底部横截面基膜的中点上，z轴垂直于基膜平面，z是导管内任一点到基膜中轴线的垂直距离；在基膜平面上，θ是从耳蜗底部开始基膜中轴线转过的角度，r为基膜平面内任一点到基膜中轴线的水平距离。设耳蜗管腔某一个矩形截面的宽度为$2r_w$，高为$2H$，即$r \in [-r_w, r_w]$，$z \in [-H, H]$。

假设耳蜗内的淋巴液为不可压缩且无旋的理想流体，设速度$v = \nabla\Phi$，Φ为流体速度势函数，则质量守恒方程为

$$\nabla^2\Phi = 0 \tag{4-118}$$

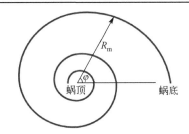

(a)耳蜗平面螺旋结构

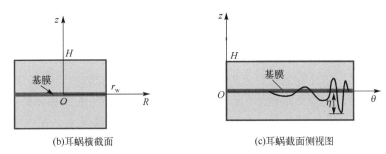

(b)耳蜗横截面   (c)耳蜗截面侧视图

图 4-52 耳蜗结构模型和坐标系

式中，柱坐标 Laplace 算子 $\nabla^2 = \dfrac{\partial^2}{\partial r^2} + \dfrac{1}{r}\dfrac{\partial}{\partial r} + \dfrac{1}{r}\dfrac{\partial^2}{\partial \theta^2} + \dfrac{\partial^2}{\partial z^2}$。

若下导管内淋巴液的压力为 p_2，淋巴液的密度为 ρ，则下导管的线性化动量方程可表示为

$$p_2 + \rho\frac{\partial \theta}{\partial t} = 0 \tag{4-119}$$

将基膜简化为一薄膜结构，基膜振动位移发生在垂直于基膜的 z 方向上，并且可以以波的形式沿基膜纵向方向传递。在基膜纵向方向上，基膜的刚度是变化的，而作用在基膜上的力由上、下导管内淋巴液的压力、基膜的惯性质量及其内摩擦力组成。由于结构对称，基膜上、下导管内淋巴液的压力 p_1、p_2 大小相等，方向相反，即 $p_1 = -p_2$。因此，在单位长度基膜表面的振动方程为

$$m\frac{\partial^2 \eta}{\partial t^2} + \beta\frac{\partial \eta}{\partial t} + \kappa\eta = p_2 - p_1 = 2p_2 \tag{4-120}$$

式中，η 为基膜的法向位移；m 为基膜单位长度的质量；β 为阻尼系数；κ 为基膜的刚度。在基膜纵向方向上，基膜的刚度是变化的。这里 κ 是随基膜位置变化的函数，同时认为相邻区域之间没有弹性耦合。

耳蜗结构模型的基本方程满足如下的边界条件和连续条件。耳蜗导管上、下壁面假设为刚性，且无液体渗透，即满足如下无流边界条件：

$$V_z\,|_{z=\pm H} = \frac{\partial \phi}{\partial z} = 0 \tag{4-121}$$

假设基膜振动时，淋巴液与基膜保持连续，可得基膜界面连续条件：

$$\frac{\partial \eta}{\partial t} = \frac{\partial \phi}{\partial z} \tag{4-122}$$

和基膜振动频率：

$$f = \frac{\omega}{2\pi} = \frac{1}{2\pi}\sqrt{\frac{\mu^2 H\kappa}{2\rho + \mu^2 mH}} \qquad (4\text{-}123)$$

从式(4-123)可以看到，当 $\rho = 0$ 时，即耳蜗导管中没有淋巴液，$f = \frac{1}{2\pi}\sqrt{\frac{\kappa}{m}}$，此时基膜振动频率退化为弹簧振子的固有频率。当 $\rho \neq 0$ 时，即耳蜗导管中充满淋巴液时，大大降低了基膜振动的固有频率。表明耳蜗导管中淋巴液的存在，通过淋巴液与基膜的耦合振动，使得基膜与上、下导管内的淋巴液耦合成一个整体，对基膜振动的影响表现为刚度降低和质量增加，降低了基膜振动的固有频率，使得基膜在外激励频率较低时，同样能产生共振响应，增强了对低频声信号的捕获能力。

如图 4-53 所示，结合能量守恒定律计算，波幅从耳蜗底部(曲率半径 R_m=25mm)到耳蜗顶(R_m=3.7mm)时，波幅逐渐倾斜。r_w 是侧壁到耳蜗导管中线的距离，外壁方向取正值，内壁方向取负值。在传播方向上，在外壁(r_w= 0.5mm)上波幅增加，在内壁(r_w=−0.5mm)上波幅减小。因此，当声波在耳蜗中螺旋传播时，曲率半径的减小使得等效波的能量密度不断地向外壁重新分布，声波于是集中在耳蜗外壁。

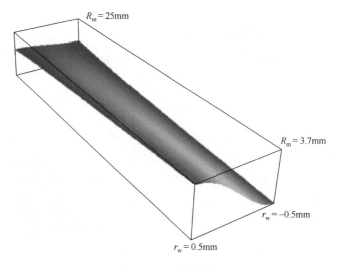

图 4-53　基膜波幅

知识点：植物听觉感受器——表皮毛细胞

植物能够感知各种胁迫信号(离子浓度、机械刺激、声波等)并做出自适应响应。拟南芥(一种模式植物)能对食草性昆虫咀嚼的声波刺激产生特异性响应，并加速防御性毒素的合成。拟南芥表皮毛细胞在形态和尺寸上与耳毛细胞(人类听觉感受器)相似，且具有力敏感特性，因此表皮毛细胞可能是植物感受外界环境声波刺激的感受器，也就是植物的"耳朵"。

有限元仿真模型可用来分析拟南芥表皮毛细胞的振动响应特性(图 4-54)。通过采用静力流体单元(hydrostatic fluid element)F3D3 以及 F3D4 来实现变形与内部膨胀压的耦合，发现拟南芥表皮毛细胞前 3 阶模态振型分别为表皮毛细胞的主干扭转、主干摇摆、主干俯仰。对表皮毛细胞进行振动频谱分析,发现拟南芥表皮毛细胞在可闻声波频率(如 Pieris 毛虫的声发射频率)范围内可发生共振,且共振频率与表皮毛细胞的大小成反比。这表明植物表皮毛细胞可以捕获来自声波的能量,从而引起植物表皮毛细胞的振动。

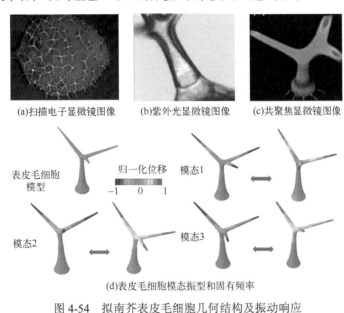

(a)扫描电子显微镜图像　(b)紫外光显微镜图像　(c)共聚焦显微镜图像

表皮毛细胞模型　归一化位移　模态1

-1　0　1

模态2　模态3

(d)表皮毛细胞模态振型和固有频率

图 4-54　拟南芥表皮毛细胞几何结构及振动响应

4.6　眼

眼睛是视觉器官。目前,人们对于眼球的运动和眼部组织的宏观力学性质已经有相当程度的了解,但仍缺乏描述整个眼睛精确本构模型;对于一些常见眼部疾病,如老视和青光眼等,其力学机制的微观描述还不完善。

4.6.1　眼的结构及力学性质

图 4-55 是眼球的解剖结构图。光通过角膜折射后(折射系数为 1.376)进入眼内,再经房水(折射系数为 1.336)折射到晶状体上。经晶状体调节,光线通过玻璃体集中在视网膜上,在视网膜里,光感细胞将光信号变为电脉冲,最后通过视神经将脉冲送入大脑,在光传到视网膜的过程中,眼球及组织的结构形式、力学行为(运动和变形)对光的折射和调节起主要作用。

1. 角膜

角膜是眼球前部的圆形透明结构。它由五层组成,由外到内顺序为:角膜上皮、前界层、角膜基质层、后界层、角膜内皮。

(1)角膜上皮为未角化的复层扁平上皮,细胞排列整齐。

(2)前界层为无细胞的均质层,厚度为 10～16μm,含胶原纤维和基质。

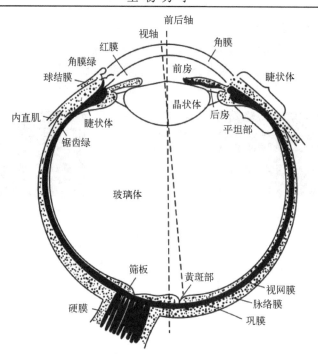

图 4-55　眼球的解剖结构图

（3）角膜基质层占整个角膜厚度的 90%，由平行排列的胶原纤维嵌在基质板中形成。胶原纤维在基质中均匀分布且其直径一致，约为 35nm（可见光的波长的 1/20），因而角膜是透明的。

（4）后界层比前界层薄，它也由胶原纤维和基质组成。

（5）角膜内皮在中央区的曲率半径为（7.86±0.04）mm，其水平直径为 11～12mm，中央区角膜厚度为（0.52±0.04）mm，其周边厚度约为 0.65mm。

根据所描述的角膜的结构特点和力学性质，可以将角膜视为一个理想的薄膜壳结构。其中胶原纤维起到主要的支撑作用，而基质则具有较低的弹性模量和剪切模量。角膜的胶原纤维具有较高的杨氏模量，约为 1.0GPa，而基质的杨氏模量和剪切模量较低，约为 10^{-5}GPa。由于基质的弹性模量和剪切模量相对较小，角膜抵抗剪力的能力较差。

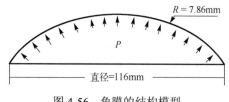

图 4-56　角膜的结构模型

尽管角膜的曲率半径与厚度之比约为 15，但实验证明，角膜基质所承受的张应力沿厚度方向是相同的。因此，可以将角膜的结构模型简化为理想的薄膜壳结构，该结构主要承受薄膜力而不传递剪力和弯矩（图 4-56）。

在正常的生理范围内，角膜对眼内压力的应变响应是线性的。因此，基于以上分析，将线弹性薄壳结构作为角膜的本构模型是可行的。这种模型可以用来研究角膜的力学行为，并对角膜的生理功能和相关疾病进行分析和理解。

近年来，发展了放射状角膜切开术的手术方法来调节角膜的折射能力，即在角膜前极

的 3～4mm 的"视区"的周围切一组(4～16 条)径向
刀口(图 4-57),以改变角膜的有效弹性,使角膜的前
极变得较平(曲率半径增大),从而达到调节其折光能
力的目的。

2. 晶状体

角膜提供固定的屈光,晶状体则通过厚度和曲率
的变化提供可变的屈光,以便在视网膜上成像
(图 4-58)。

使晶状体绕其前、后极轴线转动,用不同的转速
可给晶状体施加不同的径向离心力,用以模拟施加于
小环带上的张力。用高速摄影机拍摄晶状体轮廓照
片,比较旋转的与静止的晶状体照片,可算出晶状体

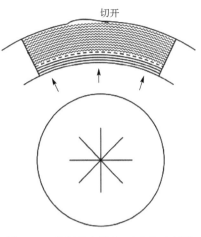

图 4-57　放射状角膜切开手术示意图

的极区及赤道区的应变,由晶状体的尺寸、密度和转速,可计算出晶状体的应力。晶状体
的厚度可用显微镜测量。

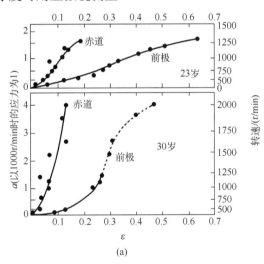

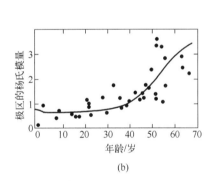

图 4-58　人眼晶状体的力学性能及随年龄的变化

晶状体为均匀各向同性的弹性体,将它视为由无限多个薄圆盘组成的圆盘受二向张
力,忽略剪力的影响,由于晶状体的含水量高达 60%,有很高的体积弹性模量,故可假设
其泊松比为 0.5(即体积不可压缩)。据此,可以导出晶状体的弹性模量的计算公式。

极区的杨氏模量为

$$E_{\mathrm{p}} = \frac{7}{24} a_a^2 b_a \rho \omega^2 / (\delta b)(\mathrm{N/m^2})\tag{4-124}$$

赤道区的杨氏模量为

$$E_{\mathrm{E}} = a_a^2 \rho \omega^2 / (8\delta a)(\mathrm{N/m^2})\tag{4-125}$$

式中,a 和 b 分别为晶状体的赤道半径和前极距赤道平面的距离;δa 和 δb 分别为由转动引

起的赤道半径和前极高度的改变量；ρ 为晶状体的密度；ω 为转速。图 4-58 是晶状体的应力-应变曲线体的本构关系。可以看出，在两种情况下，赤道区的应变与转速(应力)有近似的线性关系(即服从胡克定律)。极区的情况不同，当转速达到 1250r/min 时，晶状体将发生不可恢复的变薄。因此，1000r/min(相应的晶状体中心的应力为 100N/m²)是不引起永久性厚度变化的极限转速。这时产生的变形反映了晶状体的最大调节能力，对于 23 岁和 30 岁的晶状体，其极区的最大调节厚度分别为 0.35mm 和 0.24mm。同时看出这种调节能力降低的现象与晶状体老化后其弹性模量增大有关，如图 4-58(b)所示。例如，当年龄由 15 岁增加到 60 岁时，其极区的弹性模量和赤道区的弹性模量分别由 $0.7 \times 10^3 \text{N/m}^2$ 和 $0.9 \times 10^3 \text{N/m}^2$ 增加至二者均为 $3 \times 10^3 \text{N/m}^2$。假设晶状体为各向同性的弹性体，容易计算出弹性模量的变化对眼调节能力的影响。由于弹性变形所需单位体积的能量 W 与弹性模量 E 及应变的平方成正比：

$$W \propto (\delta_a / a_a)^2 E \tag{4-126}$$

式中，δ_a 为晶状体赤道半径的变化；a_a 为调节后晶状体的赤道半径。为了计算单纯由弹性模量增加的影响，假设 15 岁和 60 岁人的晶状体体积和单位体积变形所需的能量不变，则有

$$\frac{\delta_{a60}}{\delta_{a15}} = \frac{a_{a60}}{a_{a15}} \sqrt{\frac{E_{15}}{E_{60}}} \tag{4-127}$$

3. 眼后房壁

眼后房壁由巩膜、视网膜和脉络膜三层组成，每层的特性各不相同。巩膜是眼球的外层组织，具有较高的坚韧性。脉络膜位于巩膜内层，相对柔软。视网膜是最内层的薄膜，较为脆弱，是视觉感受器官。在同一应力水平下，它们的切线模量从视网膜至巩膜依次一个比一个高一个数量级，即 $E_R : E_C : E_s = 1 : 10 : 1000$。

为了描述它们的力学行为，巩膜可用指数函数形式的本构方程：

$$\sigma = A(e^{a\varepsilon} - 1) \tag{4-128}$$

而脉络膜和视网膜都可采用幂函数形式的本构方程：

$$\sigma = \sigma_0 (\varepsilon / \varepsilon_0)^a \tag{4-129}$$

方程(4-128)和方程(4-129)中的待定常数 A、a 由实验确定。为了估计眼内压力(来自玻璃体)在三层中的分布情况，可把眼后房壁视为线弹性的球壳，利用生物软组织为不可压缩的假设，考虑到它们的弹性模量相差一个数量级，可以近似地认为眼内压力完全传递到巩膜上。

在眼的调节过程中(即晶状体通过形状的变化而聚焦)，当睫状肌放松时，悬韧带收紧，这时晶状体处于受最大张力状态，晶体变扁，可对远距离目标聚焦，这时作用在脉络膜上的拉力最小；睫状肌收缩时，要牵引脉络膜，并使悬韧带处于低应力状态，晶体变圆，便于对近距离目标聚焦。可见，脉络膜和悬韧带如同吸振器，可以缓和睫状肌突然收缩的影响。

视网膜的变形也是眼调节机制的组成部分，在调节过程中，若视网膜的面积增加 30mm²(2.4%)以上，则视网膜的变形会引起视觉变化。

4.6.2　眼球运动的力学模型

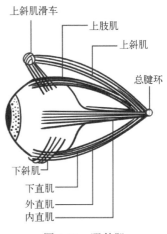

图 4-59　眼外肌

　　眼球的转动主要由三对眼外肌所控制(图 4-59)。为了建立眼球运动的力学模型，必须知道眼外肌和眼巢组织的力学性能。

　　图 4-60 给出了两侧患有 40 屈光度外斜视的患者的眼球约束组织的长度-拉力曲线。这里的"约束组织"指除外直肌、内直肌以外的其他对眼球的水平运动有约束作用的组织(包括另外的四条眼外肌)。试验时，将内、外直肌切断，将缝合线连于肌止处，牵拉眼球使其水平转动，记录下眼球转动过程中的拉力和组织及眼球转动的角度，即可得到组织的伸长-张力(用眼球转动角度表示)曲线。

　　由图 4-60 可以看出，当眼内转(向鼻侧)时，每转 1° 约需 0.5g(克力)，而外转(向耳侧)1° 则需力 1g 以上。

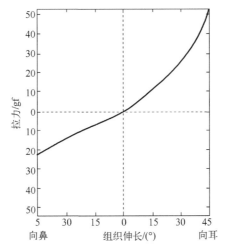

图 4-60　人眼球约束组织对眼球作用的静态伸长-拉力曲线

　　图 4-61 给出了描述眼球水平运动的一个简化的线弹性模型。图中 K_0、K_L 和 K_M 分别是约束组织外直肌及内直肌的弹性常数；Φ_L 和 Φ_M 是对应一定位置时眼肌缩元件的假设长度，T_M 和 T_L 分别是眼偏转任一角度时内、外直肌长度的变化值。此外，还有考虑了眼外肌及眼球约束组织黏弹性的眼球水平运动模型。

　　在详细研究了眼球的解剖结构、眼外动收缩与被动拉伸的力学性质的基础上，发展了一个考虑全部 6 条眼外肌对眼球的作用并与眼外肌在神经脉冲刺激下的主动力收缩耦联的眼球运动模型。对从该模型出发所列的动力学方程进行求解，可得到与眼球运动有关的各参量(转动角度、角速度、角加速度等)。

　　斜视治疗旨在恢复两只眼睛的协同运动，该过程由大脑中枢控制，使分离的眼睛协同工作。当中枢控制失调时，眼外肌力不平衡，导致两只眼睛无法同时注视目标，视轴分离，其中一只眼睛注视目标，而另一只偏离目标，形成斜视。斜视手术旨在调整眼外肌力量，

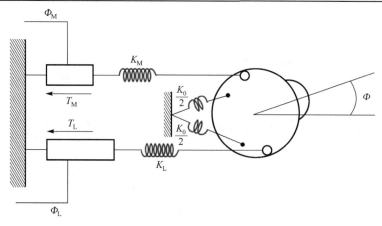

图 4-61　眼眶中左眼球的水平运动模型

改变解剖因素和神经因素(即眼位调节因素)，以矫正眼位异常并恢复双眼单视。

　　眼球静平衡模型与前述眼球运动模型类似，但在静平衡模型中，仅考虑眼外肌在静止状态下的张力和综合刚度。该模型可模拟各种斜视情况，并计算出矫正不同斜视角度所需的手术量。首先确定需要手术的眼外肌(一条或多条)，然后计算在缩短或移动这些眼外肌的止点位置后眼球的新位置。当新位置与原始眼位之间的角度达到预先测定的斜视角度时，相应的缩短量或移动量可用作眼外肌手术的参考值。

思　考　题

1．如何实现无创颅内压监测？
2．超声波有哪几种成像模式？肝硬化诊断采用哪种模式？
3．如何理解揭示听觉形成机制的耳蜗行波学说？
4．如何无创测量眼压？

第5章 循环系统力学

循环系统是分布于全身各部的连续封闭管道系统,具有营养物质、代谢废物运输,以及机体保护和免疫等功能。循环系统包含心血液循环系统、淋巴循环系统。血液循环是这两种循环的基础,本章主要介绍血液循环系统。

5.1 血液循环系统

血液循环系统的动力源在于心脏,血液的输送通过血管,因此心脏、血管以及在其中流动的血液构成了血液循环系统。心脏有四个腔室,分别称为左心房、左心室、右心房、右心室。当心脏收缩时,血液分成两大支流出心脏,一支从左心室通过动脉血管流向全身各个组织、器官,在毛细血管中进行物质和气体的交换,再由静脉血管将血液送回心脏的右心房,这一支称为体循环,又称大循环。另一支从右心室流出,经肺动脉血管将血输送到肺部,进行气体交换后,再由肺静脉血管送回心脏的左心房,这一支称为肺循环,又称小循环。图 5-1 为整个血液循环系统示意图。在心房和心室之间以及心室和动脉之间有瓣膜,起到单向阀门的作用,防止血液的倒流。

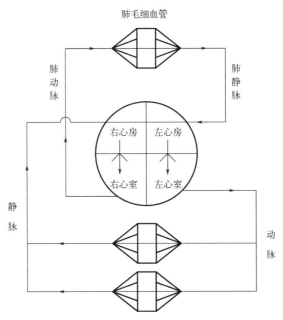

图 5-1 血液循环系统示意图

血液循环系统的结构和性能是极为复杂的。首先血管网络十分复杂,从心脏出发,动脉逐层分叉,管径逐渐变窄,到毛细血管呈网状分布于全身各个部位,然后逐级汇集成静脉，管径逐渐变宽回到心脏，也就是说血管管路是一个高度支化的系统。此外，每一血管段都具有一定的锥度，称为"几何锥削"，管截面又具有一定的椭圆度。血管主要由弹性纤维、胶原纤维和平滑肌组成。不过随着血管距心脏的距离增加，管壁中弹性纤维成分逐渐减少，胶原纤维成分逐渐增加，同时平滑肌所占比例也随之增加，从而随着血管的分叉，管壁的力学性能也发生变化。例如，胸主动脉中弹性纤维与胶原纤维之比约为3：2，弹性模量约为 5×10^5Pa，到小动脉时，弹性纤维与胶原纤维之比大约只有1：2，其弹性模量差不多为胸主动脉的2倍，这种弹性模量逐级变大的现象称为"弹性锥削"。正是由于血管几何特征和力学特性的复杂性，对血管中血液的流速分布、压力分布、脉搏波的传播等都有一定的影响。

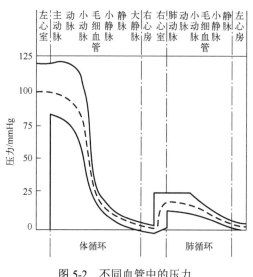

图 5-2　不同血管中的压力

图5-2给出了各个部位血管中的压力分布情况，可以看出压力是呈脉动的，两条实线之间为压力变化的范围，虚线表示平均压力的大小。同时不难发现，动脉中的脉动大于静脉和毛细血管的脉动，而且小动脉处压力下降最为明显。图5-3为动脉、静脉、毛细血管中血流的平均流速（虚线）以及叠加于直流分量上的脉动分量（实线）。由于心脏有节律地收缩和舒张，射入主动脉中的血液具有强烈的脉动成分。但是由于血管壁的黏弹性以及血液的黏性作用，这种脉动在向下游传播的过程中逐渐衰减，以致到达毛细血管中的流动呈现基本平稳的定常流动。但是由于隔膜的运动以及呼吸的影响，腹腔和胸腔静脉中的流动又具有了一定的脉动成分。

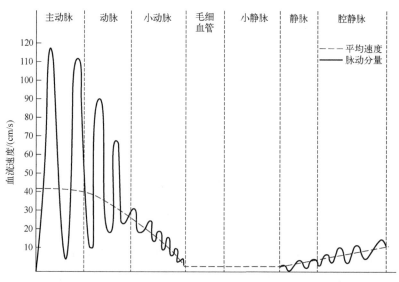

图 5-3　不同血管中血流的平均速度及脉动分量

5.2　血管的结构及力学性质

图 5-4 为不同血管的尺寸及结构特征。动脉主要是把血液从心脏输送到身体各部位，血流速度较快，管壁厚且弹性大。静脉是把血液从身体各部分送回心脏，血流速度较慢，管壁较薄且弹性差。毛细血管连通最小的动脉和最小的静脉之间，从而便于与组织之间的物质交换，血流速度极慢且管壁极薄，只由一层上皮细胞构成。如图 5-5 所示，血管是中空管道。动脉和静脉的血管壁通常由内、中、外三层构成。内层主要由内皮细胞和基质膜组成，调节通透性和产生生物物质；中层由弹性纤维、胶原纤维和平滑肌构成，这些层可分为若干个同心层，以支持血管的弹性和抵抗力，帮助维持血管的稳定性和可靠性；外层由松弛的结缔组织构成。在整个血管系中，不同的动脉管段中所含弹性纤维、胶原纤维和平滑肌的含量百分比也是不同的。对于胸主动脉，弹性纤维占总纤维的 60%，而胶原纤维只占 40%。胸外血管中，这种比例将反过来，弹性纤维只占 30%，而胶原纤维则占 70%。通常而言，越靠近心脏，动脉血管壁弹性纤维含量百分比越高，弹性越好。从主动脉到分支动脉，平滑肌含量所占的百分比将越来越高。

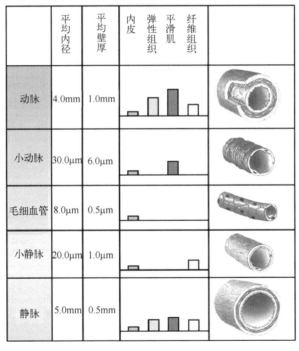

图 5-4　不同血管的尺寸及结构特征

压力的脉动和速度的脉动都是以波的形式在血管中传播的，通常称压力的脉动为脉搏波。脉搏波的波形变化、传播速度、传播方式等是令医学工作者和力学工作者共同感兴趣的问题。因为脉搏波有关的变化具有反映生理、病理变化的意义，其变化的机制与心血管系统中的力学参数变化密切相关。例如，脉搏波传播的速度，随着年龄的增加而增加，5 岁左右孩子的压力波的传播速度为 520cm/s，而 84 岁左右老人的则为 860cm/s。在主动脉

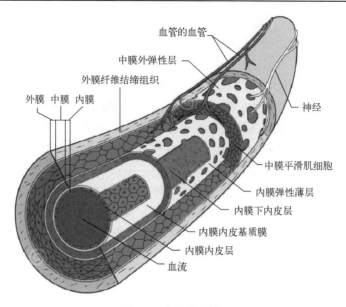

图 5-5　血管的构造

中的传播速度为 500cm/s 左右，而到小动脉中则可达 800～1000cm/s。这些生理现象表明，随着年龄的增长，动脉壁的弹性减弱而刚性增加，即临床所谓的"动脉硬化"症状，小动脉壁的弹性也显然比主动脉差得多。由于动脉的不断支化，管径的锥度、波反射以及病变的影响等还会造成波形的畸变。中医脉象的实质在于凭经验来感受压力波的幅度和波形的变化以确定是由于何种生理变化所致。图 5-6 为动脉中不同部位所记录下来的压力和速度。

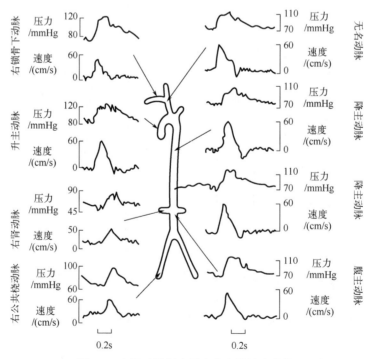

图 5-6　人的动脉树中压力和血流速度曲线

5.3　血液及其流动特征

5.3.1　流体黏性

谈到流体的黏性，首先要弄清剪应力和剪应变率这两个基本概念。如图 5-7 所示，考虑简单的二维剪切流动，流动平行于 x 轴，速度视 y 而异。取一流体微单元，长为 dx，高为 dy，宽为 1 单位。周围流体作用在界面上的分量称为剪切力，单位面积的剪切力为剪应力，用 τ 表示。设 y 处流速为 u，$y+dy$ 处流速为 $u+du$，则

$$\dot{\gamma} = \frac{du}{dy} \tag{5-1}$$

式中，$\dot{\gamma}$ 为流体在 y 处的剪应变率。一般的流体如空气、水等，剪应力与剪应变率成正比，即

$$\tau = \eta \frac{du}{dy} = \eta \dot{\gamma} \tag{5-2}$$

式中，$\eta = \text{const}$，称为流体的黏度，单位为 $N \cdot s/m^2$。

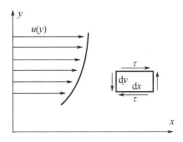

图 5-7　简单的二维剪切流

应力-应变率满足方程(5-2)，即剪应力与剪应变率成线性关系的流体为牛顿流体。凡不满足上面关系式的流体，称为非牛顿流体。血液是一种典型的非牛顿流体。

常用的测定流体黏度的方法有三种：毛细黏度计、Couette 旋转黏度计、锥-板黏度计，如图 5-8 所示。①毛细黏度计构造简单，但两端不易修正，管径很小，试验用时较长，且不易清洗。②Couette 旋转黏度计通过假设同心圆筒间隙内，速度呈线性分布，由旋转圆筒

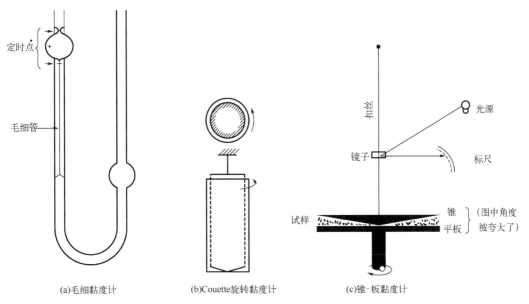

(a)毛细黏度计　　　　(b)Couette旋转黏度计　　　　(c)锥-板黏度计

图 5-8　流体黏度测量原理图

的角速度算出应变率，测固定圆筒所受的扭矩，从而算出剪应力。为保证速度分布线性，间隙不宜过大。③锥-板黏度计又称 Weissenberg 流变仪。锥面与平板的夹角小于 5°。由于间隙高度与半径成正比，流速也与半径成正比，故半径 $r =$ const，计算很简单。此外，还可以测量剪切引起的垂直于剪切平面的法向应力的变化。

5.3.2　血液黏性

血液是细胞在电解质和非电解质水溶液中的悬浮液体。经过离心机的处理，血液被分离为血浆和血细胞两部分，各占一半的体积。血浆体积的重量中约 90%是水，血浆蛋白约占 7%，其余为其他有机物和无机物，密度为 1.03kg/L 左右。血细胞主要是红细胞，其中白细胞和血小板的含量很少，分别只占总细胞体积的 1/600 和 1/800。正常血液中红细胞的含量为 $5×10^6$ 个/mm^3，白细胞为 (5000～8000) 个/mm^3，血小板为 $(2.5～3)×10^5$ 个/mm^3。人的红细胞是双凹碟形的，直径约为 $7.6×10^{-4}$cm，厚度约为 $2.8×10^{-4}$cm。白细胞呈圆形，有多种类型。血小板更小，直径约为 $2.5×10^{-4}$cm。红细胞的密度比重约为 1.10。红细胞含有多种酶和激素，能够输送氧气和二氧化碳以满足机体生命活动所需。医学上，红细胞的质量常用血细胞比容 (hematocrit，H) 表示，它是血液中红细胞体积与血样总体积之比。通常测定 H 的方法是将血样放在试管中，用离心分离机使红细胞沉底，从而测量其体积。

血液流动性质的研究已有一百多年历史。早在 1842 年，法国医生泊肃叶 (Poiseuille) 就测量过圆柱管内血液流量与压力差的关系，得到了著名的 Poiseuille 定律。其后百年间没有什么进展，直到 19 世纪 60 年代，梅里尔 (Merrill) 等做了大量实验，人们对血液的力学性质的认识才渐趋深化。1963 年 Merrill 利用 Couette 旋转黏度计测量血浆黏度，他认为血浆是一种非牛顿流体。后来才发现，血浆的这种非牛顿行为，是与空气接触的自由表面，血浆蛋白形成薄膜所致。除去该膜的影响后，测得关系表明，血浆其实是牛顿流体，黏度为 1.2cP (1cP=10^{-3}Pa·s) 左右，影响血浆黏度的因素主要是温度和血浆的组分，尤其是血浆里蛋白质的含量。据科麦尔 (Chmiel) 测量，血浆黏度 η_p 与温度 t(℃) 有如下经验关系：

$$\frac{\eta_p}{\eta_0} = \exp\left[\frac{a(t-t_0)}{(t+b)(t_0+b)}\right] \tag{5-3}$$

血浆黏度和其蛋白质浓度 c(g/mL) 有关，贝利斯 (Bayliss) 给出如下经验关系：

$$\frac{\eta_p}{\eta_w} = (1-k_1 c)^{-1} \tag{5-4}$$

知识点：血液为什么是非牛顿流体？

正常血浆是牛顿流体，故血液的非牛顿性无疑是由血细胞引起的。血液流动时红细胞怎样运动，是一个中心课题。对此学者已经做了相当精细的研究，使人们对血液流变性质有较深入的了解。早在 1929 年，Fahraeus 就发现人血的红细胞会聚集 (aggregation) 形成缗钱状结构，如图 5-9 所示。缗钱状结构的存在与血浆中的纤维蛋白原 (fibrinogen) 和球蛋白

(globulin)有关。剪应变率越低，聚集作用就越强。不难猜测，当剪应变率趋于零时，人血就变成一个巨大的聚集体，其行为类似于固体。对于固体来说，必须有一定的剪应力才能使它流动，这就是屈服应力。

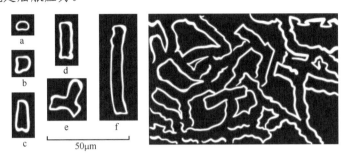

图 5-9　人缗钱状红细胞

当剪应变率增大时，聚集体就逐渐裂解，因而血液黏度减小。当剪应变率进一步增大时，红细胞的变形就越来越显著，红细胞被拉长，并顺着流线取向，这使得黏性进一步减小。图 5-10 清楚地说明了红细胞聚集和变形的作用。图中 NP 表示正常血液，NA 表示正常红细胞在白蛋白-Ringer 溶液中的悬浮液，这种溶液不含纤维蛋白原和球蛋白，因而红细胞不会聚集。实验结果表明，即使溶液的黏度和正常血浆一样，这种悬浮液的黏度仍然低于正常血液。图中 NP 与 NA 的差异说明了红细胞聚集对血液黏度的影响。HA 是用戊二醛使红细胞固化后，在同样的白蛋白-Ringer 溶液中形成的悬浮液。NA 和 HA 的差异表示红细胞变形的作用。

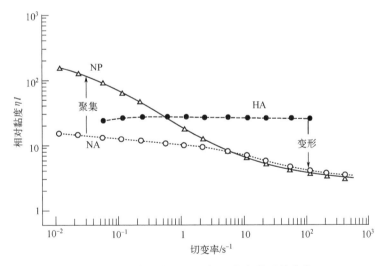

图 5-10　三种液体相对黏度-切变率的对数曲线

图 5-11 揭示了人血的流动性，该图将人血的相对黏度和刚性颗粒悬浮液及乳剂的黏度做了比较。当浓度达 50% 时，刚性小球悬浮液已经不能流动，而即使红细胞浓度高达 98%，血液依然是流体。还可看出，镰状红细胞血液的黏度要高得多，这也说明了镰状细胞性贫血症是一种严重的疾病的原因。

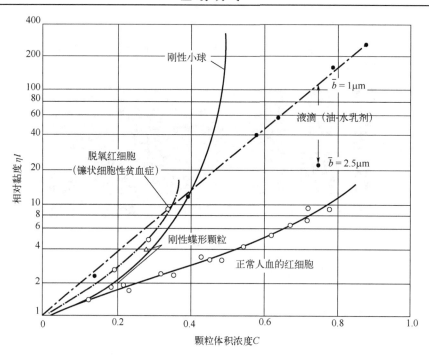

图 5-11　25℃时人血的相对黏度随体积浓度的变化

5.3.3　血液的层流流动

在分析流体绕物体或在管道内流动时，需要确定固壁表面上流体相对于壁面的运动状态，这就需要规定边界条件。对于黏性流体，Poiseuille 和 Stokes 等学者综合大量观测的结果，首先提出了"无滑移"(no-slip)条件，即固体和流体的交界面上的流体速度相对于固体为零。这个条件是否正确？对于气体，麦克斯韦(Maxwell)用分子运动论做过分析，认为当流场尺度比气体分子平均自由程大得多时，无滑流条件成立；而当流场尺度和分子平均自由程同量级时，边界上相对速度不等于零。稀薄气体动力学的发展证实了这一论断。对于液体，无滑流条件迄今尚无直接的理论或实验证明。但是，两百多年来，按照无滑流条件所得出的结论，除了稀薄气体外，从来没有出过问题。因此，人们通常把它作为一个经验的事实而接受。那么，无滑流条件能否用于血液呢？Poiseuille 曾用显微镜观察过玻璃管中的血液流动，他发现血液在壁面附近的流速为零，并提出了无滑流条件。但实际情况相当复杂，考虑到血液本身的非牛顿性等因素，这个条件并不总是成立。不过，当把血液看成均质流体时，可以认为血液的流动也服从壁面无滑流条件。

现考察血液在圆柱管内的流动(图 5-12)，假设管很长，流动是定常层流，沿管轴方向

图 5-12　圆柱管流

的流动情况没有变化。因为边界是轴对称的，流动也是轴对称的，因而速度的唯一非零分量是轴向分量 u，按上述假设，u 是径向位置 r 的函数 $u(r)$。取圆柱形分离体如图 5-13(a) 所示。因运动状态无变化，故作用于其上的力平衡：

$$\begin{cases} \tau \cdot 2\pi r \cdot 1 = -\pi r^2 \dfrac{\mathrm{d}p}{\mathrm{d}x} \cdot 1 \\[2mm] \tau = -\dfrac{r}{2} \cdot \dfrac{\mathrm{d}p}{\mathrm{d}x} \end{cases} \tag{5-5}$$

这个重要的方程是 Stokes 于 1851 年提出的，如图 5-13(a) 所示，它适用于任何均质流体。

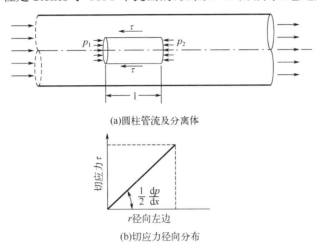

(a)圆柱管流及分离体

(b)切应力径向分布

图 5-13　圆柱管流受力分析

1. 牛顿流体

牛顿流体服从以下方程：

$$\tau = \eta \frac{\mathrm{d}u}{\mathrm{d}r} \tag{5-6}$$

代入式(5-5)得

$$\frac{\mathrm{d}u}{\mathrm{d}r} = -\frac{r}{2\eta} \frac{\mathrm{d}p}{\mathrm{d}x} \tag{5-7}$$

因为流体无径向运动，故 p 与 r 无关。对式(5-7)积分得

$$u = -\frac{r^2}{4\eta} \frac{\mathrm{d}p}{\mathrm{d}x} + B \tag{5-8}$$

积分常数 B 由边界条件确定，例如：

$$\begin{aligned} r &= a, \quad u = 0 \\ u &= \frac{1}{4\eta}(a^2 - r^2)\frac{\mathrm{d}p}{\mathrm{d}x} \end{aligned} \tag{5-9}$$

它说明速度沿径向呈抛物线分布。

流量 Q 为

$$Q = 2\pi \int_0^a ur\,\mathrm{d}r \qquad (5\text{-}10)$$

将式(5-9)代入式(5-10)，得

$$Q = \frac{\pi a^4}{8\eta}\frac{\mathrm{d}p}{\mathrm{d}x} \qquad (5\text{-}11)$$

流量除以截面积即得平均流速：

$$u_{\mathrm{m}} = \frac{a^2}{8\eta}\frac{\mathrm{d}p}{\mathrm{d}x} \qquad (5\text{-}12)$$

2. Casson 流体

在生理范围内，大、小动脉血流的剪应变率为 $100\sim2000\mathrm{s}^{-1}$，大、小静脉血流的剪应变率为 $20\sim200\mathrm{s}^{-1}$。因此，在血管壁附近，剪应变率足够高，血液可以近似看作牛顿流体。但在管心附近，剪应变率趋于零，非牛顿性十分显著。为简化，假设整个管内，血液服从 Casson 方程。这样，一定有一个 r_c 的流面上，有 $\tau = \tau_y$。当 $r < r_c$ 时，$\tau < \tau_y$，血液运动状态不变，像刚体一样移动。因而速度分布与 τ_y 和 τ_w 的相对大小有关，即

$$\tau_w = \frac{-a}{2}\frac{\mathrm{d}p}{\mathrm{d}x}, \quad \tau_y = -\frac{r_c}{2}\frac{\mathrm{d}p}{\mathrm{d}x} \qquad (5\text{-}13)$$

故若 $\tau_y > \tau_w$，即 $r_c > a$，则无流动，有

$$\frac{\mathrm{d}p}{\mathrm{d}x} < \frac{2\tau_y}{a}, \quad u = 0 \qquad (5\text{-}14)$$

若 $\tau_y < \tau_w$，即 $r_c < a$，即有流动，则

$$\frac{\mathrm{d}p}{\mathrm{d}x} > \frac{2\tau_y}{a} \qquad (5\text{-}15)$$

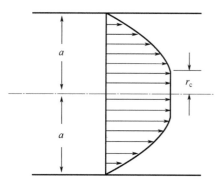

图 5-14　Casson 流体圆柱管流速度剖面

流动速度分布略如图 5-14 所示，在核心区 $r < r_c$ 处，剖面是平的。在 r_c 与 a 之间，可用 Casson 方程来求速度剖面。

5.3.4　血液的本构方程

血液在生理条件下可看作不可压缩流体。对不可压缩牛顿流体，本构方程的一般形式为

$$\tau_{ij} = -p\delta_{ij} + 2\mu V_{ij} \qquad (5\text{-}16)$$

其中

$$\begin{cases} V_{ij} = \dfrac{1}{2}\left(\dfrac{\partial u_i}{\partial x_j} + \dfrac{\partial u_j}{\partial x_j}\right) \\ V_{ii} = V_{11} + V_{22} + V_{33} \end{cases} \qquad (5\text{-}17)$$

式中，V_{ij} 为应变率张量；τ_{ij} 为应力张量；u_i、u_j 为流动速度；p 为静压；μ 为常数，称为黏性系数。

　　实验证明，在高应变率下，血液可看作牛顿流体，而应变率较低时，是非牛顿流体。现在的问题是能否将方程(5-16)稍做修改，使之适用于血液？回答是肯定的，只要将方程(5-16)中的常数 μ 改为应变率的函数 $\mu(V_{ij})$ 就行了，即

$$\tau_{ij} = -p\delta_j + 2\mu(V_{ij})V_{ij} \tag{5-18}$$

　　这样，问题归结为如何导出 $\mu(V_{ij})$ 的一般形式。

　　连续介质力学的一个重要原理是：任一方程中，每一项作为一个张量的秩必须相同。据此，方程(5-16)中 μ 必定是二阶张量 V_{ij} 构成的标量函数，它与坐标系的选取无关。因此 μ 可以写作应变率张量不变量 I_1、I_2、I_3 的函数。因为血液不可压缩，$I_1=0$；而 I_3 一般很小，可以不计。这样，$\mu = \mu(I_2)$。但 I_2 通常为负，使用不便，故引入新的不变量：

$$\begin{cases} J_2 = 3I_1^2 - I_2 = \dfrac{1}{2}V_{ij}^2 \\ \tau_{ij} = -p\delta_{ij} + 2\mu(J_2)V_{ij} \end{cases} \tag{5-19}$$

　　对于简单剪切流动，有

$$\begin{cases} \dot{\gamma} = 2V_{12} \\ J_2 = \dfrac{1}{2}V_{12}^2 \\ \dot{\gamma} = \sqrt{2J_2} \end{cases} \tag{5-20}$$

　　而此时本构方程(5-18)简化为

$$\tau_{12} = 2\mu(J_2)V_{12} = \mu(J_2)\dot{\gamma} \tag{5-21}$$

　　实验结果表明，此时血液的应力-应变率关系可用 Casson 方程描述，即

$$\begin{cases} \tau_{12} = \left(\eta^{\frac{1}{2}}\dot{\gamma}^{\frac{1}{2}} + \tau_y^{\frac{1}{2}} \right)^2 \\ \mu = \dfrac{\left(\eta^{\frac{1}{2}}\dot{\gamma}^{\frac{1}{2}} + \tau_y^{\frac{1}{2}} \right)^2}{\dot{\gamma}} \end{cases} \tag{5-22}$$

　　由此得血液本构方程：

$$\begin{cases} \tau_{ij} = -p\delta_{ij} + 2\mu(J_2)V_{ii} \\ J_2 = \dfrac{1}{2}V_{ij}^2 \\ \mu(J_2) = 8J_2^{-\frac{1}{2}}[(8\eta^2 J_2)^{\frac{1}{4}} + \tau_y^{\frac{1}{2}}]^2 \end{cases} \tag{5-23}$$

　　应该指出，血液的流变性质远比前面所述复杂。在动力学条件下，血液是黏弹性流体，它的黏弹性随应变以及应变过程而变化。这些复杂的性质对于正常循环生理来说或许并不重要，但当我们试图用血液流变性质作为临床诊断、病理或生化研究的基础时，血液的黏弹性具有重要意义。

5.4　心　　脏

5.4.1　心脏的构造

心脏是整个循环系统的动力源。成年人心脏有四个腔室：由房中隔隔开的两个薄壁的心房和由室中隔隔开的两个厚壁心室，如图 5-15 所示。静脉血流进右心房，经三尖瓣进入右心室。右心室收缩，将静脉血泵入肺动脉(经过肺动脉瓣)，流进肺，使血液氧合。氧合血由肺静脉输入左心房，经二尖瓣进入左心室。左心室收缩，经主动脉瓣，将血液泵入主动脉，流遍全身。

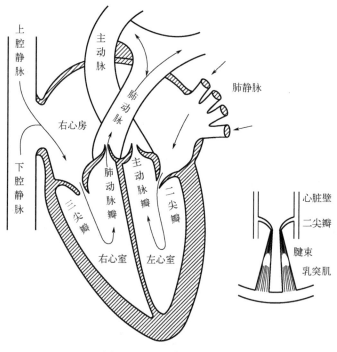

图 5-15　心脏构造示意图

心肌收缩是由心电激发的，故心脏必有完整的电系统。心电图由电信号发生中心和传输系统构成，如图 5-16 所示。产生心电信号的主要中心是窦房结(S-A)，在成人心房中其尺寸约为 25mm×3mm×2mm。它由小而圆的起搏细胞(P 细胞)和细长的过渡细胞组成，过渡细胞的形状介于 P 细胞和正常心肌细胞之间。S-A 是每一心搏周期内最早出现电活动的区域。发自 S-A 的电信号直接传遍右心房，传输速度约为 1m/s。同时，若干特定的肌纤维束将信号传至左心房。此外，还有三条肌纤维束将 S-A 的信号传至房室结(A-V)。A-V 是信号传输站，尺寸约为 3mm×10mm×22mm，其组成和 S-A 差不多，但 P 细胞较少。A-V 使来自 S-A 的信号滞后一段时间，然后沿希氏带(或称房室束)传向心室。希氏带沿室中隔右侧下行后分为左、右两支。然后分支成为浦肯野纤维，它们遍布左、右两心室壁。电信号在浦肯野纤维内的传输速度为(1～4)m/s。最后，电信号由心肌细胞自身传输，从一个心肌细胞到下一个心肌细胞,传输速度为(0.3~0.4)m/s。图 5-17 是心室壁各部分肌肉激发的时间顺序,数值表示从全心最初激发到该部位激发所需时间,单位为 ms。阴影线越密,时间间隔越长。可见,不同部位的心肌按一定的时间顺序激活。这不仅对于了解心电图十分重要,对于认识心脏运动的动力学特性也很有意义。

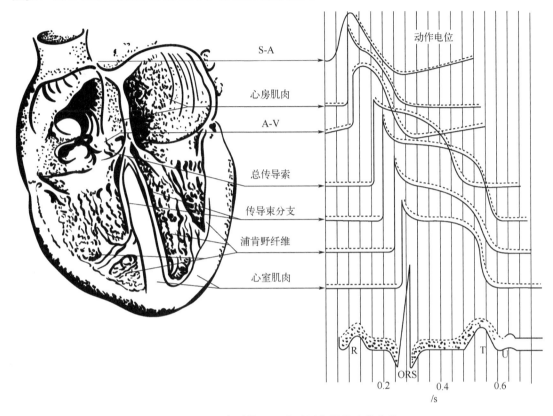

图 5-16　心电系统及心脏不同位置的动作电位

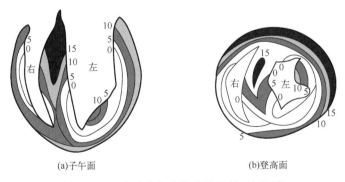

(a)子午面　　　　　　　　　　(b)登高面

图 5-17　心室壁各部分肌肉激发的时间顺序

　　图 5-18 是心室收缩的模式。在射血过程中左心室腔大体上保持旋转椭球形。由于左心室的压力高于右心室,室间膜必定向右方弯曲,故右心室在收缩时呈风箱形。这种形状适于用较低的压力泵出大量流体。心外膜外压力、心外膜-心室外壁间的压力、心室内压都是

非定常、不均匀的。这些压力和惯性力、心肌应力(包括主动收缩力)一起，决定了心脏的动力学过程。

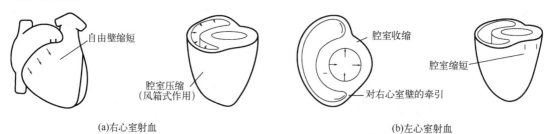

自由壁缩短
腔室压缩
(风箱式作用)
腔室收缩
腔室缩短
对右心室壁的牵引

(a)右心室射血　　　　　　　　　　　　　　　　　　(b)左心室射血

图 5-18　右、左心室收缩的模式

5.4.2　心脏的力学模型

1.　心脏的充盈和射血

对于心脏来说，有意思的流体力学问题是心室的充盈与射血，这和心脏瓣膜的运动密切相关。如前所述，心脏有四个瓣膜。主动脉瓣由三片半月形薄膜组成。在主动脉根部，有三个凹坑，称为主动脉窦或瓦尔萨瓦氏窦，在瓣膜关闭过程中起着重要作用。二尖瓣由两片略呈梯形的薄膜组成，其底座为椭圆形，打开时膜形成锥状结构。膜缘有腱索连接于心室乳突肌，以防翻转。三尖瓣有三个瓣膜。最令人感兴趣的是瓣膜启闭机制。健康人的瓣膜是有效的装置。打开时，对流动的阻力极小，而在很小的压差下它们即可关闭，且倒流量很小。它们由胶原纤维构成，因而其启闭完全受流体动力控制。瓣膜的开启原理并不难理解，引起争议的是关闭机制。列奥纳多·达·芬奇(Leonardo da Vinci)最早描述了瓣膜的流动，他指出，在心室收缩期，血液在瓦氏窦形成涡。亨德森(Henderson)和约翰逊(Johnson)首先阐明了心脏瓣膜关闭的流体力学机制。他们做了一系列实验。第一个实验如图 5-19(a)所示。他们用一根管子，上端连接装有有色液体的容器，下端插入一杯清水中。当活塞开放时，可以看到一股清晰的射流，然后关闭活塞，以求阻止水流。一旦水流被阻止。当管流突然中止时，射流继续向前，在管口中断，而清水却涌向管口。

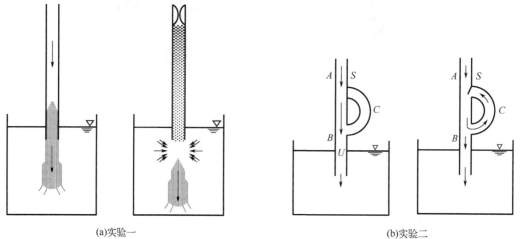

(a)实验一　　　　　　　　　　　　　　　　　　(b)实验二

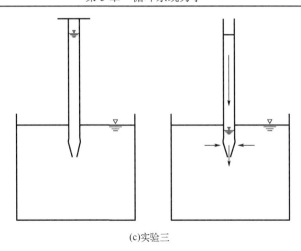

(c)实验三

图 5-19　Henderson-Johnson 实验

第二个实验在直管旁加一曲管，成"D"形(图 5-19(b))。D 形管进口处装上中心瓣膜。一开始流体从直管流进水箱，弯管里无流动。一旦在直管下端将管关闭，在 D 形管内就可以看到回流。

第三个实验用一根直玻璃管，下端套一段很软的橡皮管，如图 5-19(c)所示。先是管内液柱的水面高于水箱液面，若将盖子揭开，水柱就会下落，当管内液柱的水面低于水箱液面时，软橡皮管立即关闭。

上述诸实验的装置情形与心瓣膜相似，这些实验的解释，简单地说，就是"减速度产生压力，压力关闭瓣膜"。

以图 5-19(b)所示的情形为例，令管内平均流速为 u。在实验开始之前，在管内 A 到 B 之间一段，流速 u 是均匀的(因为在 S 处的瓣膜关闭了曲管 C)。在实验进行时，假设忽视重力及黏性的作用，则液体在管内的运动方程式可用一维近似方程来表示：

$$\frac{\partial u}{\partial t} + u\frac{\partial u}{\partial x} = -\frac{1}{\rho}\frac{\partial p}{\partial x} \tag{5-24}$$

式中，t 为时间；x 为流动方向的坐标；ρ 为液体的密度；p 为液体中的压力。在 A 至 B 段，由于管的截面积是常数，质量守恒定律要求 u 不因 x 而变。因此式中第二项 $\dfrac{\partial u}{\partial x}$ 为零，则式 (5-24)可简化为

$$\frac{\partial u}{\partial t} = -\frac{1}{\rho}\frac{\partial p}{\partial x} \tag{5-25}$$

式(5-25)说明，假设管内的液流受到减速度，$\dfrac{\partial u}{\partial t}$ 是负值，那么 $\dfrac{\partial p}{\partial x}$ 一定是正值。所以，液流有减速时，B 点的压力比 A 点的压力高，这两点的压力差推动曲管 C 内的液体流动，引起回流，推开瓣膜，如图 5-19(b)所示的流象。在曲管 C 中的流动开始后，液流不再是一维的，所以式(5-24)不再适用。

上述实验可以用来说明心脏瓣膜关闭的机制。在射血后期，流动速度减慢，所造成的

逆压力梯度使主动脉瓣关闭。二尖瓣和三尖瓣的关闭机制与此相同。由于瓣膜关闭是由加速度引起的，因此非常灵敏，基本上不会出现倒流现象。

2. 心脏的静息状态

心脏静息状态(舒张期)的力学性质，可以按拟弹性假设用应变能函数给出。但是，在生理范围内能动状态下的心肌的本构关系至今尚未建立，而且希尔(Hill)模型不宜用于心肌。然而，在目前条件下，可供使用的还只有 Hill 模型。在心脏力学中，往往把 Hill 模型看作描述心脏(心室)整体功能行为的黑箱模型(而不是本构关系)，来分析心脏组织的应力和应变，以解决一些实用问题。一个最简单的例子是米尔诺(Milnor)等以薄壁圆球为左心室模型，用 Hill 双元素模型来描述心室整体的力学行为，得到心肌收缩速度 V_{CE}：

$$V_{CE} = \frac{2.6(K-1)K\sqrt{V}}{K\mathrm{d}t}\left(\frac{\mathrm{d}V}{V} - \frac{3}{2(K-1)}\cdot\frac{\mathrm{d}p}{p}\right) \tag{5-26}$$

式中，K 为左心室刚度；V 为左心室体积，由舒张期的 p-V 曲线求出。

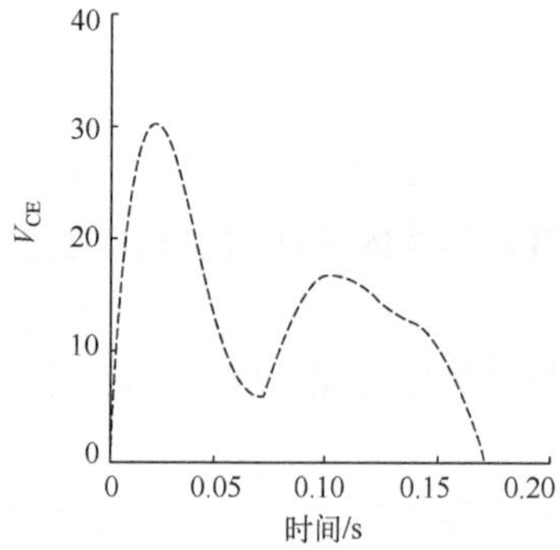

Milnor 等由动物实验测得的 $V_{CE}(t)$ 曲线，求出了 V_{CE} 在心搏周期内随时间的变化，如图 5-20 所示。但是，由此得到的力-速度与索兰伯利克(Sonnenblick)关于心肌纤维的实验结果相矛盾，因而是不合理的。这表明，这样的模型太粗略了。

图 5-20　犬左心室 V_{CE} 随时间的变化

Ghista 从旋转椭球和 Hill 三元素模型出发，计算心肌的黏弹性，分析了心室壁的应力和应变，得到沿心室模型赤道平面心肌收缩速度 V_{CE}：

$$V_{CE} = \frac{1}{K_{SE}}\frac{\mathrm{d}S_{\theta\theta}}{\mathrm{d}t} - \left(\frac{K_{PE}}{K_{SE}}+1\right)\frac{\mathrm{d}e_{\theta\theta}}{\mathrm{d}t} \tag{5-27}$$

式中，$e_{\theta\theta}$ 为周向应变(赤道平面)；$S_{\theta\theta}$ 为偏应力。

$$S_{ij} = \sigma_{ij} - p\delta_{ij} \tag{5-28}$$

K_{PE}、K_{SE} 分别为并联元 PE 和串联元 SE 的刚度。可以把收缩速度 V_{CE} 和心室内的压力联系起来，得到力-速度关系：

$$S_{\theta\theta}^{CE} = F_0(V_{CE}) \tag{5-29}$$

5.5　动　　脉

心血管疾病，如动脉粥样硬化、心肌梗死等，其病理原因、诊治方法等都与动脉中的血液流动有关。通过解析方法来研究动脉中血液的流动是非常复杂的。但是，如果从某些基本方程出发并结合有关的生理实验进行分析，从简单到复杂，从外部到内部，常常可以得到较为合理的结果。

5.5.1　血管内的层流

1. 刚性管

刚性管壁中的流动可做如下假设:

(1)介质为不可压缩的牛顿流体。

(2)在刚性直圆管(半径为 a)内做对称的定常层流流动。

(3)不考虑进口效应,即流动是充分发展的。

在圆柱坐标中,基本流动方程为

$$\frac{1}{r}\frac{\mathrm{d}}{\mathrm{d}r}\left(r\frac{\mathrm{d}u}{\mathrm{d}r}\right)=-\frac{1}{\mu}\frac{\mathrm{d}p}{\mathrm{d}x} \tag{5-30}$$

在管中心线处:

$$r=0,\quad \frac{\mathrm{d}u}{\mathrm{d}r}=0 \tag{5-31}$$

在管壁:

$$r=a,\quad u=0 \tag{5-32}$$

将式(5-30)～式(5-32)积分可得

$$u=\frac{1}{4\mu}(a^2-r^2)\frac{\mathrm{d}p}{\mathrm{d}x} \tag{5-33}$$

进而可得出流量 Q 为

$$Q=2\pi\int_0^a ur\mathrm{d}r=\frac{\pi a^4}{8\mu}\frac{\mathrm{d}p}{\mathrm{d}x} \tag{5-34}$$

平均速度为

$$u_{\mathrm{m}}=\frac{a^2}{8\mu}\frac{\mathrm{d}p}{\mathrm{d}x} \tag{5-35}$$

显然,表面摩擦系数 C_{f} 为

$$C_{\mathrm{f}}=\frac{壁面剪切应力}{平均动压力}=\frac{\mu\left(\frac{\partial u}{\partial r}\right)_{r=a}}{\frac{1}{2}\rho u_{\mathrm{m}}^2}=\frac{16}{Re} \tag{5-36}$$

式中, $Re=\dfrac{2au_{\mathrm{m}}}{\nu}$ 为雷诺数; ν 为流体的运动黏性系数。

流经任一管段的流量与压降为

$$Q=\frac{\pi a^4}{8\mu}\frac{\Delta p}{L} \tag{5-37}$$

式中, L 为管长; Δp 为在长度 L 内的压力差。若 Δp 、 μ 、 L 值一定,则将式(5-37)取对

数并微分，可得

$$\frac{\delta Q}{Q}=4\frac{\delta a}{a} \tag{5-38}$$

式(5-38)说明：流动的压降一定时，管径改变 1% 引起的流量改变为 4%。所以，血管半径的变化将显著地影响血压。故若使血管内的平滑肌松弛，血管扩张，就能降低血压。当 a 一定时，有

$$\frac{\delta(\Delta p)}{\Delta p}=\frac{\delta\mu}{\mu} \tag{5-39}$$

式(5-39)也说明，若设法降低血液黏度，也可以降低血压。

2. 弹性管

动脉血流实为血液在弹性管系内的脉动运动，研究在弹性直圆管内的定常层流，对分析动脉血流是很有益的。流体在弹性管内流动的时候，管路高压端处的膨胀变形将大于低压端处，所以一般假设管子在无压力的时候是均匀圆柱管，在有血流时的截面是非均匀的，非均匀的程度与体积流量相关(图 5-21)。想要计算这种系统压力和流量的关系，如图 5-22 所示，将管子看作刚性的，在一定流量下计算压力分布，再按弹性理论计算相应管壁的变形，以此作为流动边界形状。再按刚性管流来反算流动的压力分布，以此类推，通过反复迭代可得弹性圆管的定常层流解。按这种方法，假设：

(1) 介质为牛顿流体且做定常层流运动。

(2) 管道为薄壁弹性直圆管，且有足够的长度，以致进出口的影响可以不计。

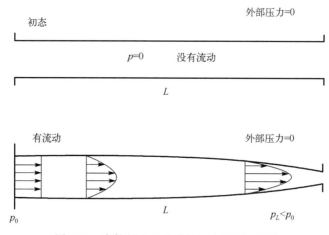

图 5-21　在管长为 L 的弹性管内的层流流动

可得

$$\frac{\mathrm{d}p}{\mathrm{d}x}=\frac{8\mu}{\pi a^4}Q \tag{5-40}$$

考虑到管子的弹性变形，半径 a 为 x 的函数，即 $a(x)$，故得

$$p(x)=p(0)+\frac{8\mu}{\pi}\phi\int_0^x\frac{1}{a(x)^4}\mathrm{d}x \tag{5-41}$$

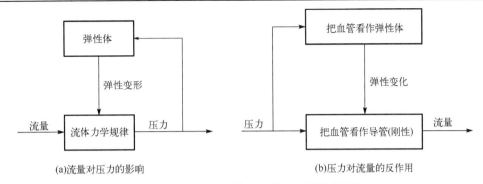

图 5-22　计算弹性圆管内定常流动的迭代过程

式中，$p(0)$ 为 $x=0$ 处的压力；$p(x)$ 为 x 处的压力。

若为薄壁管，管壁厚度为 h，则由拉普拉斯定律，可以得到周向应力 $\sigma_{\theta\theta}$：

$$\sigma_{\theta\theta} = \frac{p(x)a(x)}{h} \tag{5-42}$$

假定压力与管径有线性关系，即

$$a = a_0 + \alpha p \tag{5-43}$$

式中，α 为常数。

则结果较简单，因

$$\frac{\mathrm{d}p}{\mathrm{d}x} = \frac{\mathrm{d}p}{\mathrm{d}a}\frac{\mathrm{d}a}{\mathrm{d}x} = \frac{1}{\alpha}\frac{\mathrm{d}a}{\mathrm{d}x} \tag{5-44}$$

积分，可得

$$[a(x)]^5 = \frac{40\mu\alpha}{\pi}Qx + \mathrm{const} \tag{5-45}$$

当 $x=0$ 时，$a(x)=a(0)$，故得

$$\frac{40\mu\alpha L}{\pi}Q = [a(0)]^5 - [a(L)]^5 \tag{5-46}$$

这是一个很重要的公式，由于右边是五次方且 $a(0) > a(L)$，所以从式 (5-46) 可以得出：管路入口端的弹性变形对流量的影响远较出口端大。

5.5.2　血管内的湍流

如图 5-23 所示，当管中流动的雷诺数 Re 超过某一临界值时，流动状态将由层流转变为湍流。湍流管流与层流管流相比，有两个显著的特点：

（1）对时间平均的速度分布在管道的中间比较平坦，靠近管壁的部分可用对数律近似表达。

（2）管壁附近速度梯度较大，所以在流量相同时，湍流的阻力远较层流大。定义壁面局部摩擦系数 c_{f}，使

图 5-23　充分发展圆管湍流和层流速度分布

$$\text{管壁面上的剪应力} = c_f\left(\frac{1}{2}\rho U_m^2\right) \tag{5-47}$$

式中，U_m 为时均流速在管路断面上的流量平均值。这个摩擦系数 c_f 曾由尼古拉兹（Nikuradse）测定，见图 5-24。图中左边的直线适用于层流区，由式（5-47）可得

$$c_f = 16\left(\frac{2aU_m}{\nu}\right)^{-1} = \frac{16}{Re}\frac{dy}{dx} \tag{5-48}$$

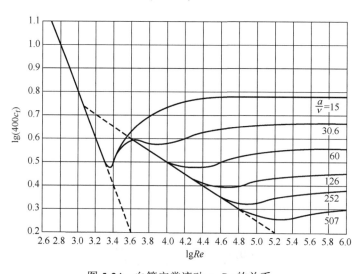

图 5-24　血管定常流动 c_f-Re 的关系

图 5-24 中右边的曲线适用于湍流区，此时 C_f 与管壁的相对粗糙度 a/ν 有关（ν 为管壁上凸起物的平均高度，也称绝对粗糙度，a 为管半径）。当管壁光滑时，则有

$$c_f = 0.0655\left(\frac{U_m a}{\nu}\right)^{-1/4} = \frac{0.0779}{(Re)^{1/4}} \tag{5-49}$$

从图 5-24 中可知，在雷诺数相当大的时候，湍流的摩擦系数与层流的摩擦系数相差可能很大，例如，在雷诺数等于 4000 时（$\lg Re = 3.6$），一个粗糙的 $a/\nu = 30$ 的管子的湍流摩擦系数与一个光滑管内湍流的相应摩擦系数约相等，但若流动能保持层流，则层流的摩擦系数减小到 40%。某些动脉疾患同湍流的发生很有关系。若血流中出现湍流，则管壁切应力增高，这将导致高血压并损伤动脉壁内膜。

5.5.3　脉搏波

为了分析血管中波的传播特性，暂做以下简化假设：

(1) 不考虑流体的压缩性和黏性。

(2) 管路为无限长薄壁直圆管，纵向位移为零，材料服从胡克定律。

(3) 管内波动为轴对称小扰动，波幅较小，波长与半径相比很大。

取流体微元如图 5-25(a) 所示。这样，x 方向的运动方程为惯性与压力差的平衡：

$$\rho a^2 \mathrm{d}x \frac{\partial u}{\partial t} = pa^2 - \left(p + \frac{\partial p}{\partial x} \mathrm{d}x \right) a^2 \tag{5-50}$$

也就是

$$\frac{\partial u}{\partial t} = -\frac{1}{\rho} \frac{\partial p}{\partial x} \tag{5-51}$$

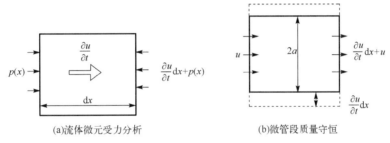

(a)流体微元受力分析　　　　　　　(b)微管段质量守恒

图 5-25　流体微元中的质量守恒与动量平衡

根据质量守恒定律，由图 5-25(b) 看出，在时间 $\mathrm{d}t$ 间隔内流入单元动脉内的流体质量为

$$\rho u \tau a^2 \mathrm{d}t - \left(u + \frac{\partial u}{\partial x} \right) \pi a^2 \mathrm{d}t$$

$$-\frac{\partial u}{\partial x} \pi a^2 \mathrm{d}x \mathrm{d}t \tag{5-52}$$

而同一时间间隔管壁变形后所增加的流体质量为

$$\rho \pi \left(a + \frac{\partial a}{\partial t} \mathrm{d}t \right)^2 \mathrm{d}x - \pi a^2 \mathrm{d}x \rho = 2\pi a \frac{\partial a}{\partial t} \mathrm{d}t \mathrm{d}x \rho \tag{5-53}$$

令式(5-52)和式(5-53)相等，并约简，可得质量守恒方程：

$$\frac{\partial t}{\partial x} = -\frac{2}{a} \frac{\partial a}{\partial t} \tag{5-54}$$

根据拉普拉斯定律及胡克定律，可以得出微元动脉管壁压力增量和半径的关系：

$$Eh \frac{\mathrm{d}a}{a} = a \mathrm{d}p \tag{5-55}$$

式中，E 为杨氏模量；h 为管壁厚度，故有

$$\frac{\partial a}{\partial t} = \frac{a^2}{Eh} \frac{\partial p}{\partial t} \tag{5-56}$$

将式(5-56)代入式(5-54)，得

$$\frac{\partial u}{\partial x} = -\frac{2a}{Eh}\frac{\partial p}{\partial t} \tag{5-57}$$

将式(5-52)对 x 微分，式(5-57)对 t 微分，并令两者相等，可得

$$\frac{1}{\rho}\frac{\partial^2 p}{\partial x^2} = \frac{2a}{Eh}\frac{\partial^2 p}{\partial t^2} \tag{5-58}$$

或为

$$\frac{\partial^2 b}{\partial x^2} - \frac{1}{c^2}\frac{\partial^2 b}{\partial t^2} = 0 \tag{5-59}$$

这就是著名的波动方程，式中，c 称为波速：

$$c = \sqrt{\frac{Eh}{2\rho a}} \tag{5-60}$$

为了理解波动方程的物理概念，设有函数 $f(z)$，其二阶导数连续，令变量 $z = x - ct$，则

$$\frac{\partial f}{\partial x} = \frac{df}{dz}\frac{\partial z}{\partial x} = \frac{df}{dz} \tag{5-61}$$

$$\frac{\partial f}{\partial t} = \frac{df}{dz}\frac{\partial z}{\partial t} = -c \tag{5-62}$$

$$\frac{df}{dz}\frac{\partial^2 f}{\partial t^2} = c^2\frac{d^2 f}{dz^2} \tag{5-63}$$

若将 $f(z)$ 看作 p，则式(5-63)与式(5-58)相同，所以波动方程的解是一个任意函数 $f(x - ct)$。同样也可证明：任意函数 $g(x + ct)$ 也是一个解，所以 $f(x - ct)$ 和 $g(x + ct)$ 的和是波动方程的通解。

若在 $t = 0$ 时，扰动波的振幅为 $f(x)$，在 t 时刻，x 增加 ct，则 $x - ct$ 不变，因此 $f(x - ct)$ 也保持不变(图 5-26)，所以，若使用 $f(x - ct)$ 来表示波幅，则 $f(x - ct)$ 乃是以波速 c 向右传播的波。反之，当波向左传播时，波动函数为 $g(x + ct)$。由式(5-57)可以看出，沿管轴方向 u 与 p 成线性关系。

因此，流速 u 也按相同波速 c 传播，仅波形不同。若令

$$p = p_0 f(z), \quad z = x \pm ct$$
$$u = u_0 f(z) \quad z = x \pm ct \tag{5-64}$$

$$p_0 = \pm\rho c u_0 \tag{5-65}$$

式(5-65)说明压力波幅与波速、密度以及速度扰动幅度的乘积成比例。这是一维波动无反射传播的重要结论。

一个波动，可用不同的数学方程来表示它的波动函数 $f(x \pm ct)$，如傅里叶级数、贝塞尔(Bessel)函数、勒让德(Legendre)多项式、Чебешев 多项式等。这样我们就可以确定在一定位置不同时间或一定时间不同位置时的波幅和相位。若用项数一样的有限项特种球函数表示某一时刻的波函数，则以 Чебешев 多项式表示的误差最小，收敛最快。

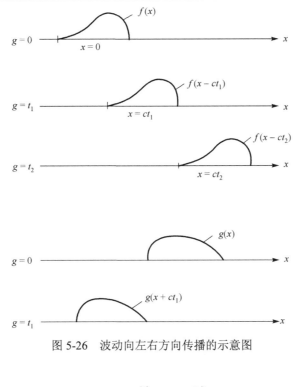

图 5-26　波动向左右方向传播的示意图

5.6　静　脉

5.6.1　静脉血管及血液流动特点

静脉的构造和动脉类似，其本构方程与动脉相似。按拟弹性假说，静脉的力学性质可用应变能函数表示，在一维拉伸时，有

$$\rho_0 W = \frac{1}{2} C \exp[\alpha(E^2 - E^{*2})] \tag{5-66}$$

式中，C、α 为经验常数；E 为应变；E^* 为参考应变。图 5-27 是理论曲线和人腔静脉测量结果的比较，二者基本一致。

与动脉相比，生理状态下静脉内的血压很低，这时弹性系数很小，并且很大程度上依赖于管壁应力的大小。此外，静脉内富含平滑肌，因此静脉的容量对于神经、精神、药物以及机械刺激都相当敏感。这在生理上非常重要，因为静脉血容量占人体总血容量的 75%以上。任何压力或肌肉紧张程度的变化，都会引起静脉血容量的变化，从而影响心输出量。由于静脉弹性模量较小，内压又往往低于外压，血管往往会失稳，形成静脉曲张。

静脉血流与动脉血流的主要不同在于：

(1) 血液在静脉内的压力低于同一高度动脉内的压力，甚至要低于大气压力。

(2) 管壁较薄，且管截面的面积变化比动脉大。

(3) 静脉血流方向是从外周流入心脏的。

(4) 除腔静脉之外，静脉内都有瓣膜，从而防止血液倒流。

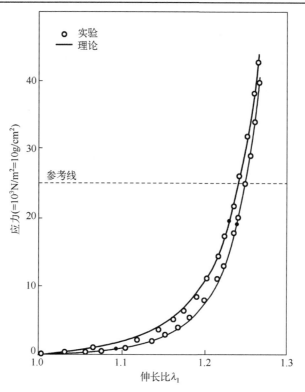

图 5-27　人腔静脉应力-伸长比关系

5.6.2　血管的曲张稳定性

一般来讲，若在具有基本负荷和基本变形的某个构件上附加一小扰动力，会引起一个小幅度变形。当小扰动力消失后，构件恢复原状，这时构件是稳定的。但当基本负荷增大到一定程度后，附加小扰动会使构件发生不可恢复的变形。此时，构件是不稳定的。

构件稳定性分析的基本要求是确定临界负荷，即确定使构件由稳定变为不稳定的基本负荷。它是欧拉(Euler)首先提出来的，即所谓压杆稳定问题。在动脉中，我们考虑一个简单的情况。两端有固定支撑的开放式动脉段(两端可以自由旋转，但限制横向运动，而一端允许轴向运动)，在内压 p 和轴向(纵向)张力 N 的作用下，将动脉建模为线弹性薄壁圆柱，轴向伸长率为 λ_z。动脉半径、壁厚和压力下的长度分别记为 a、h 和 L。所有这些参数都被假设为沿动脉段的常数。

图 5-28 所示为圆柱形动脉(上)在内部压力和轴向张力(中)下的变形。墙体的径向位移 u 和周向位移 v 分别是纵向中心轴(底板)横向位移的对应投影。纵轴用 z 轴表示。实线表示变形的形状，虚线表示初始形状。此时临界屈服应力可以表示为

$$p_{cr} = E\frac{\pi^2 ah}{L^2} + 2E(\lambda_z - 1)\frac{h}{a} \tag{5-67}$$

因此，当内部压力超过这个临界值时，动脉就会发生弯曲。

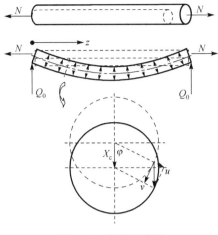

图 5-28　弯曲示意图

5.6.3　血管的截面稳定性

在外压力作用下圆管的不稳定理论对于分析静脉管壁的局部塌陷颇有参考价值。

如图 5-29(a)所示是一个胡克材料薄壁圆管,在内外压 p 和 p_e 作用下发生变形,取分离微元,令其轴向长度为一个单位,其上作用的力和力矩如图 5-29(b)所示,根据 B 点的力矩平衡方程(忽略二阶微量)以及轴向力 N 方向、B 到 O 方向的力平衡方程可得

$$\frac{\mathrm{d}^2 M}{\mathrm{d}s^2} + N\frac{\mathrm{d}\theta}{\mathrm{d}s} = p_e - p \tag{5-68}$$

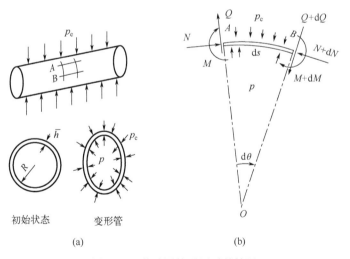

(a)　　　　　　　　　　　　　(b)

图 5-29　薄壁圆管受压时的情况

根据弹性薄壳理论,圆柱形薄壳微元分离体的弯矩与曲率的关系为

$$M = E'I(\kappa - \kappa_0) \tag{5-69}$$

式中,κ、κ_0 分别为管壁变形后和初始的曲率;$E'I = \dfrac{Eh^3}{12(1-\nu^2)}$ 为弯曲刚度,ν 为泊松比。

若令 $\xi = \kappa - \kappa_0$，则有

$$\frac{\mathrm{d}N}{\mathrm{d}s} + Q(\xi + \kappa_0) = 0 \tag{5-70}$$

$$E'I\frac{\mathrm{d}^2\xi}{\mathrm{d}s^2} + N(\xi + \kappa_0) = p_e - p \tag{5-71}$$

若管壁仅发生微小变形，则 $\xi \ll \kappa_0$，简化式 (5-71) 并积分得

$$N = -\kappa_0 \int Q\mathrm{d}s = E'I\kappa_0\xi + N_0 \tag{5-72}$$

显然，N_0 为圆管保持基本状态时的周向应力，根据熟知的拉普拉斯定律，并考虑到 $\frac{\mathrm{d}\theta}{\mathrm{d}s} = \kappa = \xi + \kappa_0$，忽略 ξ^2 项，则

$$E'I\frac{\mathrm{d}^2\xi}{\mathrm{d}s^2} + (N_0 + E'I\kappa_0^2)\xi = 0 \tag{5-73}$$

式 (5-73) 的解为

$$\xi = c\cos(ms + k) \tag{5-74}$$

式中，c、k 为任意常数，且 $m^2 = \dfrac{N_0 + E'I\kappa_0^2}{E'I}$。

因为圆管的变形必须是连续性的，所以 $2m\pi R = 2n\pi, n$ 为整数，当 $n = 2$ 时，管壁首次出现翘曲，或坍陷断面由圆形变为椭圆形，其挤压力的临界值为

$$(p_e - p)_{cr} = \frac{3E'I}{R^3} = \frac{Eh^3}{4(1-\nu^2)R^3} \tag{5-75}$$

图 5-30 是无支撑的薄壁圆管在均匀外压力作用下发生翘曲后的截面形状变化，这是由上述微分方程在一定的边界条件下数值积分而得出的。

若圆管具有横向支撑或环箍，其稳定性和临界压力将大为提高。图 5-31 为承受均匀外压力的薄壁圆管在临界状态下的理论分析曲线，图中：

$$\phi = \frac{Rp_{cr}(1-\nu^2)}{Eh} \tag{5-76}$$

$$\alpha = \frac{h^2}{12R^2} \tag{5-77}$$

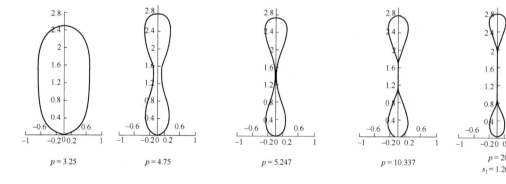

$p = 3.25$　　　$p = 4.75$　　　$p = 5.247$　　　$p = 10.337$　　　$p = 20$
$s_1 = 1.261$

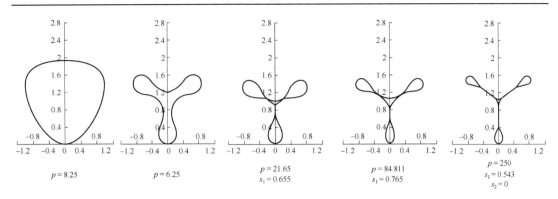

图 5-30　薄壁圆管失稳情况

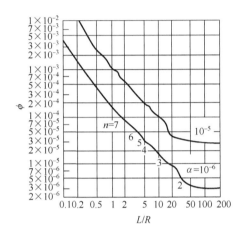

图 5-31　薄壁圆管在临界稳定时的 ϕ 与 L/R 的关系曲线

L 为管长，管端为简单支撑(无位移、无挠曲)，n 为波数，由图 5-31 可以看出，当 L/R 减小时，p_{cr} 将提高很多，这说明增加支撑是增强管路稳定性的有效措施。

若静脉外部的压力大于其内部的压力，当这种压差大于一定值时，会把静脉血管局部压扁塌陷。这自然会使我们联想起工程上飞机、船舶、下水管道等薄壳结构的局部失稳问题。因此可以运用弹性稳定性理论来分析静脉的局部坍陷问题。

5.6.4　可塌陷管内的定常流动

在静脉血流中流体压力小于外部压力的情况是经常发生的，如腔静脉内的压力接近于大气压力，当我们把手举过头部时，由于重力关系手静脉内压力将比腔静脉里的压力小 $60\mathrm{cmH_2O}$ 或 $70\mathrm{cmH_2O}(1\mathrm{cmH_2O}=98.0665\mathrm{Pa})$，所以，若手静脉外面的压力接近于大气压，则手静脉内外的压力差将为 $-60\mathrm{cmH_2O}$ 或 $-70\mathrm{cmH_2O}$。

在静脉中，由于 $\dfrac{\mathrm{d}(p-p_\mathrm{e})}{\mathrm{d}A}$ 可能很小，泊松 c 值自然也可能很小，当流速 u 接近于 c 或超过 c 时，就会出现类似于空气动力学中的跨声速或超声速流动。

在空气动力学中，由超声速流动转为亚声速流动时会产生激波，水在瀑布下，会产生水跃现象，蒸气流过 Laval 喷管，可实现亚声速-超声速的转变。类似地，在人体内，静脉内的血液流动、气道内的空气流动、动脉内的 Korotkov 声以及尿道内的流动等，也可能有类似现象发生。
这些现象的类似情形，假设取一维近似，并忽视黏性，则它们都服从运动方程式：

$$\frac{\partial u}{\partial t} + u\frac{\partial u}{\partial x} = -\frac{1}{\rho}\frac{\partial p}{\partial x} \tag{5-78}$$

质量守恒的连续性方程及波速方程则分别为：

$$(1)\text{可塌陷流，}\quad \frac{\partial A}{\partial t} + \frac{\partial}{\partial x}(Ax) = 0, \quad c^2 = \frac{A}{\rho}\frac{\mathrm{d}(p - p_e)}{\mathrm{d}A} \tag{5-79}$$

$$(2)\text{可压缩流，}\quad \frac{\partial \rho}{\partial t} + \frac{\partial}{\partial x}(\rho u) = 0, \quad c^2 = \left(\frac{\mathrm{d}p}{\mathrm{d}\rho}\right)_s \tag{5-80}$$

$$(3)\text{明渠水流，}\quad \frac{\partial h}{\partial t} + \frac{\partial}{\partial x}(hu) = 0, \quad c^2 = \frac{h}{\rho}\frac{\mathrm{d}p}{\mathrm{d}h} = gh \tag{5-81}$$

式(5-79)～式(5-81)中，h 代表液体自由表面距渠底的高度，其他符号同前。

英国生理学家 Starling(1866—1927 年)首先将可塌陷管应用于人工心肺机上。图 5-32
所示的装置常被称为 Starling 液阻装置。液体从高压箱流入低压箱，箱壁上装有刚性短管，
其上套一段可塌陷管，其外部装有压力为 p_e 的小室。流动为层流且雷诺数足够大，可以忽
略其黏性摩擦阻力。

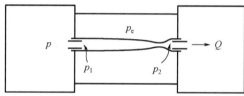

图 5-32　Starling 液阻装置

若 $p_1 - p_e$ 固定，而令 $p_2 - p_e$ 逐渐减小，流量增大，当 $p_2 - p_e$ 减小到一定程度后，管
横截面的面积就开始减小，其流量先是加速，达到其极限。

图 5-33(a)为康拉德(Conrad)所得的 Starling 装置的压差-流量实测曲线，装置中

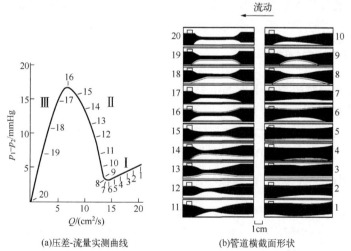

(a)压差-流量实测曲线　　　　(b)管道横截面形状

图 5-33　Starling 液阻装置中的压差与流量关系以及断面形状变化

的 $p_e = 3.3 \times 10^3 \mathrm{N/m}^2$，流动出口处连一液阻然后流至大气中，液阻固定，$p$ 由大到小，逐渐变化。图 5-33(b) 为相应的管道横截面形状的变化。图 5-33(a) 中的排号与图 5-33(b) 中相对应。

图 5-33(a) 中的曲线可以分成三个区域，其特点为如下。

Ⅰ区：$p_1 - p_e > 0$，$p_2 - p_e > 0$，Q 正比于 $p_1 - p_e$，管道横截面形状不变。

Ⅱ区：$p_1 - p_e > 0$，$p_2 - p_e < 0$，出口端附近，管道横截面形状不变。

Ⅲ区：$p_1 - p_e < 0$，$p_2 - p_e < 0$，管子被压塌，流量较小，大致与 $p_1 - p_2$ 成比例。

随着 Q 的减小，p_2 也减小，管子被压坍，流阻很快升高，维持流量的压差也随之升高。图 5-33(b) 给出了管纵剖面形状变化的过程，证实了上述分析。

5.7　毛　细　血　管

在血管系统里，血液从心脏流出，经动脉、微动脉、毛细血管微静脉、静脉流回心脏。此过程中，微动脉-毛细血管-微静脉的血液流动称为微循环。

5.7.1　微血管组织的构造

微血管组织的几何结构千变万化，图 5-34 是体循环系统里常见的几种形式。a 型，小动脉呈管襻状，并直接变为小静脉沿管路压力连续地变化，动脉部分和静脉部分之间，有许多微血管(微动脉、毛细血管、微静脉)相连接。b 型，一根微动脉给若干并联的毛细血管供血，最后又汇流到一根微静脉中。c 型，微动脉网络和微静脉网络大体上平行，两个网络之间，在不同位置上，有许多微血管相连，这是微循环中最常见的情形。d 型，微动脉给一个小区域的毛细血管供血，最后汇流于微静脉和淋巴管系。图中给出 d 型三种形式：①小球状构造。毛细血管管径相当大，且多处发生局部膨胀。②窦状隙，它是密集的毛细血管网络，很容易扩张。③窦状构造，毛细血管不成网络，而是很宽的一片。①型常见于肾；②型常见于肝；③型则普遍存在于内脏微血管组织中。

以上四种形式，并非人体微循环几何结构的全面概括，肺微循环就不属于此，脑微血管组织又是另一种形式。总之，每个器官都有自己的特色。例如，图 5-35(a) 是鼠提睾肌微血管的照片，小动脉和小静脉彼此平行，微动脉与小动脉成直角，并与肌肉纤维垂直，而毛细血管则与肌纤维平行。图 5-35(b) 是提睾肌微血管组织的理想模型。

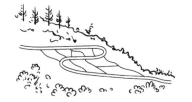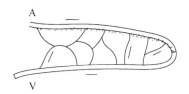

a型的微血管呈现管襻状，沿着管路的压力连续变化，动脉部分和静脉部分之间有多个微血管(微动脉、毛细血管、微静脉)相连接

(a)

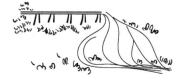

b型的微血管结构是一根微动脉供应若干个并联的毛细血管，
最后这些毛细血管再汇流到一根微静脉中

(b)

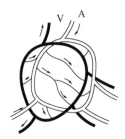

c型的微血管网络和微静脉网络基本平行，两个网络之间在不同位置上
有多个微血管相连，这是微循环中最常见的情况

(c)

d型的微血管供血于一个小区域的毛细血管，最后这些毛细血管会与微静脉和淋巴管系汇流

(d)

图 5-34　体循环系统中微血管几何结构的常见类型

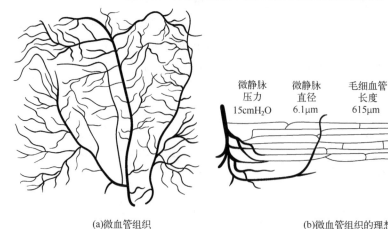

(a)微血管组织　　　　　　　　　(b)微血管组织的理想模型

图 5-35　鼠提睾肌微血管

由于微血管组织的几何形态多种多样，微循环流态则千差万别。有些微血管很短，小动脉几乎和小静脉直接相连，称为吻合支。还有一些微血管，其血流量远高于邻近微血管，称为直捷通路。它是随时间而变的，一会儿是这条，一会儿是另一条。

微动脉、毛细血管、微静脉一般是按其组织学特点来确定的。微动脉血管壁至少有两层平滑肌，最外层的平滑肌与神经相连，细弹性纤维散布于肌肉细胞之间，直径为 $50\sim100\mu m$。末梢微动脉壁只有一层平滑肌，管径为 $30\sim50\mu m$，后继微动脉壁内只有不连续的平滑肌细胞。最后一个平滑肌细胞，也就是毛细血管前端的平滑肌细胞，称为前毛细血管括约肌。早年曾认为前毛细血管括约肌是毛细血流的控制者，现在则认为微动脉是最重要的控制者。

近年来，在内皮细胞膜里发现有肌浆球蛋白分子，因而认为毛细血管有可能主动收缩。通常，$2\sim4$ 条毛细血管汇合于一根后，毛细血管，微静脉管径为 $8\sim30\mu m$。汇集微静脉管径为 $30\sim50\mu m$，其壁有一完整的内皮细胞层和膜缘细胞层，有时也有平滑肌细胞。具有完整平滑肌层的微静脉，其直径为 $50\sim100\mu m$。这样的微静脉汇集于直径为 $100\sim300\mu m$ 的静脉。应该指出，并不是所有的组织和器官都有这些血管。例如，骨骼肌内既无后继微动脉，也无前毛细血管括约肌；肺微动脉血管壁里只有极少量的平滑肌。因此，不同的组织、器官具有不同的血管构造，要研究任意器官的功能，必须首先知道这个器官毛细血管组织的特定构造，这是研究器官微循环的第一大难关。

5.7.2　微循环流体力学

微循环具有管径小、流速慢、与管外存在物质交换等特征。从流体力学观点来看，微循环有如下特点。

1. 血液流动十分缓慢

在微循环中血液流速很低，为 $10^{-4}\sim10^{-3}$m/s，这时黏度的大小随切变率变化很大，血液的非牛顿性变得十分重要。

2. 流动的 Re 数很小

Re 数(雷诺数)定义为

$$Re = \frac{\rho VD}{\eta} = \frac{VD}{\nu} = \frac{\text{迁移惯性力}}{\text{黏性力}} \tag{5-82}$$

式中，ρ 为血液密度；V 为血液流动的特征速度(这里取主管内的平均流速)；D 为血管直径；η 为血液的黏度；$\nu = \eta/\rho$ 为运动黏度。

在微循环中，血液流动所对应的 Re 数很小，为 $10^{-4}\sim10^{-2}$ 量级，这说明在描述血液流动的运动方程中，黏性项远大于迁移惯性项的影响，通常可忽略迁移惯性项的影响。

3. 低沃默斯利(Womersley)数

Womersley 数定义为

$$\alpha = \frac{D\sqrt{\omega}}{2\sqrt{\nu}} = \left(\frac{\text{非定常惯性力}}{\text{黏性力}}\right)^{\frac{1}{2}} \tag{5-83}$$

式中，ω 为血液流动的角频率；D 为血管直径；$\nu = \eta/\rho$ 为运动黏度。Womersley 数是在血液脉动流动方程中引入的一个无量纲频率参数。当 Womersley 数远小于 1 时，方程可得到简化。在微循环中，血液流动所对应的 Womersley 数很小。例如，对于犬，将心率取为 2Hz 时，所对应的 Womersley 数在微动脉中为 $\alpha=0.04$，在毛细血管中为 $\alpha=0.005$，在微静脉中 $\alpha=0.035$。这说明，在微循环中血液流动对应的非定常惯性力较小。因此在描述血液流动的运动方程中，可忽略非定常惯性项，同时认为流动是定常的，即忽略压力和流量的脉动性。因此，在描述微循环血液流动的运动方程中，只考虑黏性力梯度之间的平衡即可。

4. 血流与周围组织间存在物质的交换

毛细血管壁是可渗透的，血液流过血管时和周围组织之间有物质交换。因此，血流在毛细血管壁上的边界条件除了要考虑轴向速度分量必须满足无滑移条件，即满足：

$$u|_{\text{管壁}} = 0 \tag{5-84}$$

还需要考虑管壁处径向速度分量所必须满足的条件。根据 Starling 定律，管壁上速度的径量 m 应满足：

$$m|_{\text{管壁}} = k_1[(p_i + \pi_o) - (p_o + \pi_i)] \tag{5-85}$$

式中，k_1 为系数，与管壁的渗透系数 k 有关；p_i、p_o 分别表示血管内、外的流体静压力；π_i 与 π_o 分别表示血管内、外的渗透压。

5. 毛细血管直径与血细胞尺寸相近

毛细血管直径与血细胞尺寸差不多在同一数量级，红细胞特性直接影响血管内血液的流动特性，血液在这里不能视为均质流体，红细胞在血流中的作用需特别考虑，应把血液流动考虑为悬浮在血浆中的红细胞与血浆的二相流动。在这种情况下，红细胞与毛细血管之间的相互作用变得很重要。

6. 入口段长度很短

血管分支是心血管系统中的普遍特征，特别在毛细血管水平更是如此。因此，入口流在微循环中也普遍存在。在微循环中，Re 数很小，入口段长度 L_e 与血管半径 R 的关系为 $L_e=1.3R$，即与血管半径在同一数量级。

由于毛细血管的长度为 200~250μm，半径约为 4μm，因此入口段长度 $L_e=5.2$μm，与血管长度之比是小量。因此，在处理微循环问题时，可以在相当大的范围内讨论其完全发展了的流动特性。

7. 毛细血管难以扩张

除了肺毛细血管之外，对于其他的毛细血管，由于其受周围的约束作用，一般认为其管壁是不可扩张的。冯元桢认为毛细血管 99%以上的刚度来自周围组织，只有不到 1%来自内皮膜和基质膜，因此在考察毛细血管的扩张能力时，应将毛细血管与其周围组织看成整体。例如，肠系膜内的毛细血管，其周围组织比血管大，且受张力，这时毛细血管的刚度主要来自周围组织，毛细血管就像胶体介质内的孔道。

8. 微血管系平滑肌的收缩作用

微血管系平滑肌的主动收缩对局部微循环血液起调节作用，心脏和动静脉只是一个泵和输运系统，要靠外周血管组织自身的调节，才能满足当地组织内平衡的需要，保持一个稳定的内部环境。

研究微循环问题的方法一般有三种：①动物实验——在体观测；②力学模型实验；③数学模型分析。在体观测是基础，动物实验的最大困难是不易观察，定量测量尤其困难。动物体内能直接观察其微循环的部位不多，实验做得最多的是肠系膜，原因在于它便于观察。脑微循环很重要，但打开颅骨后，只能看到大血管。微血管与大血管垂直，深入脑内，需解剖才能观察，但容易损坏。此外，由于微血管很细，形态错综复杂，有些组织(如皮肤)的微循环虽然看得到，但很难测定，"树林可见，枝丫难辨"。下面简要介绍一下微循环流动中几个主要物理量的测量方法。

(1)微循环压力测量。微循环压力常用 Wiederhielm 探头测定，原理如下：将微型玻璃管加热拉伸直至断裂，做成针形玻璃管，尖端内径为 1～3μm，壁厚约 1μm，头部磨成 45°角，灌满盐水(NaCl，浓度为 2mol/L)。借助显微镜，将玻璃管尖端在预定位置插入微血管。玻璃管内盐水的电导约为血液的 2 倍，二者形成接触界面，这个界面的位置虽然无法看见，但可用频率为 25kHz 左右的电流测量动电阻。假设界面在玻璃管口上，电阻最低，改变容器内盐水的压力，使电阻接近最低值，则界面将始终维持在微型玻璃管尖端进口截面上，这时盐水压力可视作该处血流静压。图 5-36 是用此法测定的猫肠系膜微循环的压力、速度分布。

图 5-37 是微血管里的压力波的波形。可见存在三种波动：①以心率为频率的压力脉动，正常情况下波幅为 1～2mmHg，当前毛细血管括约肌开放时为 2～4mmHg。②周期较长的随机起伏，持续时间为 15～20s，幅值为 3～5mmHg。③长周期、大幅度压力变化。持续时间为 5～8min，幅值为 10mmHg 量级，波动末期，在 2～3min 内逐渐恢复原状。

心搏引起毛细血流波动是可以理解的。这种波沿传播方向衰减得很快，这表明黏性力在毛细血管流中占主导地位。测量毛细血管动脉端和静脉端的相位差，可估算毛细血管内压力波速约为 7.2cm/s。

(2)Starling 假说和兰迪斯(Landis)实验测毛细血管渗透系数。早在 1905 年，Starling 研究了毛细血流和周围组织之间的流体输运过程。他认为毛细血管内水的漏泄渗流量(c_m)取决于毛细血流静压(p_b)、周围组织间隙液压力(p_t)、血浆胶体渗透压(π_b)、组织间隙液胶体渗透压(π_t)，以及毛细血管壁的通透性(渗透系数 K)，且遵循以下简单关系：

$$c_m = K(p_b - p_t - \pi_b + \pi_t) \tag{5-86}$$

考虑到体液平衡，从毛细血管动脉端漏失的量等于静脉端再吸收的水量，此即 Starling 假说。

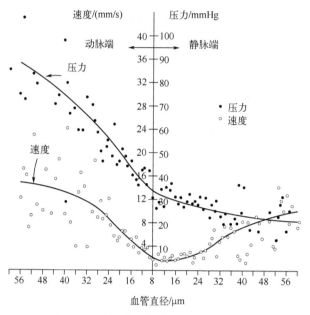

图 5-36 猫肠系膜微循环压力、速度分布

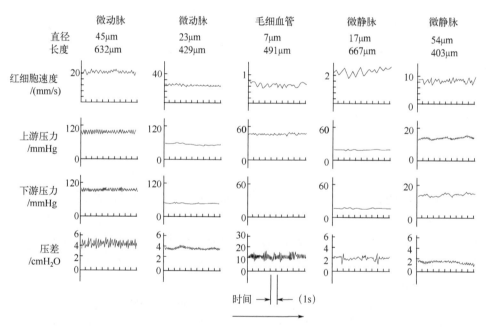

图 5-37 微血管内的压力波

为了确定渗透系数 K，Landis 在接近于微动脉的毛细血管一端用细丝压迫毛细血管，使血流阻断，血压升高，水漏出，引起毛细血管内红细胞移动。假设血浆与红细胞没有相对运动，那么，观测红细胞间距的改变，就可以算出 c_m。进而设 p_t、π_b、π_t 均不变，就可算出渗透系数 K。这就是有名的 Landis 实验。

(3)间质压力。研究组织内体液运动时，间质压力是最重要的参数，它对毛细血流与周围组织的流体输运也有重要影响。因此 p_t 的测量历来为人们所重视。但迄今还没有一种可靠、准确的测量方法。现有测量 p_t 的方法有三种。最初的方法是用微型针头插向组织,用测微血管血压类似的方法测 p_t,这样所得的 $p_t \approx 0$,即与大气压相等。

盖统(Guyton)将直径约 lcm 的中空的多孔材料小囊植入组织。3 周后,小囊表面长出一层松弛的结缔组织。这时向小囊中插入一根细针,即可测得其内流体的压力。假设:① 小囊内流体压力和周围间质压力平衡;② 小囊内流体渗透压等于组织间隙液渗透压;③ 在小囊上长出来的组织刚度为零。那么所测量的压力就是组织间质的压力。据此,$p=-6 \sim 0$mmHg。但实际上小囊内的流体的物质构造和组织内的间隙液可能不同,二者所含的胶体分子浓度可能不同,而且覆盖在球壳上的松弛的结缔组织有一定的刚度。因此,上述假设有待完善,测量方法有待改进。

Scholander 提出用塑料套管将一束棉花灯芯的一端植入组织,另一端经过毛细管与压力传感器相连。整个棉花灯芯用等渗生理盐水浸透。这样,灯芯可视为一束平行的毛细管。1 小时后,组织恢复常态,这时灯芯内的液体没有流动,则此时传感器测得的压力就是灯芯内的压力,也就是该处间质压力。但灯芯植入对当地组织的扰动是否可以忽略?灯芯植入后所达到的平衡状态是否和原来的平衡状态相同?这些问题目前都还没有完全清楚。Scholander 的方法可用在皮下、腹腔、胸腔体液内、肌肉腱鞘内、关节间等处,插入时不伤及微血管,比较可靠。目前,人们正将此方法应用到临床上,对许多外科问题相当有效。

综上所述,组织间隙空间压力的测量仍是微循环研究的一个重要课题。不仅如此,连基本方程也需重新考察。因为,只有当毛细血管周围组织可看作均匀介质时,才能用 p_b,c_m 来表征其力学状态。而实际上,周围组织是固体和流体组成的两相系统,它们之间的相互作用相当复杂。

此外,毛细血管-间质输运问题的难处还在于所涉及的特征尺度很不一样。它们是:① 毛细血管直径;② 血管内皮细胞之间的间隙宽度;③ 间质内固体骨架的尺度;④ 间质内流体空间的宽度;⑤ 内皮细胞膜上孔隙的尺寸。这里②、④ 和蛋白质分子尺度同量级,③ 和透明质酸分子大小同量级,⑤ 和水分子尺寸差不多,而 ① 要比所有其他尺度大得多。这些告诉我们,对于微循环的输运问题,连续介质力学已不适用。

(4)红细胞速度测量。毛细血管里红细胞的运动速度可用光学方法测定,现介绍一个简单的方法,沿毛细血管选择两个固定位置,分别用两束给定光强的激光照射,当红细胞经过时,将使光强度发生变化。设红细胞经过测得信号为 $f_1(t)$;经过 B 时,测得信号为 $f_2(t)$。将信号 f_1 延迟一个时间 t,变为 $f_1(t-\tau)$。求第二个信号的关联:

$$F(\tau) = f_1(t-\tau) \cdot f_2(t) \tag{5-87}$$

$F(\tau)$ 随 τ 变化。当 $t=t_m$ 时,$F(t)=F_{max}$,这样所得的 t_m 即为同一红细胞由 A 到 B 所需的时间,则红细胞的运动平均速度 V 为

$$V = \frac{l}{\tau_m} \tag{5-88}$$

当颗粒悬浮液流过毛细血管时,颗粒运动速度不等于整个流体运动的速度。理论上来讲,当颗粒直径远小于管径时,颗粒沿当地流线运动,整个截面上流速分布符合 Poiseuille

定律，管心颗粒速度为平均流速的 2 倍；当管径很小，整个截面上都变成塞子流时，颗粒速度等于平均流速。设毛细血管血液的平均流速为 U，而全部颗粒的平均速度为 V。令比率 V/U 为

$$\gamma = \frac{V}{U} \tag{5-89}$$

则因颗粒的分布不均匀而浓度趋向于中心，故

$$1 \leqslant \gamma < 2 \tag{5-90}$$

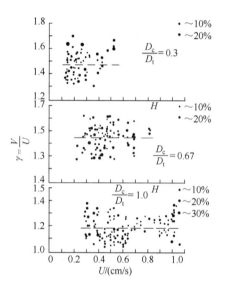

图 5-38　V/U 模型实验结果

据贝克（Baker）和韦兰（Wayland）、Lepowsky 等的测量，当血管直径为 17~804μm，红细胞自然直径为 6μm 时，$\gamma \approx 1.6$。更小的微血管只有模型实验数据。图 5-38 是用明胶颗粒模拟红细胞，用液态硅橡胶模拟血浆所得结果。可见 γ 与流速本身无关，依赖于颗粒分散性及浓度。D_t 为血管直径，D_c 为红细胞直径。

有了 γ 和 V，不难算出平均流速，进而由测得的毛细血管直径算出流量。

与压力测量相结合，即可算出微循环血流的表观黏度：

$$\mu_a = \frac{\pi D_t^4}{128} \cdot \frac{\Delta p}{\Delta L} \cdot \frac{1}{Q} \tag{5-91}$$

Lepowsky 与 Zweifach 曾用上述方法测得猫的肌肉毛细血管内血液表观黏度随管径的变化。

拓展知识

1. 筛管、导管及树液提升机制

筛管是高等植物韧皮部中的管状结构。它由筛分子组成，负责光合产物和多种有机物在植物体内的长距离运输。筛管由一系列端壁具有筛板的管状活细胞连接而成，每个细胞是一个筛管分子（sieve element）。筛管分子的侧壁和端壁上有凹陷区域——筛域，筛域上有筛孔。端壁上的筛域特化程度高，筛孔也大，称为筛板。

导管（vessel）是植物体内木质部中主要输导水分和无机盐的管状结构，由一串高度特化的管状死细胞所组成，其细胞端壁由穿孔相互衔接，其中每一个细胞称为一个导管分子或导管节。导管分子在发育初期是活细胞，成熟后，原生质体解体，细胞死亡。在成熟过程中，细胞壁木质化并具有环纹、螺纹、梯纹、网纹和孔纹等不同形式的次生加厚。在两个相邻导管分子之间的端壁，溶解后形成穿孔板。导管是由一种死亡了的只有细胞壁的细胞构成的，而且上下两个细胞是贯通的。它位于维管束的木质部内，它的功能很简单，就是把从根部吸收的水和无机盐输送到植株身体各处，不需要能量。导管与筛管的示意图如图 5-39 所示。

水分在树体内尤其是在高大乔木体内的运输一直是很多学者所关注的一个重要问题。

"内聚力学说"是当前普遍被认同的观点。水分输送的主要驱动力是叶片表面蒸发产生的张力（即静水负压力）。偶极水分子之间的黏结力使水具有高的抗拉强度，从而保持整个植物脉管系统的水力连续性。导致水通过木质部向上移动的负压在细胞壁的表面发展，细胞壁充当非常细的毛细管芯。水分子附着在纤维素微纤维等亲水性组分的壁上。当水从薄膜中蒸发，渗透到叶下气孔

(a) 导管　　　　(b) 筛管

图 5-39　导管和筛管的示意图

室的细胞空气空间系统中时，内聚力导致弯曲的空气/水界面的形成。界面上的表面张力诱发了负压，从而产生了驱动木质部中液体上升的动力。

压力室和压力探针测定的结果揭示了植物的叶片蒸腾产生的张力在驱动植物体内木质部水柱中水分上升的过程中起着至关重要的作用，而且对于一些草本植物，蒸腾拉力是其体内水分上升的主要驱动力。但是，对于很多高大乔木，其体内的水分运输通道较长，单靠蒸腾拉力是否能够将水分拉升至其顶端呢？在植物没有蒸腾作用以及木质部发生空穴和栓塞时又是什么力量驱动水分向上运输呢？为此，很多学者从植物水分关系的其他一些相关方面进行了研究和解释，并提出了补偿压、薄壁细胞膨压和木质部渗透压、界面层张力、毛细作用力、逆向蒸腾等。

2. 树的极限高度

目前有记录的最高的树，是美国的一棵巨型红木，称为美国红杉。它将近 115.85m 高，如果营养充足，光合作用合适，那么树为什么不能一直长下去呢？一个重要原因就是，如果树长得太高，那么顶端的树叶就会缺水。我们都知道，树主要是从土壤里获得水分的。可是整棵树上的树叶都需要水分，所以树会像一个抽水泵一样把根部的水抽上来，输送到所有的树枝和树叶里。那树木的高度极限究竟是多少呢？有学者根据树木输送水分的速度、蒸腾拉力等因素，推测出地球上的树最高能长到 122～130m，该结果于 2004 年发表在 *Nature* 上。美国那棵 115.85m 高的美国红杉，已经非常接近这个极限了。

思　考　题

1. 如何实现脉搏波的无创监测？
2. 推测组织液循环的可能路径。
3. 如何建立脑出血、脑梗塞的力学模型？
4. 如何设计血管支架、心脏瓣膜和人工心脏？
5. 阐述脑脊液循环与阿尔兹海默症的关系。

参 考 文 献

柏树令, 应大君, 2013. 系统解剖学[M]. 北京: 人民卫生出版社.

陈尔璋, 韩芳, 魏海林, 1998. 打鼾与睡眠呼吸暂停综合征[M]. 北京: 北京科学技术出版社.

陈槐卿, 2012. 细胞生物力学与临床应用[M]. 郑州: 郑州大学出版社.

刁颖敏, 1991. 生物力学的原理与应用[M]. 上海: 同济大学出版社.

段文立, 2015. 基于原子力显微镜的细胞力学性质研究[D]. 兰州: 兰州大学.

樊瑜波, 王丽珍, 2018. 骨肌系统生物力学建模与仿真[M]. 北京: 人民卫生出版社.

冯继菊, 汤立群, 刘泽佳, 2017. 细胞迁移模型综述[J]. 力学研究, 6(1): 13.

冯元桢, 1983. 生物力学[M]. 北京: 科学出版社.

冯元桢, 1986. 生物动力学 血液循环[M]. 戴克刚, 译, 长沙: 湖南科学技术出版社.

冯元桢, 1993. 生物力学: 运动、流动、应力和生长[M]. 邓善熙, 译. 成都: 四川教育出版社.

冯元桢, 2002. 生物力学与基因: 献给周培源教授诞辰 100 周年[J]. 力学进展, 32(4): 484-494.

林江, 李国能, 胡桂林, 2011. 打喷嚏状态下成年男性上呼吸道气固流动分布特性研究[J]. 工程热物理学报, 32(6): 981-984.

刘迎曦, 孙秀珍, 于申, 2011. 耳鼻咽喉器官生物力学模型研究进展[M]. 力学进展(3): 251-265.

卢天健, 林敏, 徐峰, 2015. 牙齿的热-力-电生理耦合行为[M]. 北京: 科学出版社.

马富银, 吴九汇, 2014. 耳蜗力学研究进展[J]. 力学与实践, 36(6): 685-715.

任立海. 2015. 弥散性脑损伤生物力学特性的数值分析研究[D]. 长沙: 湖南大学.

施兴华, 张路姚, 李博, 冯西桥. 2018. 肿瘤及其微环境的力学问题. 力学进展, 48(1): 50.

孙久荣, 2001. 脑科学导论[M]. 北京: 北京大学出版社.

孙喜庆, 2005. 航空航天生物动力学[M]. 西安: 第四军医大学出版社.

陶祖莱, 2000. 生物力学导论[M]. 天津: 天津科技翻译出版公司.

万贤崇, 孟平, 2007. 植物体内水分长距离运输的生理生态学机制[J].植物生态学报, 31(5): 804-813.

王丽珍, 樊瑜波, 2020. 过载性损伤与防护生物力学[J]. 力学进展, 50(1):124-168.

亚历山大, 1980. 生物力学[M]. 凌复华, 译. 北京: 科学出版社.

杨桂通, 陈维毅, 徐晋斌, 2000. 生物力学[M]. 重庆: 重庆出版社.

杨琳, 2009. 镫骨、耳蜗及其 Corti 器的建模与生物力学研究[D]. 上海: 复旦大学.

翟茂林, 哈鸿飞, 2001. 水凝胶的合成、 性质及应用[J]. 大学化学, 16(5): 22-27.

翟中和, 王喜忠, 丁明孝, 2011. 细胞生物学[M].4 版. 北京: 高等教育出版社.

中国大百科全书出版社编辑部, 1993. 中国大百科全书[M]. 北京: 中国大百科全书出版社.

Jacobs C R, Huang H, Kwon R Y, 2023. 细胞力学及力学生物学[M]. 孙联文, 杨肖, 吴欣童, 译. 北京: 科学出版社.

Agache P G, Monneur C, Leveque J L, et al., 1980. Mechanical properties and Young's modulus of human skin in vivo[J]. Archives of Dermatological Research, 269(3): 221-232.

Agache P, 1992. Noninvasive assessment of biaxial Young's modulus of human skin in vivo[M]. 9th ed. Symp. Bioengineering skin.

Auer S, Tröster M, Schiebl J, et al., 2022. Biomechanical assessment of the design and efficiency of occupational exoskeletons with the anybody modeling system[J]. Zeitschrift Für Arbeitswissenschaft, 76(4): 440-449.

Aung H H, Sivakumar A, Gholami S K, et al., 2019. An overview of the anatomy and physiology of the lung[M]//Nanotechnology-Based Targeted Drug Delivery Systems for Lung Cancer. Amsterdam: Elsevier.

Aydin S, Abuzayed B, Yildirim H, et al., 2010. Discal cysts of the lumbar spine: report of five cases and review of the literature[J]. European Spine Journal, 19(10): 1621-1626.

Bader D L, Bowker P, 1983. Mechanical characteristics of skin and underlying tissues in vivo[J]. Biomaterials, 4(4): 305-308.

Barel A O, Lambrecht R, Clarys P, 1998. Mechanical function of the skin: state of the art, skin bioengineering techniques and applications in dermatology and cosmetology[J]. Current problems in dermatology, Basel: Karger, 69-83.

Biot M A, 1956. Theory of deformation of a porous viscoelastic anisotropic solid[J]. Journal of Applied Physics, 27(5): 459-467.

Brandner S, Buchfelder M, Eyuepoglu I Y, et al., 2018. Visualization of CSF flow with time-resolved 3D MR velocity mapping in aqueductal stenosis before and after endoscopic third ventriculostomy[J]. Clinical Neuroradiology, 28(1): 69-74.

Budday S, Ovaert T C, Holzapfel G A, et al., 2020. Fifty shades of brain: a review on the mechanical testing and modeling of brain tissue[J]. Archives of Computational Methods in Engineering, 27(4): 1187-1230.

Budday S, Steinmann P, Kuhl E, 2014. The role of mechanics during brain development[J]. Journal of the Mechanics and Physics of Solids, 72: 75-92.

Bunck M C, 2011. Effects of exenatide on measures of beta-cell function after 3 years in metformin-treated patients with type 2 diabetes[J]. Diabetes Care, 34(9): 2041- 2047.

Chebli Y, Kroeger J, Geitmann A, 2013. Transport logistics in pollen tubes[J]. Molecular Plant, 6(4): 1037-1052.

Cheng G, Tse J, Jain R K, et al., 2009. Micro-environmental mechanical stress controls tumor spheroid size and morphology by suppressing proliferation and inducing apoptosis in cancer cells[J]. PLoS One, 4(2): e4632.

Chrétien D, Bénit P, Ha H H, et al., 2018. Mitochondria are physiologically maintained at close to 50℃[J]. PLoS Biology, 16(1): e2003992.

Cosgrove D J, 2018. Nanoscale structure, mechanics and growth of epidermal cell walls[J]. Current Opinion in Plant Biology, 46: 77-86.

Daly C H, 1982. Biomechanical properties of dermis[J]. Journal of Investigative Dermatology, 79: 17-20.

Dandekar K, Raju B I, Srinivasan M A, 2003. 3-D finite-element models of human and monkey fingertips to investigate the mechanics of tactile sense[J]. Journal of Biomechanical Engineering, Transactions of the ASME, 125: 682-691.

Davis F M, de Vita R, 2012. A nonlinear constitutive model for stress relaxation in ligaments and tendons[J]. Annals of Biomedical Engineering, 40(12): 2541-2550.

Diridollou S, Black D, Lagarde J M, et al., 2000. Sex- and site-dependent variations in the thickness and mechanical properties of human skin in vivo[J]. International Journal of Cosmetic Science, 22: 421-435.

Diridollou S, Vabre V, Berson M, et al., 2002. Skin ageing: changes of physical properties of human skin in vivo[J]. International Journal of Cosmetic Science, 23: 353-362.

Dokukina I V, Gracheva M E, 2010. A model of fibroblast motility on substrates with different rigidities[J]. Biophysical Journal, 98 (12): 2794-2803.

Ekataksin W, Wake K, 1991. Liver units in three dimensions: I. organization of argyrophilic connective tissue skeleton in porcine liver with particular reference to the "compound hepatic lobule" [J]. American Journal of Anatomy, 191 (2): 113-153.

Escoffier C, De R J, Rochefort A, et al., 1989. Age-related mechanical properties of human skin: an in vivo study[J]. Journal of Investigative Dermatology, 93 (3): 353-357.

Eshel H, Lanir Y, 2001. Effects of strain level and proteoglycan depletion on preconditioning and viscoelastic responses of rat dorsal skin[J]. Annals of Biomedical Engineering, 29: 164-172.

Ganguly S, Williams L S, Palacios I M, et al., 2012. Cytoplasmic streaming in drosophila oocytes varies with kinesin activity and correlates with the microtubule cytoskeleton architecture[J]. Proceedings of the National Academy of Sciences of the United States of America, 109 (38): 15109-15114.

Garcia G J M, Bailie N, Martins D A, et al., 2007. Atrophic rhinitis: a CFD study of air conditioning in the nasal cavity[J]. Journal of Applied Physiology, 103 (3): 1082-1092.

Gardner T N, Briggs G A, 2001. Biomechanical measurements in microscopically thin stratum comeum using acoustics[J]. Skin Research and Technology, 7 (4): 254-261.

Genin G M, Kent A, Birman V, et al., 2009. Functional grading of mineral and collagen in the attachment of tendon to bone[J]. Biophysical Journal, 97 (4): 976-985.

Goldstein R E, Tuval I, van de Meent J W, 2008. Microfluidics of cytoplasmic streaming and its implications for intracellular transport[J]. Proceedings of the National Academy of Sciences of the United States of America, 105 (10): 3663-3667.

Gómez-Guillén M C, Giménez B, López-Caballero M E, et al., 2011. Functional and bioactive properties of collagen and gelatin from alternative sources: a review[J]. Food Hydrocolloids, 25 (8): 1813-1827.

Goriely A, Geers M G D, Holzapfel G A, et al., 2015. Mechanics of the brain: perspectives, challenges, and opportunities[J]. Biomechanics and Modeling in Mechanobiology, 14 (5): 931-965.

Grahame R, Holt P J L, 1969. The influence of aging on the in vivo elasticity of human skin[J]. Gerontologia, 15: 121-139.

Greish K, 2010. Enhanced permeability and retention (EPR) effect for anticancer nanomedicine drug targeting[M]. New Jersey: Humana Press.

Greven H, Zanger K, Schwinger G, 1995. Mechanical properties of the skin of Xenopus laevis (Anura, Amphibia)[J]. Journal of Morphology, 224 (1): 15-22.

Guevorkian K, Colbert M J, Durth M, et al., 2010. Aspiration of biological viscoelastic drops[J]. Physical Review Letters, 104 (21): 218101.

Gupta M K, 2003. Mechanism and its regulation of tumor-induced angiogenesis[J]. World Journal of Gastroenterology, 9 (6): 1144.

Han H C, 2007. A biomechanical model of artery buckling[J]. Journal of Biomechanics, 40 (16): 3672-3678.

He S J, Green Y, Saeidi N, et al., 2020. A theoretical model of collective cell polarization and alignment[J]. Journal of the Mechanics and Physics of Solids, 137: 103860.

He S J, Liu C L, Li X J, et al., 2015. Dissecting collective cell behavior in polarization and alignment on micropatterned substrates[J]. Biophysical Journal, 109(3): 489-500.

Hecht I, Rappel W J, Levine H, 2009. Determining the scale of the Bicoid morphogen gradient[J]. Proceedings of the National Academy of Sciences of the United States of America, 106(6): 1710-1715.

Hennink W E, van Nostrum C F, 2012. Novel crosslinking methods to design hydrogels[J]. Advanced Drug Delivery Reviews, 64: 223-236.

Heyden S, Ortiz M, 2016. Oncotripsy: targeting cancer cells selectively via resonant harmonic excitation[J]. Journal of the Mechanics and Physics of Solids, 92: 164-175.

Hill A V, 1938. The heat of shortening and the dynamic constants of muscle[J]. Proceedings of the Royal Society of London Series B-Biological Sciences, 126(843): 136-195.

Hill A V, 1950a. Mechanics of the contractile element of muscle[J]. Nature, 166(4219): 415-419.

Hill A V, 1950b. The series elastic component of muscle[J]. Proceedings of the Royal Society of London Series B-Biological Sciences, 137(887): 273-280.

Hodgkin A L, Huxley A F, 1939. Action potentials recorded from inside a nerve fibre[J]. Nature, 144(3651): 710-711.

Hu J L, Jafari S, Han Y L, et al., 2017. Size- and speed-dependent mechanical behavior in living mammalian cytoplasm[J]. Proceedings of the National Academy of Sciences of the United States of America, 114(36): 9529-9534.

Hu J R, Lu S Q, Feng S L, et al., 2017. Flow dynamics analyses of pathophysiological liver lobules using porous media theory[J]. Acta Mechanica Sinica, 33(4): 1-10.

Hu Y H, Zhao X H, Vlassak J J, et al., 2010. Using indentation to characterize the poroelasticity of gels[J]. Applied Physics Letters, 96(12): 121904.

Huang Y H, Goel S, Duda D G, et al., 2013. Vascular normalization as an emerging strategy to enhance cancer immunotherapy[J]. Cancer Research, 73(10): 2943-2948.

Iatridis J C, Wu J R, Yandow J A, et al., 2003. Subcutaneous tissue mechanical behavior is linear and viscoelastic under uniaxial tension[J]. Connective Tissue Research, 44(5): 208-217.

Inada N, Fukuda N, Hayashi T, et al., 2019. Temperature imaging using a cationic linear fluorescent polymeric thermometer and fluorescence lifetime imaging microscopy[J]. Nature Protocols, 14(4): 1293-1321.

Jacobs C R, Huang H, Kwon R Y, 2012.Introduction to Cell Mechanics and Mechanobiology[M]. Garland: Garland Science.

Jain R K, Martin J D, Stylianopoulos T, 2014. The role of mechanical forces in tumor growth and therapy[J]. Annual Review of Biomedical Engineering, 16: 321-346.

James N C, Richard A M, 1996. Cutaneous nociceptors[M]. Neurobiology of Nociceptors Oxford: Oxford University Press.

Justus C D, Anderhag P, Goins J L, et al., 2004. Microtubules and microfilaments coordinate to direct a fountain streaming pattern in elongating conifer pollen tube tips[J]. Planta, 219(1): 103-109.

Kadota A, Yamada N, Suetsugu N, et al., 2009. Short actin-based mechanism for light-directed chloroplast movement in *Arabidopsis*[J]. Proceedings of the National Academy of Sciences of the United States of America, 106(31): 13106-13111.

Kalluri R, 2003. Basement membranes: structure, assembly and role in tumour angiogenesis[J]. Nature Reviews Cancer, 3(6): 422-433.

Kelley D H, Thomas J H, 2023. Cerebrospinal fluid flow[J]. Annual Review of Fluid Mechanics, 55: 237-264.

Keren K, Yam P T, Kinkhabwala A, et al., 2009. Intracellular fluid flow in rapidly moving cells[J]. Nature Cell Biology, 11(10): 1219-1224.

Kim S K, Haw J R, 2004. An investigation on airflow in pathological nasal airway by PIV[J]. Journal of Visualization, 7(4): 341-348.

Koch G W, Sillett S C, Jennings G M, et al., 2004. The limits to tree height[J]. Nature, 428(6985): 851-854.

Koike C, McKee T D, Pluen A, et al., 2002. Solid stress facilitates spheroid formation: potential involvement of hyaluronan[J]. British Journal of Cancer, 86(6): 947-953.

Koutroupi K S, Barbenel J C, 1990. Mechanical and failure behaviour of the stratum corneum[J]. Journal of Biomechanics, 23(3): 281-287.

Kumar G S, 2019. Quantification of cell-matrix interaction in 3D using optical tweezers[M]. Berlin: Springer International Publishing.

Lang J, Nathan R, Wu Q H, 2021. How to deform an egg yolk? On the study of soft matter deformation in a liquid environment[J]. Physics of Fluids, 33(1): 011903.

Lei Y M, Han H B, Yuan F, et al., 2017. The brain interstitial system: anatomy, modeling, in vivo measurement, and applications[J]. Progress in Neurobiology, 157: 230-246.

Leslie K O, Wick M R, 2018. Lung anatomy[M]. Practical pulmonary pathology: a diagnostic approach. Amsterdam: Elsevier.

Li L J, 2021. Artifcial Liver[M]. Springer Nature Singapore Pte Ltd. and Zhejiang University Press.

Li L, Zhang W Y, Wang J Z, 2016. A viscoelastic-stochastic model of the effects of cytoskeleton remodelling on cell adhesion[J]. Royal Society Open Science, 3(10): 160539.

Li N, Zhang X Y, Zhou J, et al., 2022. Multiscale biomechanics and mechanotransduction from liver fibrosis to cancer[J]. Advanced Drug Delivery Reviews, 188: 114448.

Liang X Y, Chen G D, Lei I M, et al., 2023. Impact-resistant hydrogels by harnessing 2D hierarchical structures[J]. Advanced Materials, 35(1): 2207587.

Lim C T, Zhou E H, Quek S T, 2006. Mechanical models for living cells—a review[J]. Journal of Biomechanics, 39(2): 195-216.

Lim F Y, Koon Y L, Chiam K H, 2013. A computational model of amoeboid cell migration[J]. Computer Methods in Biomechanics and Biomedical Engineering, 16(10): 1085-1095.

Lin M, Genin G M, Xu F, et al., 2014. Thermal pain in teeth: electrophysiology governed by thermomechanics[J]. Applied Mechanics Reviews, 66(3): 030801-1-030801-14.

Liotta L A, Kohn E C, 2001. The microenvironment of the tumour-host interface[J]. Nature, 411(6835): 375-379.

Lipowsky H H, Zweifach B W, 1974. Network analysis of microcirculation of cat mesentery[J]. Microvascular

Research, 7(1): 73-83.

Liu S B, Yang H Q, Wang M, et al., 2021. Torsional and translational vibrations of a eukaryotic nucleus, and the prospect of vibrational mechanotransduction and therapy[J]. Journal of the Mechanics and Physics of Solids, 155: 104572.

Lo C M, Wang H B, Dembo M, et al., 2000. Cell movement is guided by the rigidity of the substrate[J]. Biophysical Journal, 79(1): 144-152.

Lucero J C, Koenig L L, 2005. Simulations of temporal patterns of oral airflow in men and women using a two-mass model of the vocal folds under dynamic control[J]. The Journal of the Acoustical Society of America, 117(3): 1362-1372.

Maeno T, Kobay-Ashi K, Yamazaki N, 1998. Relationship between the structure of human finger tissue and the location of tactile receptors[J]. Jsme International Journal Series C-Mechanical Systems Machine Elements and Manufacturing, 41: 94-100.

Magzoub M, Jin S W, Verkman A S, 2008. Enhanced macromolecule diffusion deep in tumors after enzymatic digestion of extracellular matrix collagen and its associated proteoglycan decorin[J]. The FASEB Journal, 22(1): 276-284.

Manoussaki D, Dimitriadis E K, Chadwick R S, 2006. Cochlea's graded curvature effect on low frequency waves[J]. Physical Review Letters, 96(8): 088701.

Manschot J F, Brakkee A J, 1986. The measurement and modelling of the mechanical properties of human skin in vivo—I[J]. Journal of Biomechanics, 19(7): 511-515.

Miftakhov R N, Wingate D L, 1996. Electrical activity of the sensory afferent pathway in the enteric nervous system[J]. Biological Cybernetics, 75(6): 471-483.

Moeendarbary E, Valon L, Fritzsche M, et al., 2013. The cytoplasm of living cells behaves as a poroelastic material[J]. Nature Materials, 12(3): 253-261.

Mousavi S J, Doweidar M H, Doblaré M, 2013. 3D computational modelling of cell migration: a mechano-chemo-thermo-electrotaxis approach[J]. Journal of Theoretical Biology, 329: 64-73.

Munro E, Nance J, Priess J R, 2004. Cortical flows powered by asymmetrical contraction transport PAR proteins to establish and maintain anterior-posterior polarity in the early C. elegans embryo[J]. Developmental Cell, 7(3): 413-424.

Nagashima T, Shirakuni T, Rapoport S I, 1990. A two-dimensional, finite element analysis of vasogenic brain Edema[J]. Neurologia Medico-Chirurgica, 30(1): 1-9.

Nemoto I, Miyazaki S, Saito M, et al., 1975. Behavior of solutions of the hodgkin-huxley equations and its relation to properties of mechanoreceptors[J]. Biophysical Journal, 15(5): 469-479.

Newton J, Savage A, Coupar N, et al., 2020. Preliminary investigation into the use of Micro-CT scanning on impact damage to fabric, tissue and bone caused by both round and flat nosed bullets[J]. Science & Justice, 60(2): 151-159.

Nicolopoulos C S, Giannoudis P V, Glaros K D, et al., 1998. In vitro study of the failure of skin surface after influence of hydration and preconditioning[J]. Archives of Dermatological Research, 290(11): 638-640.

Niwayama R, Shinohara K, Kimura A, 2011. Hydrodynamic property of the cytoplasm is sufficient to mediate

生 物 力 学

cytoplasmic streaming in the Caenorhabiditis elegans embryo[J]. Proceedings of the National Academy of Sciences of the United States of America, 108 (29) : 11900-11905.

Okabe K, Inada N, Gota C, et al., 2012. Intracellular temperature mapping with a fluorescent polymeric thermometer and fluorescence lifetime imaging microscopy[J]. Nature Communications, 3 (1) : 1-9.

Ossipov D A, Hilborn J, 2006. Poly (vinyl alcohol) -based hydrogels formed by " click chemistry " [J]. Macromolecules, 39 (5) : 1709-1718.

Oxlund H, Manschot J, Viidik A, 1988. The role of elastin in the mechanical properties of skin[J]. Journal of Biomechanics, 21 (3) : 213-218.

Oyen M L, 2014. Mechanical characterisation of hydrogel materials[J]. International Materials Reviews, 59 (1) : 44-59.

Ozyazgan I, Liman N, Dursun N, et al., 2002. The effects of ovariectomy on the mechanical properties of skin in rats[J]. Maturitas, 43 (1) : 65-74.

Pan L, Zan L, Foster F S, 1997. In vivo high frequency ultrasound assessment of skin elasticity[J]. Ultrasonics Symposium, 2: 1087-1091.

Pan L, Zan L, Foster F S, 1998. Ultrasonic and viscoelastic properties of skin under transverse mechanical stress in vitro[J]. Ultrasound in Medicine and Biology, 24 (7) : 995-1007.

Papir Y S, Hsu K H, Wildnauer R H, 1975. The mechanical properties of stratum corneum. I. The effect of water and ambient temperature on the tensile properties of newborn rat stratum corneum[J]. Biochimica et Biophysica Acta, 399 (1) : 170-180.

Park A, Baddiel C, 1972. Rheology of stratum corneum i. a molecular interpretation of the stress-strain curve[J]. Journal of the Society of Cosmetic Chemists, 23: 3-12.

Pauwels F, 1948. Die bedeutung der bauprinzipien des stütz-und bewegungsapparates für die beanspruchung der röhrenknochen[J]. Zeitschrift Für Anatomie Und Entwicklungsgeschichte, 114 (1/2) : 129-166.

Pei D D, Hu X Y, Jin C X, et al., 2018. Energy storage and dissipation of human periodontal ligament during mastication movement[J]. ACS Biomaterials Science & Engineering, 4 (12) : 4028-4035.

Pei Z M, Murata Y, Benning G, et al., 2000. Calcium channels activated by hydrogen peroxide mediate abscisic acid signalling in guard cells[J]. Nature, 406 (6797) : 731-734.

Pereira J M, Mansour J M, Davis B R, 1991. Dynamic Measurement of the Viscoelastic Properties of Skin[J]. Journal of Biomechanics, 24 (2) : 157-162.

Pfitzner J, 1976. Poiseuille and his law[J]. Anaesthesia, 31 (2) : 273-275.

Prass M, Jacobson K, Mogilner A, et al., 2006. Direct measurement of the lamellipodial protrusive force in a migrating cell[J]. The Journal of Cell Biology, 174 (6) : 767-772.

Rajagopal K R, Wineman A S, 2009. Response of anisotropic nonlinearly viscoelastic solids[J]. Mathematics and Mechanics of Solids, 14 (5) : 490-501.

Ranu H S, Burlin T E, Hutton W C, 1975. The effects of x-irradiation on the mechanical properties of skin[J]. Physics in Medicine and Biology, 1975, 20 (1) : 96-105.

Rhinelander F W, 1972. Circulation in bone[M]. Physiology and Pathology. Amsterdam: Elsevier.

Rosiak J M, Yoshii F, 1999. Hydrogels and their medical applications[J]. Nuclear Instruments and Methods in Physics Research Section B: Beam Interactions With Materials and Atoms, 151 (1/2/3/4) : 56-64.

Sanders R, 1973. Torsional elasticity of human skin in vivo[J]. Pflugers Archiv, 342(3): 255-260.

Scannell C M, 2021. Automated quantitative analysis of first-pass myocardial perfusion magnetic resonance imaging data[EB/OL]. https://arxiv.org/abs/2105.04690.

Schonegg S, Constantinescu A T, Hoege C, et al., 2007. The Rho GTPase-activating proteins RGA-3 and RGA-4 are required to set the initial size of PAR domains in Caenorhabiditis elegans one-cell embryos[J]. Proceedings of the National Academy of Sciences of the United States of America, 104(38): 14976-14981.

Shieh A C, 2011. Biomechanical forces shape the tumor microenvironment[J]. Annals of Biomedical Engineering, 39(5): 1379-1389.

Shimmen T, Hamatani M, Saito S, et al., 1995. Roles of actin filaments in cytoplasmic streaming and organization of transvacuolar strands in root hair cells of hydrocharis[J]. Protoplasma, 185(3/4): 188-193.

Stadlbauer A, Salomonowitz E, van der Riet W, et al., 2010. Insight into the patterns of cerebrospinal fluid flow in the human ventricular system using MR velocity mapping[J]. Neuroimage, 51(1): 42-52.

Stylianopoulos T, 2013. coevolution of solid stress and interstitial fluid pressure in tumors during progression: implications for vascular collapseevolution of solid and fluid stresses in tumors[J]. Cancer Research, 73(13): 3833-3841.

Su L J, Wang M, Yin J, et al., 2023. Distinguishing poroelasticity and viscoelasticity of brain tissue with time scale[J]. Acta Biomaterialia, 155: 423-435.

Takeuchi E, Yamanobe T, Pakdaman K, et al., 2001. Analysis of models for crustacean stretch receptors[J]. Biological Cybernetics, 84(5): 349-363.

Topuz F, Okay O, 2009. Formation of hydrogels by simultaneous denaturation and cross-linking of DNA[J]. Biomacromolecules, 10(9): 2652-2661.

Torkkeli P H, French A S, 2002. Simulation of different firing patterns in paired spider mechanoreceptor neurons: the role of Na^+ channel inactivation[J]. Journal of Neurophysiology, 87(3): 1363-1368.

Tse J M, Cheng G, Tyrrell J A, et al., 2012. Mechanical compression drives cancer cells toward invasive phenotype[J]. Proceedings of the National Academy of Sciences of the United States of America, 109(3): 911-916.

van de Meent J W, Tuval I, Goldstein R E, 2008. Nature's microfluidic transporter: rotational cytoplasmic streaming at high Péclet numbers[J]. Physical Review Letters, 101(17): 178102.

van Haastert Peter J M, 2010. Chemotaxis: insights from the extending pseudopod[J]. Journal of Cell Science, 123(18): 3031-3037.

Vargas D A, Zaman M H, 2011. Computational model for migration of a cell cluster in three-dimensional matrices[J]. Annals of Biomedical Engineering, 39(7): 2068-2079.

Verchot-Lubicz J, Goldstein R E, 2010. Cytoplasmic streaming enables the distribution of molecules and vesicles in large plant cells[J]. Protoplasma, 240(1/2/3/4): 99-107.

Veronda D R, Westmann R A, 1970. Mechanical characterization of skin-finite deformations[J]. Journal of Biomechanics, 3(1): 111-24.

Vogel H G, 1971. Antagonistic effect of aminoacetonitrile and prednisolone on mechanical properties of rat skin[J]. Biochimica et Biophysica Acta, 252(3): 580-585.

Wall A, Board T, 2014. The compressive behavior of bone as a two-phase porous structure[M]. Banaszkiewicz P, Kader D. Classic Papers in Orthopaedics. London: Springer.

Warwick R ,Williams P L, 1973. Gray's anatomy[M]. 35th ed. Philadelphia: WB Saunder's Company.

Weber C E, Kuo P C, 2012. The tumor microenvironment[J]. Surgical Oncology, 21(3): 172-177.

Wei F N, Lan F, Liu B, et al., 2016. Poroelasticity of cell nuclei revealed through atomic force microscopy characterization[J]. Applied Physics Letters, 109(21): 213701.

Weibel E R, Cournand A F ,Richardsand D W, 1963.Morphometry of the human lung[J].Springer,1:52.

Wiig H, 2010. Interstitial fluid: the overlooked component of the tumor microenvironment?[J]. Fibrogenesis & Tissue Repair, 3(1): 1-11.

Wijn P F F, 1980. The alinear viscoelastic properties of human skin in-vivo for small deformation[J]. The Netherlands: Katholieke Universteit Nijmegen.

Wildnauer R H, Bothwell J W, Douglass A B, 1971. Stratum corneum biomechanical properties. I. Influence of relative humidity on normal and extracted human stratum corneum[J]. Journal of Investigative Dermatology, 56(1): 72-78.

Witz I P, Levy-Nissenbaum O, 2006. The tumor microenvironment in the post-PAGET era[J]. Cancer Letters, 242(1): 1-10.

Wong H C, Tang W C, 2011. Computational study of local and global ECM degradation and the effects on cell speed and cell-matrix tractions[J]. Nano Communication Networks, 2(2/3): 119-124.

Woodhouse F G, Goldstein R E, 2013. Cytoplasmic streaming in plant cells emerges naturally by microfilament self-organization[J]. Proceedings of the National Academy of Sciences of the United States of America, 110(35): 14132-14137.

Xu F, Lu T, 2011. Introduction to skin biothermomechanics and thermal pain[M]. Beijing:Science Press & Springer.

Yang C H, Yin T H, Suo Z G, 2019. Polyacrylamide hydrogels. I. network imperfection[J]. Journal of the Mechanics and Physics of Solids, 131: 43-55.

Yin J, Liu H, Jiao J J, et al., 2021. Ensembles of the leaf trichomes of Arabidopsis thaliana selectively vibrate in the frequency range of its primary insect herbivore[J]. Extreme Mechanics Letters, 48: 101377.

Yuan F, 1994. Vascular permeability and microcirculation of gliomas and mammary carcinomas transplanted in rat and mouse cranial windows[J]. Cancer Research, 54(17): 4564-4568.

Yuan Y, Verma R, 2006. Measuring microelastic properties of stratum corneum[J]. Colloids Surf B Biointerfaces, 48(1): 6-12.

Zhang M, Zheng Y P, Mak A F, 1997. Estimating the effective Young's modulus of soft tissues from indentation tests—nonlinear finite element analysis of effects of friction and large deformation[J]. Medical Engineering & Physics, 19(6): 512-527.

Zhao X H, Chen X Y, Yuk H, et al., 2021. Soft materials by design: unconventional polymer networks give extreme properties[J]. Chemical Reviews, 121(8): 4309-4372.

Zhu J M, Marchant R E, 2011. Design properties of hydrogel tissue-engineering scaffolds[J]. Expert Review of Medical Devices, 8(5): 607-626.

Zink D, Fischer A H, Nickerson J A, 2004. Nuclear structure in cancer cells[J]. Nature Reviews Cancer, 4(9): 677-687.